Richard Restak의 'THINK SMART'에 대한 찬사

"언제나 정신적으로 활발하고 예민할 수 있으려면, 당신은 친근한 것도 새로운 방식으로 다루어 볼 수 있어야 한다. 무엇보다 중요한 것은 호기심으로 무장한 센스를 가져야 한다. 만약에 관심과 호기심이 의식하지 않아도 자동적으로 당신에게 다가오지 않는다면, 당신이 얼마나 젊은가 또는 늙었는가에 관계없이, 당신은 이미 문제가 있을지도 모른다."

— Art Buchwald

"지혜롭고, 재치 있고, 그리고 윤리적이다. … [Restak 박사]는 우리가 제대로 알지 못하고 있는 신경회로의 세계로 친절하고 겸손한 자세로 우리를 가이드하고 있다. 그리하여 우리가 가지고 있는 무한한 잠재력에 대하여 끝없는 호기심을 불 지피고 있다."

— Wilton S. Dillon, Ph.D.,
Senior Scholar Emeritus, Smithsonian Institution

"신경과학자이고, *New York Times*의 베스트 셀러 저자인 Restak 박사는 인간의 뇌가 어떻게 기능하는지를 알기쉽게 분석하고, 나아가 우리가 뇌의 기능을 어떻게 향상시킬 수 있는지를 자세하게 제시하고 있다. 자신의 임상 연구와 수많은 출처에서 가져온 연구결과를 활용하여(직접적으로 인용하고 있지는 않지만), [Restak 박사]는 지극히 복합적인 과학적 자료를 전문가나 일반인 모두에게 흥미롭고 적절한 언어로 번역하고 있다."

— *Library Journal*

"본서는 필독서이다. 나는 '우둔'이란 유행병은 점차적으로 악화되어 간다는 것을 관찰해 오고 있다. 대부분의 질병은 선택을 잘못하여 그런 식으로 악화되고 있다. [*Think Smart*]는 이들에게는 회복의 길을 그리고 여타의 모든 사람에게는 예방과 방지를 위한 통로를 제시해 주고 있다."

— Mindconnection. com

"Restak 박사의 최신의 이 저서에는 신경과학 연구의 발달에 기초하여 고마운 충고와 실천적인 운동/활동들을 포함하고 있다. … [*Think Smart*]는 뇌의 수행을 향상시키기 위한 처방을 정말로 많이 제시해 주고 있다(저서의 '부제'가 시사하고 있는 바와 같이). 우리는 뇌 발달의 기제에 관한 새로운 지식/정보에 접근할 수 있고, 나아가 뇌의 기능을 발달시키는 데 이들을 유용하게 활용할 수 있을 것이다. … 이러한 충고를 기꺼이 일상의 실제에 계속하여 실천하려고 노력하는 사람이라면.

— Dr. Tony Dickinson,
Academic Research Laboratory, GCP,
People Impact International, Inc.

Richard Restak, M.D.

저자 Richard M. Restak 박사는 세계 최고수준의 신경과학자이고 신경정신의학자이며, 현재 George Washington Hospital University School of Medicine and Health의 교수로 재직하고 있다. 그리고 Washington D.C.에서 정신신경과 클리닉도 운영하고 있다. 그는 현재까지 인간 두뇌와 마음의 여러 측면에 관하여 18권의 책을 집필한 저술가이다. 이들 가운데 *The Brain*(1984)과 *The Mind*(1989)는 *The New York Times*에서 베스트 셀러로 선정되었고 PBS에서 연속 시리즈로 방송되기도 하였다. 그의 저술에는 다음의 것들이 포함되어 있다.

발가벗은 뇌 / *The Naked Brain*
Poe의 심장과 등산가 / *Poe's Heart and the Mountain Climber*
마음의 신비 / *Mysteries of the Mind*
Mozart의 뇌와 전투기 조종사 / *Mozart's Brain and the Flighter Pilot*
새로운 뇌 / *The New Brain*
뇌의 신비스러운 삶 / *The Secret Life of the Brain*
장수의 전략 / *The Longevity Strategy*
더 늙고 더 지혜롭고 / *Older and Wiser*
브레인 스케이프 / *Brainscapes*
모듈식의 뇌 / *The Modular Brain*
수용기 / *Receptors*
뇌는 나름대로의 마음을 가지고 있다 / *The Brain Has a Mind of Its Own*
마음 / *The Mind*
유아의 마음 / *The Infant Mind*
뇌 / *The Brain*
자기를 추구하는 사람 / *The Self Seekers*
뇌: 마지막 남은 미개척 분야 / *The Brain: The Last Frontier*
미리 생각하는 사람 / *Premeditated Man*

스마트하게 사고하라

THINK SMART

Richard Restak, M.D.

김영채 역

뇌 수행을
향상시키기 위한
신경과학자의 처방

유원북스

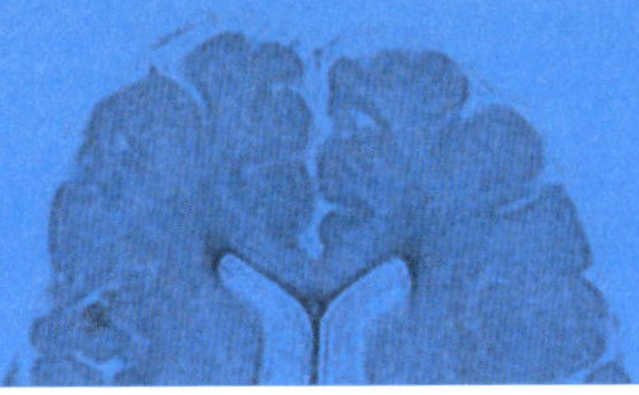

목 차

세부 목차

서 문

"나의 뇌가 최선의 기능을 유지토록 하려면 무엇을 해야 할까요?"

나는 이러한 질문을 자주 받는다. 나는 이미 인간의 뇌에 관한 책을 18권이나 집필했기 때문에 이런 질문을 하는 마음을 쉽게 이해한다. 최근에 나는 나 자신의 뇌를 향상시키기 위하여 내가 무엇을 할 수 있는지를 발견하고자 개인적으로 탐색의 여행을 해 보기로 결심하였다. 이것은 매우 중요한 것 같이 보였다. 왜냐하면 시간이 얼마 있지 않아 나 자신도 일반적으로 보아 뇌기능이 쇠퇴하는 나이가 되며 그래서 뇌기능을 유지하기 위한 조치를 의도적으로 취해야 하기 때문이다.

나는 신경학자로서 그리고 신경과학 관련의 저자로서의 경험을 가지고 있기 때문에 보다 유리한 입장에서 이 과제를 다룰 수 있다고 본다. 지난 몇 년 동안 나는 세계 일류의 여러 신경과학자들(뇌 연구자)과 친교를 맺게 되었다. 나는 이들과 신경과학 관련의 각종의 컨퍼런스에서 이야기를 나누고, 이들의 실험실에서 이들이 연구하고 있는 것들을 관찰하고, 그리고 자신들이 발견한 것들을 설명하고 있는 각종의 저술들을 읽어 볼 수 있었다. 이 분야에서 세계 최고인 이들 뇌과학자들에게 "당신의 뇌가 최적의 기능을 수행토록 하기 위하여 당신은 무엇을 하고 있나요?"라고 질문하는 것은 너무나 자연스러운 것이었다.

이들이 내게 들려 준 대답은 나에게는 놀라운 것이었다. 그리고 이들의 대답은 독자인 당신도 놀라게 할 것이라 나는 믿는다.

뇌 연구에 관한 나 자신의 최신의 연구와 함께 이들 뇌 과학자들이 들려 준 대답들을 활용하여, 나는 이 저술에서 당신의 뇌기능을 향상시킬 수 있는 그러한 개인적인 프로그램을 제시해 보려고 한다. 자신의 뇌가 최적의 기능을 다할 수 있게 그것을 개발하거나 유지하는데 관심 있는 사람이면 누구나 본서에서 제시하고 있는 프로그램을 사용할 수 있을 것이다. 젊었든 늙었든 간에, 부유하든 가난하든 간에, 남자든 여자든 간에, 본서에서 제시하고 있는 통찰은 당신의 뇌가 보다 더 효율적이고, 보다 더 효과적이고, 그리고 보다 더 활동적인 사람으로 살아가게 하는 데 크게 도움이 될 것이다.

I부

뇌를 발견하라

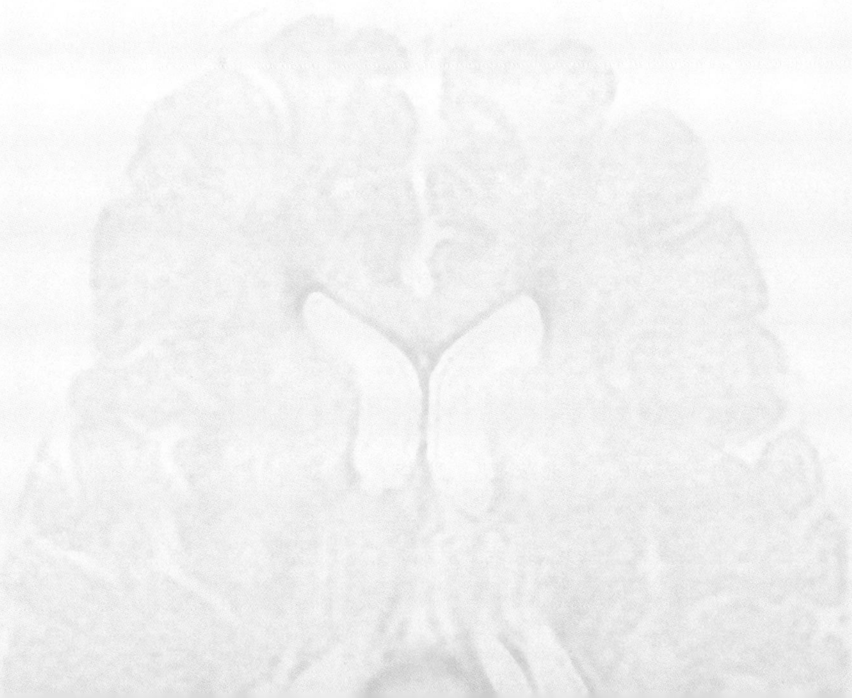

학습을 하면 뇌 안에서의 활동이 증가하여 점점 더 많은 뉴런들이
보다 더 완전하고 풍부한 회로들을 만들어 낸다.
그러나 학습을 중단하면 …
뇌는 풍요롭던 구조를 상실해 가는 겨울나무의 모습으로 되돌아간다.

내가 의과대학 학생이었을 때, 그 당시는 교수도 학생도 뇌에 관하여 별 다른 관심이 없었고 그래서 뇌를 강조하지도 아니하였다. 교육과정에는 1학년 과목으로 신경해부학이 있었고 그런 다음 2년 후에 신경과 병동에 있는 환자들을 순환진료하며 1개월간 근무하는 것이 전부였다. 의과대학을 졸업하면 대부분의 학생들은 뇌질환으로 고통받고 있는 많은 환자들을 치료하거나 삶을 향상시킬 수 있도록 할 수 있는 것이 별로 없다는 일반적인 인식 때문에 뇌 치료를 전문하는 전공훈련(신경학과 신경외과학)을 기피하는 경향이 있었다. 내가 산부인과(아버지의 전공과목)보다는 신경학과 정신의학에 관심이 있다는 말을 아버님께 했을 때 그가 얼마나 실망했는지를 나는 지금도 생생하게 기억하고 있다. 아버님은 내게 말씀하셨다: "신경학이든 정신의학이든 간에 거기서 만나게 될 대부분의 환자들에게 네가 해줄 수 있는 것은 아무것도 없을 것이다. 진단만하고 치료할 수 있는 것은 아무것도 없다는 것은 정말로 우울한 일이야."

그 시절 이후 많은 것이 변화하였다. 우리는 뇌에 관하여 과거 200년 동안에 알았던 것보다 훨씬 더 많은 것을 지난 10년 동안에 알게 되었다. 만약에 저의 아버님이 아직도 살아 계신다면, 다발성 경화증 multiple sclerosis, 편두통 및 간질 등과 같은 많은 뇌질환들을 효과적으로 치료할 수 있는 것을 보면 아마도 놀라실 것이다. 신경과학(뇌과학)은 현재 과학에 관심 있는 학생들이 선택하는 가장 인기 있는 직종 가운데 하나이다. 정신의학과 신경학은 신경정신의학 neuropsychiatry 이라 부르는 하이브리드 학문 hybrid discipline 으로 융합해 가고 있는 과정 중에 있다. 그러나 이러한 발전은 저절로 일어난 것이 아니다. 허무주의와 비관주의에서 호기심과 희망으로 발전하게 된 것은 주로 뇌를 영상映像으로 이미징imaging하는 새로운 기술에서 크게 자극을 받았다.

20세기의 중반까지도, 우리가 뇌에 대해서 알고 있는 것은 백발의 여러 노인들이 현미경을 통하여 밝은 색으로 염색한 것과 같은 뉴런들을neuron 들여다 보면서 생각하고 결론 내렸던 그러한 사색적 이론과 독단적인 주장들의 혼합 같은 것이었다. 그러나 지난 30여 년 동안 이룩한 뇌 영상 기술brain-imaging techniques의 발달 덕분으로 현재의 신경과학자들은(이제 이들 가운데 많은 사람들이 여성이지만) 실시간으로 그리고 사색이나 독단적인 주장을 할 필요 없이 뇌의 발달을 관찰해 볼 수 있게 되었다. 이러한 뇌 영상 기술의 이면에 있는 원리는 비교적 간단명료하다: 뇌에 흘러가는 혈액은 뇌의 활동에 따라 달라진다. 활동이 보다 더 클수록 활동성 뉴런이 사용하는 산소와 포도당을 보충해 주기 위하여 필요한 혈액의 흐름은 더 커진다. 이것은 신체의 어떠한 부위에서 일어나고 있는 것과 전혀 다르지 아니하다.

만약에 당신이 연애 관계에 있는 어떤 사람이 당신 옆에 있고 그리고 그의 관심을 끌기 위하여 100파운드의 역도바벨을 들어 올린다면, 당신의 팔과 가슴의 근육은 산소와 포도당이 더 많이 필요할 것이고 그래서 이들 근육으로 혈액은 더 많이 흘러가게 될 것이다. 마찬가지로, 당신이 뇌의 어떤 한 특정의 회로를 사용하면, 이 회로의 부분은 보다 활동적이게 되고, 그래서 순환계가 산소와 포도당을 추가로 제공해 줄 것을 요구할 것이다. PETPositron-emission tomography와 fMRIfunctional magnetic resonance imaging는 뇌의 활동적인 부위에서 일어나는 혈류의 변화를 탐지하며, 대상자가 특수한 스캐너scanner 속에 누워 있는 동안 그러한 변화를 기록한다.

fMRI와 기타의 영상 기법 덕분에, 우리의 뇌는 결코 닳아 없어지지 아니하고, 더 많이 사용할수록 더 좋아진다는 것, 그리고 뇌의 구조와 기능은 우리가 생활해 가는 동안 변화해 간다는 것을 알게 되었다. 뇌의 이러한 가소성可塑性, plasticity의 결과로 우리는 자신의 생활경험에 따라 자신의 뇌를 끊임없이 '조각'해 가게 된다. 그러한 결과 어떠한 두 개의 뇌도 정확하게 같지가 않다. 심지어는 유전적인 기질이 동일해도 동일한 경험을 나누고 있지 않는 한 일란성 쌍생아의 뇌도 정확하게 같지가 않다. 사람마다 뇌의 조직과 구조가 다양하기 때문에 그 사람의 뇌 조직을 보면 그 사람이 어떤 사람인지를 상당히 타당하게 결론내리는 일도 지금은 가능할 수 있다.

예컨대, fMRI를 보는 동안 훈련을 받은 관찰자는 숙련된 피아니스트와 피아니스트가 아닌 사람의 뇌를 구별할 수 있다. 영상기법에 대하여 훈련받은 관찰자는 피아니스트가 피아노 협주곡을 감상하는 동안 그의 운동 피질부에 있는 손가락 부위의 활동이 증가한다는 것을 볼 수 있게 될 것이다. 다른 누군가가 피아노에서 어떤 음악 작품을 연주하는 것을 보고 있을 때도 똑같은 일이 일어날 것이다. 그러나 어떤 사람이 피아노 건반에서 아무렇게나 그냥 손가락을 움직이는 것을 관찰할 때는 똑같은 일이 일어나지 아니한다. 이러한 상황에서는 피아니스트의 뇌 반응은 음악에 특별한 전문지식이나 관심이 없는 사람의 것과 전혀 다르지 아니할 것이다. 이와 비슷한 전문적인 현상은 무용을 하는 댄서dancer에서도 마찬가지로 일어난다. 발레댄서는 다른 발레댄서가 연기하는 것을 보고 있는 동안 그의 뇌는 더 크게 활성화될 것이다. 그러나 그가 발레댄싱이 아닌 다른 사교 댄서의 무용을 보고 있는 동안은 이러한 일이 일어나지 아니할 것이다.

뇌의 전문화는 예술에 국한되지 아니한다. 앞서 이야기한 피아니스트가 공연을 마치고 콘서트 홀에서 자신의 아파트로 가는 택시를 탄다면, 이때는 운전하는 택시 기사의 뇌에 있는 해마hippocampus가 확대될 것이다 — 뇌의 이 부위는 공간적인 시각표상과 운행navigation에 깊게 관여하고 있다. 다른 어떠한 전문적인 직업에서도 이러한 현상은 마찬가지로 사실이다. 외과의사는 수술을 하지 아니하는 의사보다 운동 및 감각 피질부에 있는 손 부위에서 더 커다란 활동을 보일 것이다.

피아니스트, 발레댄서, 택시 운전기사 그리고 외과의사는 모두 자신의 경험에 따라 자신의 뇌를 조각하듯이 조형하였다. 이것은 우리들 모두에게 적용되는 마찬가지의 사실이다. 우리는 자신이 보는 것, 행위하는 것, 상상하는 것, 그리고 무엇보다도, 우리가 학습하는 것에 따라 우리의 신경조직의 형태는 새롭게 만들어진다. 새로운 어떤 것을 학습한다는 것은 수백만 개의 뇌세포들로 이루어져 있는 뇌에서 새로운 통로pathway를 만드는 것이다. 우리가 학습을 더 많이 할수록 이러한 통로들은 보다 더 만들어지고 복잡해지는데, 이것은 나무가 성장하면서 나뭇가지가 여럿으로 갈라져 가는 것과 비슷한 과정이다.

가소성 때문에 우리의 뇌는 하나의 지식의 나무a tree of knowledge라 생각할 수 있다. 나무가 완전히 자라면 나무는 꽃을 피운다: 뿌리는 가지를 내고 잔가지와 잎을 만들어 낸다. 이와 마찬가지로, 우리가 학습을 하면 뇌 안에서의 상호작용이 증가하고 점점 더 많은 뉴런들이 보다 더 완전하고 풍부한 회로circuits들을 만들어 낸다. 그러나 만약에 학습이 중단된다면, 뇌는 풍요롭던 구조를 상실해 가는 나무, 겨울나무의 모습으로 되돌아간다.

인간 뇌의 발달은 유아-아동기에서 청년기로, 성인기로, 그리고 드디어는 다소간에 늙은 장노년의 뇌에 이르는 하나의 연속적인 것으로 묘사해 볼 수 있다. 그런데 이러한 발달 연속선의 각 단계에서 뇌를 향상시키려면 특별한 접근법이 필요하다. 이와 마찬가지로 중요한 것은 뇌 발달의 각 단계에서 학습하는 것은 임신의 아주 초기에서 나이 들어 사망할 때까지의 모든 다른 수준에서도 마찬가지로 유용하게 적용될 수 있다는 것이다. 그러므로 유아의 뇌를 연구하여 알게 된 원리는 당신이 기지고 있는 성인의 뇌를 향상시키는 데도 마찬가지로 도움이 될 것이다.

사실 유아와 성인의 뇌는 여러 가지의 마찬가지의 도전들을 공유하고 있다. 이들 가운데 몇 가지를 들어 보면, 과잉 자극이 아닌 적당한 자극을 주는 것, 가소성을 최대화하는 것, 그리고 뉴런들은 점차로 상실되어 가는 속에서도 신경세포 회로(신경회로)를 만들고 그리고 유지하고 있다는 것 등이다. 마지막의 내용은(세포의 수는 상실되어 적어지지만 그럼에도 불구하고 신경 연결은 더 많아지는 것) 아마도 이상하거나 심지어는 역설적인 것 같이 들릴지도 모르겠다. 나는 신경과학 훈련을 받고 있을 때 이러한 내용을 처음으로 알게 되었는데 그것은 참으로 신기한 것이었다. 사실 "요소 부분들이 더 적어지면서도 기능은 오히려 향상된다"는 이러한 원리는 인간 뇌가 가지고 있는 커다란 역설들 가운데 하나이다.

출생할 때 우리의 뇌는 이후에 가질 수 있는 뉴런의 거의 모두를 가지고 있다. 최대수의 뇌세포는 임신 3개월과 6개월 사이에 일어나는 폭발적인 성장시기 동안에 만들어진다. 그 다음 3개월 동안, 출생 전 그리고 자궁 밖의 처음 2년의 생활에 이르기까지 뉴런의 전체 개수는 감소한다. 그러나 생존하고 있는 뉴런들 사이의 기능적 연결, 즉 시냅스synapse들은 오히려 증가한다. 그러므로 신생아는 자궁 안에 있을 때보다 상당히 더 적은 수의 뉴런을 가지고 있지만, 그래도 그 수는 성인이 되어 가질 수 있는 것보다는 훨씬 더 큰 개수의 것이다.

그런데 여기에 역설이 있다: 우리가 유아에서 아동기로, 청년기로, 성인기로 발달해 감에 따라 뇌의 수행은 개선되지만, 뉴런의 수는 오히려 더 적어진다는 것이다. 기계 설비 가운데 부품은 빠져나가는데 그럼에도 불구하고 효율성은 더 늘어나는 것은 인간의 뇌 이외는 아무것도 없다. 뇌를 제외한 인간 신체의 다른 모든 부분에서도 상황은 비슷하다: 건강한 허파, 심장, 간조직을 제거하면 그 결과는 기관의 향상이 아니라 기관의 손상으로 끝이 난다.

뇌를 보강하라

우리의 뇌세포의 개수는 우리가 기하를 배우거나 또는 대기업에 원서를 낼 때보다는 처음으로 '엄마', '아빠'라는 말을 배우기 시작하는 시기에 오히려 더 많다는 좀 의외의 현상 같이 보이는 것을 뇌 과학자들이 설명할 수 있게 된 것은 아주 최근의 일이다.

뇌가 정상적으로 발달하기 위해서는 우선 많은 개수의 뇌세포가 생성되어야 하고(이를 '세포증식기'라 부른다. proliferation). 그런 다음 이들 가운데 많은 수는 나중에 제거되어야 한다(신경과학자들은 이것을 '가지치기' 시기라 부른다. pruning). 가지치기하면 뇌세포의 수는 적어지지만 보다 빠르고 보다 효과적인 뇌세포 연결(시냅스)이 만들어진다. 유아기에 생성되었던 시냅스의 약 40%는 청년기에 이르면 없어진다. 이 과정을 기술해 주고 있는 조작적인 용어는 "사용하라, 그렇지 않으면 잃어버려라"이다. 그리고 이러한 원리는 뇌의 일생동안 마찬가지로 적용된다.

우리가 유모차에 있든 중역실에 있든 간에 다른 세포와 연결connections을 맺고 있는 뇌세포들은 유지될 것이고, 다른 세포와 연결을 맺는 데 실패한 것은 죽어 없어질 것이다. 노벨상 수상자인 신경과학자 Gerald Edelman이 '신경 다위니즘'neural Darwinism이라 부른 것과 유사한 원리가 뇌세포 회로(네트워크, network) 수준에서도 마찬가지로 적용된다. 활동적으로 유지되고, 도전받고 있는 뇌회로들은 유지되고 더 강하게 성장해 간다. 그러나 가끔씩 사용되거나 아예 사용되지 아니하는 것은 점차 사라져간다 — 마치 우리들 사이의 우정이 그런 것처럼.

이러한 도전과 유지과정의 한 부분으로, 새롭고 풍부하게 보강된 경험은 뇌성장과 발달에 비료와 같은 작용을 한다. 1970년대에 Champaign-Urbana의 일리노이Illinois대학교의 Bill Greenough는 케이지cage 안에서 기른 두 집단의 쥐를 비교하는 실험을 수행하였는데, 지금은 유명하게 된 이들 일련의 실험을 통하여 우리는 앞에서 말한 사실들을 확인해 볼 수 있게 되었다.

한 집단의 쥐들은 "엄중 감금"(동료가 없고, 할 것이 아무것도 없고, 등등)에 해당하는 케이지 속에 혼자 생활하였다. 두 번째 집단은 여러 가지로 보강된 비교적 여유로운 환경에서(적어도 실험실 쥐의 기준으로 보면) 시간을 보낼 수 있게 하여 마치 화이트 칼라 범죄자 비슷하게 다루었다. 이들 두 번째 집단의 쥐가 생활한 케이지는 보다 더 근사했고 회전하는 바퀴, 오르내리는 계단 및 기타 쥐들이 가지고 놀 것들을— Greenough의 말로 표현하면 "쥐가 보면 디즈니랜드와 대등한 것"을 제공해 주었다. 이처럼 보다 호의적으로 다룬 쥐들은 신체적으로 그리고 사회적으로 보다 더 활동적이게 되었다. 이들 쥐는 다른 쥐들과 좀 경쟁적으로 그러나 일반적으로 평화롭게 네트워킹하고, 같이 모여 공존하면서 일리노이의 동물 실험실에서 낮과 밤을 보낼 수 있었다.

현미경으로 연구해 보니 풍족하게 "보강된" 환경에서 자란 쥐의 뇌는 고립되어 자란 쥐의 뇌보다 뉴런당 시냅스의 수가 25% 더 많이 포함되어 있었다. 이러한 시냅스의 증가는 쥐를 보다 더 영리하게 만들고, 그리하여 미로를 보다 더 빠르게 돌아다니고 그리고 경계 표시 같은 것들을 더 빨리 학습하게 만들었다. Greenough의 실험이 던져 주는 메시지는 상당히 간단명료해 보인다: 만약에 당신이 쥐를 우매하지 아니하고, 오히려 스마트하게 기르기를 원한다면, 쥐의 생활을 보다 더 도전적이게 만들고, 쥐가 감각적인 자극을 받고, 신체적인 운동을 하고 그리고 사교생활을 하는 기회를 증가시켜 주어라. 이러한 각기의 요소들은 뇌로 가는 혈액의 공급을 증가시키고, 뇌 발달을 향상시키고, 그리하여 보다 더 스마트한 쥐를 만들어 줄 것이다.

내가 처음 Greenough의 연구를 알게 되었을 때 나는 감동을 받았지만 그러나 또 다른 한편으로는 나는 회의적이었다. 그가 발견한 것을 쥐가 하는 정상적인 생활이라는 맥락 속에 넣어 음미해 보아야 하는 것이 아닐까? 풍족하게 보강된 환경의 케이지 속에 있는 쥐라 하더라도 복잡한 미로, 터널과 각종 부스러기들이 풍부하게 있는 뒷골목과 하수구에서 살고 있는 야생의 사촌들 — 더불어 살고 있는 많은 수의 다른 쥐들은 말하지 않더라도 — 이들과 비교해 보면 상당히 열악한 생활을 하고 있는 셈이다. 이러한 시각에서 보면 Greenough의 실험에 있는 모든 쥐들은 환경적으로 보아 열악한 생활을 살고 있다고 말하는 것이 오히려 공평해 보인다. 그의 연구에서 내릴 수 있는 상당히 합리적인 요약을 나는 이렇게 생각한다: 풍족하게 보강된 실험실 환경에서 살았던 쥐는 실험실 밖의 자연환경이 아닌 기타의 어떤 곳에서 살았던 다른 쥐보다는 시냅스의 수가 더 많고 그리고 뇌 발달도 더 향상되었다.

새롭고 신기한 것과 보강된 환경enriched environment은 쥐의 뇌 발달을 가져오는 자극물로서 가치가 있다는 것을 확인해 준 Greenough의 연구는 우리에게 또 다른 흥미로운 질문을 던지도록 만들고 있다: 환경적인 보강은 인간 뇌에서도 향상을 가져오는가? 비슷한 연구를 인간을 대상으로 수행해 보는 것은 불가능한 것이 분명하다. 뒷받침하고 있는 증거는 덜 직접적인 것이지만 그럼에도 불구하고 그것은 매우 설득력이 있어 보인다. 시설기관에서 자란 유아는 시설기관에 있다가 입양가정으로 옮겨간 다른 유아와 비교해 보면 지적 및 사회적인 발달이 저해되고 있을 뿐 아니라 그들의 뇌에는 피질부의 여러 부위들을 연결하고 있는 연결의 개수 또한 훨씬 더 적다. 그리고 "고급의" 탁아소에서 지낸 아동은(많은 장난감, 다른 아이들과의 상호작용, 그리고 헌신적이고 교양 있는 교사) 감독과 통제를 강조하는 센터에 있었던 아동보다 초등학교에서 수행을 더 잘한다. 그러나 사회적으로 그리고 문화적으로 풍요하게 보강하는 것이 뇌 수행에 미치는 영향은 아동기에서 끝나는 것이 아니다: 그러한 영향은 평생토록 계속된다. 환경을 관리하고 보강해 줄 수 있는 가장 커다란 보강기관은 형식적 및 비형식적인 교육 그리고 실제적인 경험이다. 영상기법 덕택으로 학습과 경험에 따라 뇌가 어떻게 변화하는지를 들여다 보는 것이 가능해졌다. 예컨대, 런던의 택시 기사들 가운데 이 도시의 미로 같은 거리를 성공적으로 운전한 경험이 가장 많은 사람은 해마海馬가 아주 의미 있게 확대되어 있음을 볼 수 있다 — 해마란 바다에 있는 해마 모양의 구조를 가진 것으로 공간학습과 기억에 중요하다고 알려져 있다. 기타의 영상 기법을 사용한 연구들은 일반적으로 보아 특수한 능력(음악, 체육, 예술)을 개발케 하는 생활 경험도 이러한 능력을 매개하는 뇌에서 구조적인 변화가 일어나게 한다는 것도 보여주고 있다.

뇌가 성숙해 가게 만들어라

뇌는 언제 성숙하여 완성되는가? 그것은 당신이 '성숙'maturity을 어떻게 정의하느냐에 달려 있다. 행동적 견지에서 보면 결코 제대로 성숙되지 못할 것처럼 보이는 사람도 우리는 떠올려 볼 수도 있다. 평생토록 권위, 정체감과 자기주장과 같은 이슈들(여러 가지 가운데) 때문에 꼼짝 못하고 살아가는 사람도 있다 — 그러나 대부분의 사람들은 처음으로 투표를 하기 전에 이미 이러한 이슈(쟁점, issues)들을 해결해 낼 수 있다. 그러나 만약 뇌구조와 기능이라는 시각에서 말하면 이야기는 완전히 달라질 수 있다.

1970년대 이전에는 뇌에 있는 상이한 부위들이 모두 같은 시간에 같이 발달한다고 믿었다. 그러나 1980년대에 이르러 이러한 신념은 사실이 아님을 발견하였다. 신체 운동, 보는 것 그리고 듣는 것과 같은 일차적 기능을 통제하는 뇌 부위가 먼저 발달하고 이어서 언어와 사고에 관여하는 뇌 부위가 발달한다. 가장 늦게 성숙해 가는 뇌 부위는 전전두엽(전두엽의 앞 부위, prefrontal)과 측두엽temporal인데, 이들 부위는 주의집중, 언어 및 의사결정들을 조정한다. 그리고 이러한 발달의 시퀀스는 행동에 나타난다: 트림을 하는 것은 웅변하는 것보다 선행하여 일어난다: 유아는 단어와 개념들을 말하거나 학습하기 전에 먼저 보고 귀로 듣는다.

뇌의 여러 부분들이 시퀀스로 발달한다는 것을 발견한 것은 MRI(magnetic resonance imaging, 자기공명 단층촬영)와 같은 혁신적인 영상 장비 때문에 가능할 수 있었다. MRI는 뇌구조, 즉 뇌의 지도를 들여다 볼 수 있는 창문 같은 것이다. 진행형의 뇌활동을 컬러코드에color-coded 따라 영상으로 보여주는 기능적인 MRI인 fMRI도 같이 사용되고 있다. 이들 두 가지 영상 장비들은 아동과 청년과 성인들 간에는 현저한 차이가 있음도 보여주고 있다.

전체 뇌의 크기는 소녀의 경우는 약 11세 그리고 소년은 약 15세에 정점에 이르렀다가 성인이 되면 서서히 쇠퇴해 간다. 발달상의 변화 가운데 가장 극적인 것은 전두엽이 기하급수적으로 성장한다는 것이다.

뇌의 가장 앞쪽에 자리잡고 있는 전두엽은 윤리, 이타주의 및 동정심과 같은 진화가 가장 많이 된 감정과 행동들을 관장한다. 전두엽은 또한 앞으로의 일을 내다보는 예지, 계획 세우기 및 계획했던 일을 마무리하는 것에도 중요하다. 자신의 행위에서 결과할 수 있을 것 같은 것들을 미리 내다 볼 수 있으려면 전두엽이 정상적으로 기능해야 한다. 성인들 가운데도 이러한 전두엽의 기능에서 다소간 문제가 있는 것 같이 보이는 사람도 있다.

전두엽은 다른 뇌 부위보다 상당히 느린 페이스로 발달하기 때문에 전두엽이 매개하여 비로소 인간답게 되어 가는 그러한 특성으로 인하여 인생의 초기에는 매우 부족할 수 있다. 놀이터에서 몇 분 동안이라도 아장 아장 걷고 있는 유아나 아주 어린 아동을 관찰해 보라. 이들을 보면 우리는 서로 나누어 가지고, 다른 아이의 감정을 해치지 말고, 말이나 신체적으로 공격하지 말고, 그리고 말다툼하지 말고 사이좋게 지내라고 계속해서 타일러 줄 필요가 있다는 것을 느끼게 된다. 내적인 통제가 결손되어 있어서 외적으로 통제를 부여하는 것이 필요한 이와 같은 일이 아이들뿐 아니라 일부의 성인에게도 일어나고 있다. 나 자신은 내가 직접 범죄를 저지른 적은 없다. 그러나 법의학 신경의학자로서 여러 일을 했기 때문에 범죄자들이 가지고 있는 이면의 세계를 수없이 들여다 볼 수 있었다. 나는 많은 죄수들, 특히 폭력범으로 수감 중인 죄수들은 전두엽 기능이 결손되어 있음을 발견할 수 있었다. 이들은 자신의 생활을 계획하거나 또는 자신의 정서나 자신의 행동을 통제할 수 없다. 어떤 경우, 나는 심리검사나 영상 이미지를 통하여 이러한 전두엽 결손을 보여줄 수 있었다. 이것은 이들 죄수들이 투옥되게 만든 행위들을 부분적으로나마 설명해 주는 데 도움이 될 수 있었다. 그러나 어떤 경우에서는 이들의 전두엽 기능은 현재 가용한 준거에서 보면 정상적이었다.

다행히도 전두엽이 정상적으로 성숙해 간 그러한 뇌를 가지고 있는 사람이 보이는 전두엽의 성숙의 과정은 청년기에서 시작된다. 전두엽이 성숙해 가기 시작하면 각기의 뉴런은 많은 개수로 광범위하게 상호 연결된 네트워크의 하나의 부분들이 된다. 우리가 많은 네트워크(직장, 교회, 지역 사회, 클럽)에 동시적으로 참여할 수 있게 되면, 이에 따라 개별 뉴런들은 뇌 속에 있는 다중의 회로와 네트워크에 참여할 수 있게 된다. 일생의 사이클에서 뇌가 어떻게 성숙해 가는지를 이해하기 위하여 사회생활에 유추해 보면 도움이 될 것이다. 완전히 고립되어 살고 있는 사람이 엄청나게 불리한 것과 마찬가지로 뇌에 있는 다른 뉴런과 연결을 만드는 데 실패한 뉴런은 살아남지 못하고 결국은 죽어 없어진다. 개인이 가지고 있는 뇌가 얼마나 풍부하고 복합적인 것인지는 상호 연결되어 있는 수백만의 뉴런들이 서로 이어져 셀 수 없는 수많은 회로를 형성하여 만들어지게 되는 네트워킹을 얼마나 많이 만드느냐에 달려 있다. 이것은 뇌의 나이가 얼마이든 관계없이 언제나 진실하다.

청년의 뇌

청년기에 이르러 뉴런과 이들의 연결이 더 많이 네트워킹됨에 따라, 보다 진화된 감정과 행동들이 드디어 저절로 발현되기 시작한다 — 때로는 지나칠 정도로. 예컨대, 비타협적이고 격분하는 그러한 청년기의 이상주의로 발현되기 시작할 수도 있다. 그러나 조만간 전두엽의 기능이 보다 균형적이게 되고 그리하여 젊은 시절의 이상주의가 실제적인 현실을 인정하면서 둘은 같이 공존하기 시작한다. 그러나 성인기가 상당히 진행될 때까지 아직도 균형은 완전히 이루어지지는 않는다.

10대들이 그처럼 특징적으로 보여주고 있는 "미숙한" 행동의 대부분은(결과를 제대로 예상하지 못하는 것, 나쁜 판단, 충동성 그리고 충동을 통제하기 어려워하는 것 — 특히 폭력적 충동과 성적 충동) 청년의 전두엽의 앞 부위에 있는 전전두엽前前頭葉, prefrontal cortex이 아직도 미성숙한 결과이다. 그러나 좋은 뉴스는 만약에 당신이 충분히 오랫동안 기다리고 그리고 충분히 인내하면 판단, 자기 통제 및 기타의 전두엽 기능들이 향상된다는 것이다.

요약하면, 만약에 당신이 부모로서 또는 교사로서 청년들과 상호작용한다면 전두엽의 미성숙 때문에 생겨나는 행동들은 힘들게, 그러나 서서히 성숙해 가는 것을 관찰해 볼 수 있을 것이다. 이들의 행동 형태는 청년기의 뇌가 보다 성숙해 감에 따라 성숙해 간다.

청년기의 뇌에 관한 추가의 한 가지 포인트: 청년기의 뇌는 스트레스를 잘 관리하지를 못한다. 전형적으로 보면 성인은 스트레스를 받으면 코티솔 호르몬cortisol의 수준이 증가했다가(스트레스의 한 가지 척도) 한두 시간이 지나면 점차 감소한다. 청년의 경우 코티솔 호르몬이 일단 폭발하면 성인들보다 더 오랜시간 동안 주변에 머물러 있다. 그리하여 해마에 있는 세포가 오그라들고(그러면 기억상실과 우울증이 생길 수 있다), 그리고 편도류amygdala에 있는 세포도 마찬가지로 수축하여(그러면 불안과 기타의 커다란 정서들이 생성되게 된다) 해마가 지속적으로 유해한 영향을 받는 상황에 노출되게 된다. 이것은 중요한 결과를 가져온다. 왜냐하면 해마, 편도류와 전전두엽(전액골)은 청년기에서 아주 크게 변화하는 세 개의 뇌 부위이기 때문이다. 이들 뇌 부위가 스트레스 호르몬 때문에 손상되면 그 효과는 성인기에 이르기까지 계속된다. 이러한 결과로 정신건강 전문가들은 청년기의 스트레스가 성인의 행동적 및 정서적 문제와 연결되어 있는 것을 관찰하게 된다. 스트레스 때문에 생긴 해마에서의 변화는 일단 스트레스가 감소되면 더러는 향상될 수 있지만, 편도류에서의 변화는 — 정서적인 변화 — 항상 변화하여 이전으로 되돌아가게 되는 것은 아니다.

그러므로 청년기의 청년들에게 너무 가혹하게 대하지 말라. 이들의 뇌는 이중의 도전에 성공적으로 반응할 수 있어야 한다. 10세와 15세 사이에서 일어나는 내적인 재조직화 때문에 청년기의 뇌는 학습에 뛰어나게 열성적이다. 그럼에도 불구하고 전두엽이 미성숙하기 때문에 학습은 상당히 어렵다. 부모와 교사는 청년이 주의집중, 중심잡기, 동기형성 및 일관성 있는 노력에 실패하는 것이 의지부족이나 나태 또는 신이 허락하지 아니한 "우둔함" 때문이 아니라 전두엽이 제대로 통합되어 완성되지 못해서 결과한 것임을 유의하는 것이 도움될 것이다.

다행히도 부모, 교사 및 기타의 사람들은 10대들이 자신의 뇌의 구조와 기능을 결정하는 데 적극적인 역할을 하도록 도와 줌으로써 이러한 경향을 중화시키고 상쇄시킬 수 있다. 청년이, 예컨대, 음악, 수학 또는 스포츠에 집중토록 격려한다면 뇌는 이러한 활동들을 신경회로의 형태로 그것을 반영시킬 것이다. 반대로 청년이 "멋대로" 돌아다니거나 핸드폰을 들고 정신 없이 잡담이나 하면서 나날을 보낸다면 그의 뇌는 마찬가지로 이러한 활동에 맞게 회로를 만들어 갈 것이다. 다시 말하면 청년들은 자신이 관여하는 활동에 따라 계속하여 살아남을 수 있는 뇌세포와 회로를 선택하게 된다.

성인의 뇌

청년기에서 뇌가 완성되면 이제 그것은 충분히 기능적이게 되며, 그리고 질병이나 상처를 입지 아니하면, 인생의 후기까지 그렇게 계속하여 생존하여 기능해 가게 될 것이다. 청년기에서 성인기로 변화해 가는데는 다음의 것들이 포함되어 있다:

전두엽이 대뇌 변연계limbic system를 지배한다. 이러한 결과로 청년과는 달리 성인은 더 이상 충동, 기분 또는 일반적인 정서에 따라 행동이 지배받지 않는다. 이러한 변화는 전두엽이 매개하는 몇 가지의 변화 때문에 생긴다. 이러한 변화에 따라 여러 일들을 맥락context 속에서 생각하고, 자신의 생활을 계획하고 조직화하며, 여러 생각이나,

충동이나 또는 공상 때문에 주의가 산만해지는 것을 경계하고, 그리고 현재의 상황을 어떻게 하면 사려 깊은 노력을 통해서 변화시킬 수 있는지를 마음 속에서 함께 동시적으로 구상하면서도 현재의 과제에 집중할 줄 아는 그러한 능력을 증대시킨다.

수백만의 새로운 회로가 창조됨에 따라 뇌에서 전문화가 이루어진다. 그러나 이것은 생활경험에 따라 사람마다 다르다. 가장 극적인 전문화specialization는 대뇌의 두 개의 반구hemisphere 속에서 일어난다. 두 개의 반구 내에서 상이한 회로들이 만들어져 개수가 늘어나기 때문에, 예컨대 법률가의 뇌는 건축가의 뇌와 다르다. 법률가가 필기 및 구두 언어written and oral language를 사용하는 능력은 좌반구에 있는 회로에 주로 의지하는데, 그것은 좌반구는 주로 언어를 처리하기 때문이다. 건축가가 삼차원 공간에서 건축 구조물을 머릿속에서 떠올려 볼 수 있는 능력은 우반구에서 회로들이 형성되어 있어 그것을 활용하는데서 결과한 것이다. 그러나 이러한 좌우반구의 회로 배치는 상호배타적인 것이 아니다. 뇌의 가소성 덕분으로 뇌의 두 부위 속에 있는 회로들은 대등하게 발달한다(나의 어머니는 건축가이고 법률가이다).

뇌의 가소성은 연속적인 것이다. 뇌는 일생을 통하여 거의 무한정으로 가소성적인 것이라 생각해 보라. 나는 이 말을 하면서 '거의'란 단서를 달았는데, 그것은 유전자가 뇌의 구조와 기능에 미치는 영향 때문이다. 그리고 이러한 뇌의 가소성은 나이가 들면 감소하지만 그러나 절대로 완전히 사라지지는 않는다. 우리가 죽을 때까지 뇌는 우리가 경험하는 도전들에 따라 여전히 이렇게 저렇게 변화될 수 있다.

뇌는 성인 초기에서 최대 크기에 이르고(무게로 측정한) 평균 수명 동안 약 10% 정도 감소한다. 뇌는 정말로 경이롭고 불가사의한 기관이다.

성인의 뇌는 무게가 약 3파운드이고 그리고 백억 개의 뇌세포(뉴런, neurons)와 이들 뉴런들이 서로 연결되어 있는 백만억 개의 시냅스(synapse, 신경연결)를 가지고 있다.

몇 억이란 개수를 이해하기는 어렵지만 이것을 단계적으로 접근해 보면 이해가 좀 쉬워진다. 100만은 1,000×1,000으로 대개 보아 웬만한 크기를 가지고 있는 도시의 인구수이다. '10억'은 100만의 1,000배이므로 1,000개의 소도시 또는 100개의 대도시가 있는 셈이다. 현재 이 지구상에는 약 60억의 사람들이 살고 있음을 상기해 보면 백만 억의 크기를 짐작하는 데 도움이 된다. 현재의 세계 인구는 백억 개의 신경세포에 비하면 아주 작은 것이고 그리고 몇 백만억 개의 신경연결인 시냅스에 비하면 정말로 하찮은 숫자 같이 보인다.

일반적으로 나이가 들면 시냅스의 개수는 감소한다. 그러나 대부분의 신경과학자들은 뇌세포가 흔히 이야기하는 것처럼 하루에 5만 개씩이나 없어진다고 믿지는 않는다. 그리고 뉴런의 상실은 뇌에 고루 고루 균등하게 일어나지도 않는다. 오히려 최근의 연구 결과들은 뉴런의 상실은 상당히 선택적이라서 정상적인 인지에서 사용되는 많은 피질부위에서는 뉴런 상실이 별로 일어나지 않음을 보여주고 있다. 가장 인상적인 것은 노인들 간에도 뇌의 노화는 다르다는 것이다. 이것은 의심의 여지가 없이 뉴런의 상실은 유전적 요인에 종속되기 때문이다. 어느 한 신경과학자는 아주 유머러스하게 "노년에서 정상적인 뇌를 보증할 수 있는 최선의 방법은 부모를 조심스럽게 골라 태어나는 것이다"라고 말하였다.

노화에 따라 일어나는, 특히 전두엽에서, 뉴런의 상실이나 시냅스 연결이 얇아지는 것보다 훨씬 더 중요한 것은 뇌간brain stem에서 대개 핀 대가리 정도의 크기인 세포들의 한 덩어리에서(신경핵, nuclei) 세포들이 상실되는 것이다. 뇌간은 그 자체가 대개 보아 성인의 손가락 길이만하다.

신경과학자 Paul Coleman은 이러한 세포 덩어리를 "주스 기계" juice machines라 명명하였는데, 여기서는 피질부의 여러 부분에다 올라가는 모습의 선풍기 팬처럼 사출을 해 보낸다. 그러면 신경의 화학적 메신저messengers들이(신경전도 물질) 이러한 사출에 따라 피질부의 여러 부위로 여행하게 된다. 신경전도 물질의 수준이 감소하면 우리가 노화해 가면서 점차 더 많이 걸리게 되는 여러 질환을 일으킨다: 기억상실, 우울증, 전체적인 정신적 민첩성의 감소, 비효율적인 정보처리 등이 여기에 속한다. 다행히 이러한 질병은 결손되는 신경전달물질을 활발하게 하거나 보충해 주는 약품으로 향상시킬 수 있다.

마지막으로, 노화해 가면 우리의 뇌에는 평생 동안 뇌세포에서 일어나는 모든 신진대사 과정의 총합에서 결과하게 되는 화학적인 노폐물질들이 축적된다. 모든 노인들의 뇌에는 이러한 노폐물질이 포함되어 있다(그러나 알츠하이머(Alzheimer) 질병으로 고통받고 있는 사람에서 볼 수 있는 수준은 아니다). 또한 뉴런이 어느 정도 상실되어 가는 것은 노화에 따라 정상적으로 일어나는 것이지만, 그러나 이러한 상실은 남아 있는 뉴런들이 서로 네트워킹하는 능력을 향상시킴으로써 보충할 수 있다. 뉴런의 개수는 출생 이후 계속하여 감소해 가지만, 그러나 남아 있는 뉴런들 사이에서 개수는 적지만 보다 더 강하고 보다 지속적인 연결들이 형성된다. 부분들이 손실되어 가는 것을 보충할 수 있는 능력 때문에 뇌는 부분들이 상실됨에도 불구하고 보다 더 효율적으로 기능하는 이 세상에 있는 유일한 조직 구조이다. 이런 점에서, 뇌는 생리적 및 기계적인 모든 구조들 가운데서 가장 독특하다: 세월이 가도 뇌는 "닳아 없어지지" 않는다.

우리가 유아기에서 아동기로, 청년기로 그리고 젊은 청년으로, 나이가 든 성인으로 발달해 감에 따라 뇌에서 일어나는 이 모든 변화를 생각해 보면서 제기할 수 있는 핵심적인 질문은 다음과 같다: 뇌의 파워powers를 보존하고 향상시키기 위하여 우리가 할 수 있는 것은 무엇인가? 다음의 여러 페이지에서는 의사로서 그리고 저자로서 나 자신이 경험한 것과 그리고 세계적으로 아주 유명한 많은 신경과학자들이 내게 말해 준 제안들을 바탕하여 마련한 처방들을 하나의 실제적인 프로그램으로 제시해 보고자 한다. 이제 어느 것보다도 가장 기본적인 그러한 요구에서 시작해 보기로 한다: 뇌는 무엇을 먹기를 좋아하는가?

Ⅱ부

뇌의 보호와 영양: 기본적인 원리

지난 몇 년 동안 이루어진 연구들은 콜레스테롤 수치가 높은 것과 비만은
알츠하이머 병에 걸릴 수 있는 위험 요소임을 지적해 주고 있다.

'뇌의 다이어트'를 찾아서

완전한 다이어트diet를 발견해 보려는 관심이 얼마나 끈질긴 것인지를 확인해 보려면 자기개발 관련의 잡지들의 표지를 슬쩍 한번 훑어 보는 것으로도 충분할 수 있다. 호기심 많은 독자들은 여러 가지의 다이어트를 주장하고 있는 수많은 잡지나 서적들 가운데 몇 가지를 선택하여 읽어 볼 수도 있을 것이다. 예컨대, 어떤 사람은 탄수화물을 더 많이 섭취해야 한다고 말하고, 다른 어떤 사람은 탄수화물을 더 적게, 또는 탄수화물을 아예 섭취하지 말아야 한다고 말하기도 한다. 그러나 이러한 차이에도 불구하고 이들 모든 서적들은 하나의 공통적인 주제를 분명히 하고 있다: 만약에 당신이 '이 다이어트를 따라 하면' 당신은 전보다 더 날씬해지고, 더 건강해지고, 그리고 보다 더 섹시해질 것이다. 그러나 이러한 다이어트 방식이 남쪽 해변에서 시작된 것이든 부자 동네인 비벌리힐스Beverly Hills에서 생겨난 것이든 간에, 그리고 다이어트하는 사람의 체중을 감량하는 데 얼마나 성공적이었느냐에 관계없이, 이러한 지침서에는 신체적인 군살보다는 정신적인 군살을 방지하는 데 관심 있는 더 많은 사람들에게 해 줄 수 있는 충고는 찾아보기 어렵다: 다시 말하면 신체적인 것이 아니라 전두엽을 북돋우고 싶어하는 사람에게 해 줄 수 있는 충고는 거의 없다는 것이다.

이처럼 "뇌의 다이어트"가 없는 한 가지 이유는, 내가 뇌와 영양에 대한 컨설팅 전문가들로부터 발견한 것인데, 그것은 어떤 종류의 음식을 먹느냐는 것은 우리가 소비하는 칼로리의 수량만큼 뇌건강에 중요하지 않다는 것이다. 적어도 동물의 뇌건강을 다루는 연구자들이 전해 주는 메시지는 그렇다는 것이다. 65년에 걸친 동물 연구는, 지금까지 실험해 본 모든 동물에서, 섭취하는 칼로리를 제한하면 치매, 암, 당뇨병이나 기타 뇌기능 손상에 관련되어 있는 퇴행성 질환이 발병하는 것을 늦추어 준다는 것을 확인해 주고 있다. 칼로리 제한(영양 구성 내용을 감소시키지 않으면서 단백질, 탄수화물 및 지방 내용을 균형 있게 감소시키는 것으로 정의한다)은 또한 수명도 증가시킨다. 대개 보아 어느 종의 동물이든 간에 칼로리를 35% 적게 취하면 35% 더 오래 산다.

만약에 우리가 동물 연구를 고려해 본다면, 그러면 우리는 칼로리 섭취를 제한하는 다이어트를 채택해야 할까? 쥐를 대상으로 한 어떤 한 연구에서는 원하는 대로 먹이를 먹도록 했던 쥐와 이들보다 칼로리가 30% 더 적게 포함되어 있는 다이어트를 하게 한 쥐를 비교 연구하였다. 이 연구의 결과에 따르면, 만약에 우리가 알츠하이머 병에 걸릴 확률을 줄이고 싶으면 우리는 당연히 칼로리 섭취를 제한해야 한다. 칼로리를 제한하는 다이어트를 한 쥐의 뇌에서는 뇌가 막히게 방해하는 단백질인 아밀로이드(Amyloid, 녹말체)가 감소되고 있음을 보여주고 있기 때문이다. 아밀로이드 단백질은 알츠하이머 병과 바로 관련되어 있다. 또한 이들 쥐는 칼로리 다이어트를 무제한으로 한 쥐보다 여러 가지의 수행도 더 우수하였다.

오레곤Oregon 건강과학대학교Oregon Health and Science University와 '국립노화연구원'National Institute on Aging, NIA에 따르면, 칼로리 섭취 제한을 규칙적인 단식과 함께 하면 쥐가 알츠하이머 병으로 손상되는 것이 감소하였다. 보다 자세히 보면 이들 쥐는 비교집단보다 알츠하이머 병의 많은 측면과 비슷한 진행성 질병을 보이면서도 학습과 기억에서 수행을 더 잘하였고 그리고 원기를 새롭게 회복하면서 자신의 주변을 탐색하고 있었다.

칼로리 제한이 쥐에 미치는 아밀로이드 감소적인 성질amyloid-reducing properties이 인상 깊고 그리고 쥐의 정신적 수행이 향상된다는 것은 더욱 더 인상적이기는 하다. 그럼에도 불구하고 이러한 발견이 나의 오늘 저녁 식사 계획에 커다란 영향을 미칠 것 같지는 않다. 나 자신은 필요한 것보다 더 많이 먹는다. 그러나 나는 쥐가 아니기 때문에 칼로리 제한에 관한 결정을 먹이 사슬에서 보아 더 높은 동물을 다루는 다른 연구들을 참고하고 싶다. 그러나 이러한 연구는 빠른 시간 내에 이루어질 것 같지가 않다. 왜냐하면 종들 간에는 수명에 차이가 있기 때문이다. 쥐의 세계에서의 2세대 또는 3세대는 인간세계에서 3세대에 해당하는 200년 이상과는 차이가 많이 나서 비교가 되지 않는다.

이처럼 인간은 쥐들보다 훨씬 더 오래 삶에도 불구하고, 뇌기능을 향상시키고 그리고 더 오래 살기 위하여 의도적으로 배를 굶는 사람이 없지는 않다. 국립노화연구원에서 수행한 한 연구에서는 48명의 남녀를 두 개의 다이어트 조건에 따라 무선적으로 배치하였다. 첫째 집단은 현재의 체중을 충분히 유지하게 하였지만, 두 번째 다이어트 조건에서는 칼로리 섭취를 25% 감소시켰다. 6개월 후 다이어트를 제한한 집단의 사람들은 식사할 때의 체온과 인슈린insulin 수준이 보다 더 낮았는데 — 이들 두 가지는 장수하는 사람과 동물이 가지고 있는 핵심적인 특징이다. 중요한 것은 신체의 에너지 요구는 식사에서 감소되고 있는 칼로리 양을 충족시키기 위하여 감소된다는 것이다 — 이것이 바로 칼로리를 제한한 식사를 한 사람이 왜 굶어 죽지 않는지를 설명해 주고 있다. 간단하게 말하면 신체는 적어진 식량에 맞게 재적응하고 있는 것이다. 이 모든 것들을 보면 칼로리를 심각하게 제한하는 식사가 그럴 듯한 것인지를 아직은 단정하기 어렵다.

인간과 동물 연구에서 도출해 낸 중요한 개념은 이러하다: 당신의 뇌기능을 향상시키고 알츠하이머 병에 걸릴 가능성을 줄이기 위하여 섭취하는 칼로리를 엄청나게 줄일 필요는 없다. 다만 비만을 방지할 수 있을 정도로만 칼로리 섭취를 제한하는 것이 좋다.

체중을 통제하라

미국 성인의 30.5%, 그러니 미국 성인인구의 약 2/3가 과체중의 비만이다. 거의 모든 사람들은 비만이 미치는 일반적인 의학적 결과에 대해서는(심장질환, 고혈압 및 당뇨병) 의식하고 있지만, 비만이 뇌기능에 미치는 효과에 대해서는 아주 최근에 이르러서야 밝혀지기 시작하였다.

포화성 지방과 "엠프티 칼로리"(empty calories, 단백질−무기질, 비타민이 없는 식물 칼로리)가 높은 먹이를 준 쥐는 정상적인 먹이를 먹은 쥐보다 기억검사에서 수행이 유의하게 낮았다. 연구의 결과는 이러한 수행실패뿐 아니라 이러한 먹이와 관련되어 있는 모든 나쁜 것들도 보여주고 있다. 혈장 트리글리세리드plasma triglyceride의 수준, 전체

콜레스테롤total cholesterol 및 저밀도·고밀도 지방, 단백질, 콜레스테롤 lipoprotein cholesterol의 수준도 모두 더 높다. 강화적인 보상을 사용한 검사에서도 영향이 있어서, 예컨대 비만의 쥐는 우유나 과일 주스를 얻어 먹기 위하여 지렛대를 누르는 것을 학습하는 데 시간이 더 걸렸다.

"우리의 연구들은 즉석 간이식품(fast-food, 패스트푸드)은 쥐의 기억을 손상시키며 또한 쥐의 뇌가 독소toxins에 훨씬 더 취약하게 만든다는 것을 보여주고 있다"라고 '국립노인연구원'의 Veerendra K. Madala Halaggappa는 말하고 있다. "만약에 이러한 식사가 인간에게도 유사한 효과를 미치고 있다면 지방과 엠프티 칼로리의 양을 감소시키면 기억이 향상되고 그리고 연령이나 스트레스와 관련한 인지 손상에 대한 저항도 향상시킬 것이다"라고 그는 계속하여 지적하고 있다.

Halaggappa 박사의 말은 지방과 엠프티 칼로리 식사를 줄이면 일반적으로 보아 우리의 기억과 뇌기능이 향상된다는 것을 보여주고 있다. 즉석 간이식품이 인기를 끌고 있는 이 나라에서 이러한 통찰이 정신적인 기능에 대하여 가질 수 있는 이득을 생각해 보라. 그리고 지난 몇 년 동안 이루어진 연구들은 콜레스테롤 수치가 높은 것과 비만인 것이 알츠하이머 병에 걸릴 수 있는 위험요소임을 지적해 주고 있다.

요약하면, 비만을 통제하기 위한 조치는 어떠한 노력이 요구되더라도 우리가 해야 하는 가치 있는 것이다. 왜냐하면 인간을 대상으로 한 인지수행 검사들은 비만은 연령, 성별, 교육 또는 IQ보다 인지 손상과 더 높은 상관을 가지고 있음을 보여주고 있기 때문이다. 특히 영향을 많이 받는 것은 주로 전두엽이 수행하고 있는 너무나 중요한 기능들이다. 이미 지적한 바와 같이, 뇌의 이 부위는 목표를 설정하고 그것을 지켜가는 것, 충동 통제, 그리고 자신의 행동을 점검하는 것과 관련이 있다고 알려져 있다. 그런데 이들 세 가지는 만성적 비만이 보여주는 특별한 행동영역들이다.

칼로리 섭취를 줄이려고 결정하였다면 그러면 어떤 식사 처방이 우리의 정신 건강을 가장 잘 보호하고 향상시킬 수 있을까?

우선 공중보건 분야에서 가장 오래된 금언이라 할 수 있는 "무엇보다도 해害가 되는 일을 하지 말라"란 것에서 시작해 보자. 당신의 식사에서 해악을 끼칠 수 있는 식품을 확인하고 그것들을 제외시키는 것에서 시작하라. 여기에서 가장 나쁜 놈은 가공한 지방이다. 특히 유해한 것은 소위 말하는 "트랜스 지방"trans fats인데, 이것은 식물성 오일vegetable oil에다 수소를 첨가시킴으로써 액체 오일을 고체 지방으로 변환시킬 때 생겨난다.

약 20년 전에 식품 제조 회사들은 자신들의 가공 식품의 저장수명을 연장시키고 그리고 맛을 안정시키기 위하여 트랜스 지방을 첨가하기 시작하였다. 트랜스 지방 덕분으로 크래커, 쿠키 및 스낵 식품들은 몇 년이고 신선도를 유지할 수 있다. 그러나 일단 섭취를 하고 나면 수소로 처리된 이들 지방은 뇌와 심장에 있는 동맥에 달라붙어 이들을 막히게 하며, 그리하여 인지적인 쇠퇴(특히, 기억이 영향을 많이 받는다)와 심장발작을 일으킬 수 있다. 지방이 딱딱하고 견고할수록 — 이것은 수소처리에 따라 직접적으로 달라진다 — 동맥 막힘 효과는 더 커진다. 트랜스 지방은 베이컨 지방 수지bacon grease가 부엌의 개수대에 있는 배수에 미치는 것과 같이 동맥을 폐쇄시키는 동일한 효과를 가지고 있다. 이 모든 것을 회피하려면 다음과 같은 가이드라인을 지켜야 한다.

“수소 처리된 또는 부분적으로 수소 처리된” 등의 라벨이 붙어 있는 식품을 회피하라. 특히 즉석 간이식품(튀긴 프라이드 치킨, 비스켓, 프라이드 피시 샌드위치, 프렌치 프라이즈, 그리고 튀김한 식품 일반), 대부분의 가게에서 살 수 있는 쿠키와 크래커, 포테이토 칩, 마가린, 도넛 및 머핏 등을 경계하라. 일반적으로 보면 자연에서 나오는 식품(가공처리되지 아니한)은 트랜스 지방을 함유하고 있지 않다. 이것이 바로 영양사들이 우리들에게 여러 유형의 과일, 채소, 치킨, 자연 곡물 빵 및 얼마간의 시리얼cereal을 먹을 것을 권고하는 이유들 가운데 하나이다. 다행히 미국 정부에서는 식품 라벨label에 수소가공 지방과 콜레스테롤 등을 기록하도록 요구하고 있기 때문에 2006년도부터는 식품에 붙어 있는 라벨을 읽어 보기가 훨씬 더 쉽게 되었다. 당신의 식사에 어떤 트랜스 지방도 용납되지 않게 하라.

뇌에 좋은 것은 심장에도 좋다

유해한 식품을 제거하고 나면 그러면 어떤 식품이 뇌기능을 도와 주는지를 당신은 어떻게 알 수 있는가? 뇌기능을 향상시키는 식품을 확인해 내는 한 가지 방법은 노인들의 인지적 기능의 쇠퇴를 늦추어 지연시켜 주는 것으로 알려져 있는 식품을 선택하는 것이다. 물론이지만 여기서 하고 있는 추리가 완전한 것은 아니다("노화와 관련되어 있는 뇌 변화를 지연시키는 것은, 어떠한 것이라도 보다 젊었을 때는 뇌기능을 유지하는 데 도움이 된다"). 그럼에도 불구하고 여러 상이한 식품들이 뇌기능에 미치는 효과를 직접적으로 관찰할 수 있을 때까지 우리는 그렇게 추론할 수밖에 없다.

인지적인 쇠퇴의 속도를 지연시키는 것으로 알려져 있는 식품은 채소, 특히 초록색 잎이 많이 있는 채소이다. 이런 채소는 흔히 다른 채소들보다 비타민 E가 더 많을 뿐 아니라 같이 들어 있는 다른 지방(예컨대 샐러드 드래싱, 마요네즈)도 함께 먹을 수 있다. 이들은 비타민 E 및 기타의 지방을 분해할 수 있는 산화방지 영양소들의 흡수를 증가시켜 준다.

산화방지제는 물질이 붕괴되어 가는 과정, 즉 산화의 과정을 저지하는 화학물질이다. 실제로 작동하는 산화의 좋은 보기 하나는 빌딩에 있는 강철이 녹슬어 가는 것이다. 신체 내부에서 일어나는 산화는 자유 라디칼들free radicals이 활동해서 생기는데, 자유 라디칼이란 적어도 한 개 이상의 짝을 짓지 못하고 있는 전자를 포함하고 있는 분자 조각들이다. 짝을 짓지 못한 전자는 불안정하기 때문에 세포내부에 있는 세포막이나 구조성분 등과 같은 다른 원자나 분자에서 전자를 끌어내어 짝을 이루어 안정을 취하려 한다. 이러한 과정에서 이들 구조들에 손상을 주거나 파괴를 시킬 수 있다. 결국에 가면 자유 라디칼들은 신체 전체에 있는 세포의 DNA를 공격하게 된다. DNA에서 화학적 상처가 지속되는 것이 적어도 부분적으로는 노화의 원인이 된다고 생각하고 있다. 과일과 채소에 있는 산화 방지제들은 이러한 손상을 방지한다. 이들이 뇌의 인지적 기능에 미치는 효과는 엄청나다.

한 연구에 의하면 매일 2회 이상 채소를 차려 먹은 노인은 인지 검사상의 수행이 이들보다 5년 더 젊은 사람들과 비슷하였다. 또한 이렇게 인지적 쇠퇴 속도를 지연시키는 것은 6년 이상 동안이나 지속되었다.

채소와 과일은 흔히 같이 합쳐서 인지적으로 유익한 것이라 말하고 있다. 그러나 과일 소비만을 증가시켰을 때도 인지적인 향상이 되는지에 대한 증거는 그렇게 명백하지 아니하다. 채소가 효과가 있음을 보여주고 있는 연구조차도 과일에서는 비슷한 유익한 효과를 발견하는 데 실패하고 있다. 채소는 과일보다 비타민 E의 함유량이 더 많은 것은 사실이지만 아마도 이것이 채소가 과일보다 더 보호적인(유해한 영향으로부터 방어하는 인자) 주된 이유는 아닐 것이다. '러쉬 건강한 노화 연구소'Rush Institute for Healthy Aging에서 행한 연구의 저자들은 "과일에 포함되어 있는 알려지지 아니한 어떤 요소가 산화방지 영양소들의 보호적인 효과를 상쇄시키고 있을지도 모른다"라고 말하고 있다.

그러나 당신이 과일 냉장고를 비워 버리기 전에, 과일은 인지적으로 보호적이며, 과일 주스는 특히 그러하다는 다른 연구도 있음을 고려해 보아야 한다. 과일과 채소 주스는 모두가 알츠하이머 병이 발병하는 것을 지연시키는 것과 관련되어 있다. 그러나 이러한 유익한 효과를 보기 위하여 많은 양의 주스를 마실 필요는 없다. 연구에 의하면 일 주일에 3번 정도로만 과일이나 채소 주스를 마셔도 알츠하이머병의 위험을 상당 정도로 감소시키는 데 충분하다.

그러면 어떻게 해서 이렇게 연구들 간에 차이가 나는 것일까? 이렇게 질문하는 것은 매우 당연해 보인다. 나는 이 질문을 '러쉬 건강한 노화 연구소'의 Martha Clare Morris에게 제기해 보았다.

그녀는 이렇게 말했다: "이 분야는 아주 새로운 분야라서 과일과 채소 섭취가 인간 뇌에 미치는 효과를 탐색해 본 연구들은 아직까지도 몇 개가 되지 않습니다."

새로운 영역을 걸어가기란 어렵기도 하지만, 식사를 기타의 생활 스타일 요소들과 별도로 다룰 수는 없다. 자신의 식사에 조심하는 사람은 운동을 하고, 체중을 관리하고, 금연을 하고, 알코올을 적게 소비하고, 그리고 커피와 차 마시기를 제한할 가능성 또한 더 크다. 그렇다면 이들 요소들 가운데 어느 요소, 또는 요소들의 어떠한 조합이 가장 중요할까? 일반적으로 보면 뇌건강과 장수에 관한 연구들은 이러한 질문에 대하여 간단한 대답을 제시하지 못하고 있다. 왜냐하면 건강관련 습관이란 전체적으로 연결된 덩어리로 일어나기 때문에 이들 습관을 하나씩 분리해 내기가 어렵기 때문이다. 또한 모든 사람이 어떤 구체적인 물질에 대하여 같은 방식으로 반응하지도 않는다. 예컨대, 다음에서 더욱 논의하겠지만 새로운 증거는 카페인이 뇌건강에 유익할 수 있음을 보여주고 있다. 그러나 누구나 카페인에 대하여 내성을 갖고 있는 것은 아니다. 예컨대 나는 하루에 차를 네 컵 내지 다섯 컵 이상 마시면(나는 커피의 맛을 좋아하지 않는다), 마음이 좀 붕 뜨면서 집중하기가 어려워진다.

유전적 특질genetics은 어떤 특정한 식품이 우리의 뇌에 미치는 효과를 결정하는 데 주된 역할을 한다. 그러한 결과로 상이한 식품이 건강 반응에 미치는 효과는 사람에 따라 다를 수 있을 것이다. 예컨대 앞에서 언급한 바 있는 채소와 과일 주스 연구는 워싱턴Washington의 한 카운티county에 살고 있는 일본계 미국인들에 한정하여 연구한 것이었다. 그러면 이러한 사실은 '러쉬 건강한 노화 연구소'에서 보다 다양한 인종을 대상으로 연구한 결론과 차이나는 것을 설명하는 데 도움이 될 수 있을까?

이와 같은 질문에 대한 대답을 얻기 위하여 어빈Irvine에 있는 캘리포니아 대학교의 연구자인 Carl Cotman을 방문하였는데, 그는 뇌 건강 식품에 관한 연구로 국제적인 명성을 얻고 있다. Cotman은 우리가 먹어야 될 것과 먹지 말아야 할 것들을 너무나 잘 알고 있어서, 나는 그와 같이 이야기하고 있는 동안, 그는 우리가 여생 동안 먹어야 할 모든 식사에 대한 모든 메뉴들을 기획해 주는 것 같은 생각이 들었다.

내가 Cotman을 좋아하는 첫 번째의 이유는 그는 식품에 관한 공상가가 아니란 것이다. 그는 당신이 원하는 것을 먹되 '포화 상태가 되어 있는 지방 튀김 식품'saturated fat – fried foods은 예외로 하고, 술을 줄이고(아마도 레드 와인은 예외로 하고), 그리고 아무리 좋아하더라도 담배는 완전히 던져 버리라고 충고한다.

그는 유전적 특질과 문화가 뇌건강을 결정하는 데 유의한 역할을 한다는 데 동의하면서도, 식사를 훨씬 더 강조하고 있다.

"나는 우리의 뇌에 보다 더 유익한 식품에 대하여 아주 전문적인 판단을 할 수 있을 만큼 알고 있다고 확신한다. 현재 나는 보다 많은 과일과 채소는 물론이고 오메가-3 지방산omega – 3 fatty acids을 다량 함유하고 있는 것들을 보다 많이 먹는다. 어류는 특히 유익한데, 특히 참치, 연어, 청어, 고등어, 정어리, 은대구 및 숭어 등과 같은 기름기 있는 '유성의 어류' oily fish가 좋다. 이들에는 긴 연쇄의 오메가-3 지방산이 많이 들어 있다.

그리고 나는 콜레스테롤 섭취를 아주 적게 하는데, 그것은 우리들이 쥐를 대상으로 한 연구에서 콜레스테롤을 증가시키면 뇌에서 아밀로이드(amyloid, 녹말질)가 증가하는 것을 발견했기 때문이다. 노화해 가면 세포의 효율성이 낮아지기 때문에 식사를 어떻게 하느냐는 것은 더욱더 중요해진다. 우리가 더 많은 정보를 얻을 때까지 식품 피라미드 food pyramid는 유용하며 나쁜 전략이 아니다.

Cotman이 어류를 권장하는 데는 역사적인 전례가 있다. 유성의 어류가 뇌를 변화시키는 속성이 있다는 힌트는 1980년대에 처음으로 나타나기 시작했다. 정신의학자들은 일본이나 대만과 같은 지역에 살고 있는 사람들은 정규적인 식사의 한 부분으로 기름기 있는 어류를 먹는다는 것을 발견하였다. 그런데 이들은 어류가 선택 메뉴의 두 번째나 세 번째에 지나지 아니하는 미국이나 독일과 같은 국가의 사람들보다 우울증이 60배 이상이나 적다는 것을 주목하게 되었다.

일반적으로 말해서 식사에서 오메가-3를 더 많이 섭취할수록 우울증 발병률이 낮다. 오메가-3는 임상적으로 보아 우울증을 앓고 있는 사람뿐 아니라 만성적으로 비판적이거나 발작적으로 "우울한 기분"이 드는 사람에서 항우울증적인 효과를 나타낸다. 이러한 사람들은 흔히 오메가-3의 수준이 낮다. 그리고 어류를 더 많이 먹어서 그러한 수준을 높이면 기분도 밝아진다.

그러나 당신은 어류, 즉 물고기를 좋아하지 않는다고 생각해 보라. 보조 식품을 먹으면 마찬가지의 효과를 얻을 수 있는 것이 아닐까? 아마도 그렇지 아니할 것이다. 피시 오일(fish-oil, 어유) 알약과 같은 보조 식품은 오메가-3는 풍부하지만 포화상태의 지방에 있는 양질의 단백질이 거기에는 없다. 뿐만 아니라 어류를 먹을 때 따라오는 많은 비타민들과 셀렌selenium과 같은 광물질들을 먹게 되는 이득도 따라오지 아니한다. 또한 어유 캡슐fish-oil capsule은 약물에 관한 FDA의 엄격한 규정을 지키지 않아도 관계가 없다. 이것은 같은 어유 캡슐이라 하더라도 상표에 따라 오메가-3의 양이 다를 수 있음을 의미한다.

그러나 좋은 뉴스는 그러한 고기 생선을 먹을 때의 이득을 얻기 위하여 당신이 꼭 많은 양을 먹어야 하는 것은 아니란 것이다. 매주 생선을 2회 정도 먹는 것으로 충분하다. 당신이 비록 어류(생선)에 대하여 광적으로 열성적이지 않다고 하더라도 일 주일에 두 번 먹는 것을(매회 3온스, 즉 85그램 정도) 당신의 주별 식사 계획에 반영시키는 것은 어렵지 않아야 한다. 만약 자연 상태에서 잡은 어류를 먹기가 어려운 상황에 있다고 해도 불리할 것은 없다. 사실 당신은 이러한 게임에서 앞서 있다고 말할 수 있다. 양식한 어류, 특히 연어는 야생의 자연의 연어보다 오메가-3의 함유량이 두 배 이상이나 많다. 과학자들은 야생의 것들은 넓은 대양에서 보다 더 적극적인 생활 스타일로 수영을 하고 그러는 사이에 지방질의 얼마를 태워 버리기 때문에 한층 더 날씬하다고 생각하고 있다.

오메가-3는 무드(mood, 기분)에 긍정적인 효과를 미칠 뿐 아니라 기억과 사고를 명석하게 하는데도 효과가 있다. 우리는 이것을 임상사례에서 알 수 있게 되었다. 이러한 사례에서 보면, 알츠하이머병의 매우 초기 단계의 환자가 어류 식사로 바꾸고 나면 기억이 보다 향상되는 것을 확인할 수 있었다. 이것은 오메가-3가 가지고 있는 항염증성 효과anti-inflammatory effect 때문이라 보고 있다. 함염증성 효과란 아밀로이드 녹말체가 형성되는 초기 단계에서 그것을 방해하는 것을 말하는데, 아밀로이드 녹말체가 알츠하이머 환자의 뇌에서 축적되면 뉴런이 서로 서로 커뮤니케이션하는 능력을 간섭하고 방해한다. 그러나 이러한 사례에서 보게 되면 시간이 중요하다: 오메가-3가 뇌향상을 가져오는 효과는 결정적 시기에서만 일어났는데, 그것은 치매가 발병하기 2년 또는 3년 전이다. 이것은 신체 자신이 뇌에서 항염증성 화학물질들을 향상시키고 있는 시기와 동일하다.

Carl Cotman은 특히 사람들이 오랫동안 그렇게 믿고 있는 것처럼 뇌건강과 심장 건강을 구분하지 않아야 한다는 것을 강조하여 주장하고 있다: "심장을 향상시키는 것은 무엇이든지 뇌를 향상시킨다. 운동, 영양 및 스트레스 감소는 뇌와 심장 모두에 적용된다."

또한 "심장에 좋은 것은 뇌에도 좋다"란 Cotman의 주장에 매우 부합하는 것이지만, 양식 연어의 3온스 또는 고등어 6온스를 매주 먹으면(1온스는 28.35g) 심장질환으로 사망하는 것을 36% 이상 줄일 수 있다. 그러나 일부의 유성의 어류에서 수은과 같은 오염물질이 얼마간 발견된 것에 대해서는 어떻게 생각하는지를 나는 Cotman에게 물어 보았다.

"약 12세 이상이고 임신한 사람이 아니면 일부의 유성의 어류에서 수은과 기타의 오염물질의 수준이 가끔씩 높아지는 것을 발견하게 되더라도 우리는 그것에 대하여 크게 걱정할 필요는 없다. 대부분의 경우 독성 오염물질로 영향을 많이 받는 뇌부위들은 12세 정도가 되면 이미 충분한 정도로 성숙하여 손상을 받지 않는다." 이러한 충고는 "국립과학아카데미"의 '약학 대학'Institute of Medicine of the National Academy of Sciences에서도 마찬가지로 말하고 있다: 어류를 먹을 때 얻게 되는 이득은 독성 화학물질이나 중금속에 의한 오염에 따라 오는 위험을 훨씬 더 넘어선다.

그렇다면 여기에서의 결론은 무엇인가? 이러한 개별적인 발견들을 같이 조합하여 우리가 할 수 있는 가장 그럴 듯한 "뇌 식사"를 만들 수 있을까? 내가 Cotman과 기타 여러 전문가들과 이야기를 나누어 본 다음 그리고 식사와 뇌에 관한 문헌들을 내 스스로 종설해 본 다음, 나는 뇌를 향상시키는 것으로 여러 연구자들이 발견해 낸 다양한 요소들을 하나의 전략으로 조합할 수 있다고 생각하였다. 영양관련의 교재들을 들먹이지 않고 그렇게 할 수는 없을까? 지중해 연안 사람들의 식사에 보다 충실해지면 될 것 같다. 이 지역 사람들의 식사는 원래가 건강한 심장을 증진시키기 위하여 발전해 왔다. 심장은 건상한 뇌와 동일한 것이다.

전통적으로 지중해 연안 사람들의 메뉴에는 과일, 채소, 콩 그리고 곡물이 풍부하다. 올리브 오일olive oil과 기타의 불포화 지방산을 포화 상태의 지방산보다 더 좋아해서, 닭고기나 쇠고기보다 어류를 보다 더 자주 먹는다. 매일 소비하는 분량도 적거나 중간 정도이다. 알코올은 와인의 형태로 적당한 양을 식사하면서 마신다.

평균 74세의 2,000명의 맨해튼Manhattan 주민을 대상으로 한 연구에서는 지중해식 식사를 하는 사람은 알츠하이머 병에 걸릴 확률이 68% 정도 낮다는 것을 발견하였다. 지중해식 식사는 알츠하이머 병의 위험을 감소킬 뿐 아니라, 뉴욕New York에 있는 콜럼비아Columbia 대학교에서 행한 최근의 연구에 의하면, 알츠하이머 병에 이미 걸려 있는 사람이 더 오래 사는 데 도움이 된다.

술은 적당하게 그리고 선택적으로 마셔라

지중해식 식사에서는 알코올을 정규적으로 그러나 적당하게 섭취하면 효과가 좋다고 충고하고 있는데, 이것은 일부의 연구자들에게는 놀라운 것이었다. 그러한 충고를 놀라운 것으로 받아들이는 것은 이들 지중해 지역의 옛 청교도 선조들이 이 땅에 건너온 지도 이미 몇 세기가 지났음에도 우리 사회의 많은 사람들은 여전히 알코올을 악마처럼 생각하는 경향이 있기 때문일 것이다(나는 이 부분의 글을 매사추세츠(Massachusetts)주의 Vineyard Haven에서 쓰고 있는데, Martha의 포도원이 있는 이 타운에서는 알코올 판매는 여전히 불법이다). 최근에 레드 와인red wine의 형태로 적당한 양의 알코올을 마시면 건강에 유익하다는 것을 발견하기 이전까지는, 규칙적으로 알코올을 소비하는 것에 대한 일반인들의 생각은 대개가 부정적인 것이었다(가정 폭력과 교통사고 비율이 증가하는 등의 이유로). 그러나 최근의 연구에 의하면, 적당량의 레드 와인을 마시면 뇌기능이 향상된다고 확실하게 말할 수 있다.

그러나 레드 와인은 뇌에 유익하지만 왜 기타의 알코올 음료는 그렇지 아니한지에 대한 이유를 완전히 만족스럽게 설명할 수 있는 사람은 현재로는 없다. 하나의 이론에서는 레드 와인에서 사용하고 있는 포도 껍질에서 발견되는 천연 요소인 레스베라트롤resveratrol이라는 물질의 중요성을 강조하고 있다. 레드 와인은 포도의 껍질을 벗기지 아니하고 발효시키기 때문에, 그리고 화이트 와인은 껍질을 제거시킨 다음에 발효시키기 때문에 레드 와인만이 레스베라트롤을 포함하고 있으며 그래서 레드 와인만이 뇌기능에 보호적인 작용을 한다고 본다 — 적어도 이것이 일반적으로 하고 있는 설명이다.

영양을 뇌기능과 연관시키는 수많은 연구가 이루어지고 있는데, 인간이 아닌 다른 종種들을 대상으로 한 실험 연구에서도 레드 와인이 뇌에 긍정적인 효과를 미치고 있다고 보고하고 있다. New York에 있는 '마운트 시나이 약학 대학'Mount Sinai School of Medicine의 영양 및 뇌 수행에 관한 연구자인 Giulio Pasinetti는 신경과학학회의 컨퍼런스에서 강연한 다음 나와 같이 나눈 대화에서 그러한 실험 한 가지를 나에게 설명해 주었다. Giulio Pasinetti는 그의 실험실에 있는 쥐에게 암놈에게는 매일 5온스 한 잔, 그리고 숫놈에게는 두 잔에 해당되는 양의 쇼비뇽블랑 포도주Cabernet Sauvignon를 먹였다. 그런 다음 그는 이들 쥐들이 물로 가득차 있는 미로 내에서 자신의 길을 찾아가는 능력을 검사해 보았다. 이들 쥐는 그냥 물만 마셨던 쥐보다 미로를 보다 더 빨리 그리고 보다 더 정확하게 찾아갈 수 있었다. 사실 이들 쥐는 미로를 너무 잘 학습해서 40일 후에 다시 검사했을 때도 그것을 기억할 수 있었다. 그 뿐만 아니라 와인을 먹었던 쥐의 뇌에는 알츠하이머 병과 관련이 있는 독성 부산물(아밀로이드 단백질)의 양이 훨씬 더 적게 포함되어 있었다.

레드 와인이 뇌에 유익한 효과를 미치게 하는 것으로는 레스베라트롤이 가장 그럴 듯해 보이기는 하지만, 아직도 과학자들은 그것이 신체에서 섭취되고 제거되는 것, 간에 미치는 효과, 또는 그것이 남기는 부산물 등에 관하여 알고 있는 것이 많지가 않다. 보다 더 중요한 것은 유효한 최소량이 얼마인지를 아무도 모른다. 레스베라트롤 이야기는 그것에 대한 설명 구조뿐 아니라 기타 몇 가지 설명 내용들이 분명하지 아니하다. 레스베라트롤의 95%는 혈액 순환이 시작하기도 전에 파괴되어 버린다. 150파운드(약 68kg)의 사람이 쥐가 마시는 양과 대등한 양을 마시려면 레드 와인을 매일 몇 병씩을 마셔야 할 것인데 — 이는 결코 권장할 만한 시나리오가 아니다. 그렇다면 대신에 보조제의 형태로 레스베라트롤을 섭취하면 어떨까? 이에 대한 결정을 내리기 전에 당신은 보조 식품에 대한 아래의 사실들을 먼저 음미해 보아야 한다.

보조 식품을 현명하게 사용하라

미국 성인의 절반 이상이 어떤 형태의 것이든 간에 비타민이나 미네랄 보조 식품mineral supplement을 먹고 있는데, 그것의 전체 비용은 매년 230억불에 이른다. 노화 방지제 시장만 하더라도 2005년과 2006년 사이 18% 성장하였다. 그럼에도 불구하고 보조 식품에 대하여 조심해야 하는 데는 몇 가지의 이유가 있다.

첫째, 일반적으로 보아 보조 식품은 천연 형태의 비타민이나 노화 방지제가 포함되어 있는 식품을 먹는 것만큼 효과적이지 아니하다. 심지어는 자연 식품에 있어서도 특정 형태의 비타민만이 생물학적으로 활성적인 효과가 있다. 천연식품에서 발견되는 8가지 형태의 비타민 E 가운데 오직 한 가지만이(알파토코페롤, alpha-tocopherol) 혈액에서 채취해 낼 수 있고 다른 형태의 것들은 모두 배설되어 버린다. 더욱 더 흥미로운 것은, 강력한 노화 방지제나 기타의 성질들은 검사튜브에서는 나타나지만, 이와 비슷한 효과가 신체 내에서도 일어나고 있는지에 대하여서는 많은 과학자들이 의문하고 있다. 또한 천연식품에서 발견할 수 있는 비타민과 노화 방지제들 간의 자연스러운 균형도 실험실에서는 복제하기가 어렵다. 보조 식품의 효과가 천연 비타민의 효과와 동일한 것도 아니다. 예컨대, 천연식품에 있는 비타민 E와 보조 식품에 있는 비타민 E를 비교해 본 연구에서 보면 천연식품 형태의 것만이 알츠하이머 병의 위험을 감소시켜 주고 있다.

둘째, 최근의 일부 연구에 의하면 일부 보조 식품에 들어 있는 성분들은 과용하면 유해할 수 있음을 보여주고 있다. 예컨대 비타민 E를 너무 많이 섭취하면 혈액을 묽게 만들고 출혈과 발작의 위험을 증가시킬 수 있는데, 이러한 위험은 특히 고혈압의 사람에게서 크다. 존스 홉킨스Johns Hopkins에서 수행한 한 연구는 매일 비타민 E를 400IU 섭취하는 사람을 천연식품에서 비타민 E를 섭취하는 사람과 비교해 본 결과 사망률이 훨씬 더 높다는 것을 보여주고 있다.

그러나 아직까지는, 이러한 연구 결과에도 불구하고, 사람들이 비타민 E를 대량으로 퍼 먹던 1980년대에 시작한 그러한 경향을 멈추게 하지는 못하고 있다. 1980년대에는 거의 모든 사람들이 비타민 E 보조제를 먹었지만, 그후 10년이 지나서는 추산컨대 2,300만 미국인들이 일일 복용량을 줄이고 있다. 그러나 이러한 경향은 결코 더 이상 줄어들지 않고 있다.

종합 비타민도 — 현재 비타민 보조제로는 가장 인기 있는 접근이지만 — 과용하면 문제가 생긴다. "한 알이 당신에게 좋다면 두 알 또는 그 보다 더 많이 먹으면 더욱 더 좋다"란 말은 종합 비타민에는 사실이 아니다. 하루에 종합 비타민을 한 개 이상 먹는 남자는 전립선암에 걸릴 확률이 32% 증가한다.

이러한 경고는 건강한 사람들이 먹는 대부분의 보조제에도 마찬가지로 적용된다. 만약에 당신이 어떤 비타민이 결핍하여 병들어 있지 않다면 그 비타민이 들어 있는 보조제를 먹어서 얻을 것은 아무 것도 없다. 이러한 모든 주장은 우리가 적절한 식사를 하고 있다고 가정할 때의 이야기인데 — 그러나 노인들에게는 이러한 가정이 잘못일 때가 많다.

"이제 보다 더 많은 사람들이 더 오랫동안 살게 됨에 따라 우리는 노인의 뇌를 새롭게 이해해야 할 단계에 이르고 있다"라고 Cotman은 내게 말하였다. "노인의 뇌는 젊은이의 뇌만큼 비타민이나 노화방지 식품을 그렇게 많이 섭취할 필요가 없다. 그러나 노인은 이들이 부족할 가능성이 높은데, 그것은 식사를 거르거나 일반적으로 식사를 보다 더 적게 하는 결과로 식사가 흔히 부적합할 수 있기 때문이다. 노인의 뇌는 보조 식품이 필요한데, 그것은 수명을 연장시키고 건강한 생활을 유지하는 데 도움이 되기 때문이다. 흡연을 하거나 적당량 이상으로 음주를 하는 사람은 오메가-3 지방산과 기타의 필요한 비타민과 노화 방지제가 부족할 가능성이 있다. 어떻든 식사가 불충분하거나 불완전한 식사를 하는 노인은 보조 식품에서 이득을 많이 볼 수 있다."

그렇다면 식사와 뇌에 관하여 우리는 어떠한 결론을 내릴 수 있을까? 뇌건강을 최적으로 유지하기 위하여 가장 일반적으로 수용하고 있는 공식을 요약해 보면 다음과 같다: 체중을 낮게 유지하고, 포화성 지방을 줄이고, 어류를 먹고, 그리고 오메가-3 지방산이 다량 포함되어 있는 음식을 먹고, 붉은색 육류의 섭취를 줄이고, 과일과 채소를 더 많이 먹고, 적당량의 레드 와인을 마시고, 그리고 보조 식품을 현명하게 사용하여 비타민과 노화 방지제로 당신의 식사를 센스있게 보충하라.

더 많이 운동하라

뇌 빌달을 사극하는 것으로는 아마도 영양이 가장 중요하고 운동은 두 번째이겠지만 그래도 운동은 영양 못지않게 중요하다. 그러나 그것이 항시 사실인 것은 아니었다. 나는 신체적 운동과 정신적 운동을 분명하게 구분하던 그러한 세대의 한 사람으로 성장하였다. 내가 대학과 의과대학 교육을 받을 때는 똑똑한 사람은(학점이 가장 좋은 사람) 대개 운동은 별로 하지 않으며, 스포츠를 거의 해 보지 아니하고 그리고 오늘날의 기준으로 보면 신체적으로 비활동적인 생활을 하였다. 그러나 오늘날은 이 모든 것들이 바뀌었다. 이것은 특히 New York NBA 명예의 전당에 있는 승자들과 장거리 주자이면서 영국의 MP였던 Sebastan Coe와 미국 전 상원의원 Bill Bradley와 같은 학자이고 체육인이었던 사람들이 거둔 성공에 힘입은 바 크다. 지금 우리는 최적으로 기능하는 뇌는 좋은 일반적인 건강과 손에 손잡고 있음을 알고 있다. 뇌는 모든 다른 신체 기관들과 동일한 요소에 의하여 지배되고 있음을(산소, 포도당 및 기타의 영양분, 그리고 적당한 혈액순환) 알고 있기 때문에 이러한 모든 것들을 향상시키는 신체 운동은 뇌 기능을 향상시키는데도 주도적인 역할을 하고 있다.

최근의 연구에 의하면, 꾸준하게 에어로빅 운동aerobic exercises을 하면 뇌의 모세혈관들이 성장한다 — 뇌의 모세혈관은 뉴런에 영양을 공급하여 목욕을 시키는 조그마한 혈관이다. 이에 수반하여 뉴런과 기억을 부호화encoding하는 해마hippocampus에 있는 뇌세포들 사이의 상호연결의 개수도 증가한다. 이렇게 향상되는 것은 뇌가 유도한 신경 자극요인brain－derived neurotropic factor, BDNF 및 기타의 영양 강장제와 같은 신경성장 요소들의 수준이 운동으로 인하여 상승되기 때문이다. 신체적인 운동을 하면 이 모든 요소들이 증가하고 그러한 결과로 뇌는 더 잘 연결되고 보다 더 적응적이게 되어 사고를 더 잘 그리고 더 빠르게 할 수 있고, 정보를 보다 효율적으로 처리하고, 그리고 전반적으로 작업을 더 잘하게 된다.

일리노이Illinois 대학교의 Beckman 연구소에 있는 Arthur Kramer에 의하면, 평생토록 심장혈관 관련의 운동을 한 노인은 같은 연령이지만 앉아 일했던 사람보다 뇌기능이 훨씬 더 좋았다. 운동에 따른 구조적인 보존은 전두엽, 측두엽 및 두정엽에서 가장 큰데, 뇌에 있는 이들 세 가지 부위는 정신적 처리를 하는 데 가장 주요한 부위들이다.

전두엽의 앞 부위, 즉 전전두엽이 활성화되면 우리의 주의는 우리가 '사고하고 있는' 것으로 내적으로 집중되게 하고 그리고 측두엽과 두정엽이 활성화되면 우리가 '행위하고 있는' 것의 바깥으로 주의를 집중시킨다. 이들 영역은 운동하는 사람이 더 잘 보존할 수 있기 때문에 어떤 연령의 사람이든 간에 장기간 동안 운동하는 사람은 소파에 앉아 TV만 보는 사람과 비교해 보면 기억하고 주의를 집중하는 등의 일을 더 훌륭히 수행한다.

"신체건강 훈련은 다양한 정신적 과정에 광범위한 영향을 미치고 있지만, 이들 가운데도 가장 큰 이득을 주는 것은 실행적 통제과정executive control processses이다." 그리고 "흥미로운 것은 이들 과정은 연령과 더불어 크게 쇠퇴해 간다는 것이다"라고 Kramer는 말하고 있다. 이들은 또한 노인 노동자와 보다 더 젊은 노동자를 차별시켜 주는 과정들이다(이에 대하여서는 연령과 관련하여 일어날 수 있는 뇌변화를 보충하는 것을 다루는 장에서 보다 자세히 다룰 것이다.)

Kramer의 연구 결과가 가지고 있는 가장 흥미로운 측면은 이러한 변화를 일으키는 데 요구되는 시간 구도가 매우 짧다는 것이다. 한 커퍼런스에서의 강연이 끝난 다음 우리가 나눈 대화에서 이 명랑하고 그러면서 턱수염 가득한 Kramer는 이렇게 말한다: "에어로빅 운동을 규칙적으로 6개월만 하면 뇌용량을 크게 증가시킬 수 있다." "그런데 우리는 연령과 관련하여 뇌구조가 손실되어 가는 것을 어느 정도는 만회시킬 수 있는 간단하면서도 값이 비싸지 아니한 기제를 가지고 있다. 이제 우리는 뇌용량의 변화는 나이가 들면서 불가피하게 일어나는 결과가 아님을 알고 있다. 활동 수준을 비교적 조금만 변화시켜도 뇌의 노화를 상당 정도 상쇄시키거나 최소화시킬 수 있다."

어떤 연령의 어떠한 사람도 일 주일에 세 번 45분 정도로 걷기만 해도 다음과 같은 이득을 볼 수가 있다: 대뇌 혈액 흐름의 지속적인 수준, 주의집중의 향상, 전두엽과 측두엽 부위에서의 회백 질량의 증가, 그리고 정상적인 노화와 관련한 뇌용량 감소의 얼마를 회복시키는 것 등. 나이가 60세 이상이면 이러한 이득은 더 크다. 매일 1마일 정도를(약 1.6킬로미터) 걷기하면 치매에 걸릴 확률이 50% 정도 감소한다.

운동은 또한 뇌의 화학적 전령체제 chemical messenger system 에도 긍정적인 효과를 미친다. 예컨대, 뇌의 세 가지 주된 신경전달물질에(노로에피네프린, norepinephrine, 에피네프린, epinephrine, 그리고 세로토닌, serotonin) 영향을 미치고 있는 항울성 약품은 운동을 하면서 먹으면 효과가 더 크다. 그러한 결과로 나 자신과 같은 신경의학자들은 우울증 환자에게 약물을 복용할 것뿐 아니라 신체적으로 보다 더 적극적이게 되도록 운동을 하라고 격려하고 있다. 운동과 항울성 약품이 같은 신경전달 물질에 영향을 미치기 때문에(어떤 항울성 약품을 먹느냐에 따라 다르지만) 운동량을 증가시키면 약물의 섭취용량을 줄일 수 있다.

운동을 빈둥거리는 사람을 설득할 수 있는 것이 하나 더 있다: 일 주일에 적어도 세 번 운동을 하면 알츠하이머 병에 걸릴 가능성이 줄어든다는 것이다. 보다 구체적으로 말하면 1,000명 가운데 약 20명에서 1,000명 가운데 약 13명으로 확률이 줄어든다. 더욱이 인생에서 운동을 일찍 시작할수록 당신이 65세 또는 그 이상이 되었을 때 뇌의 처리속도는 더 빨라진다. 그렇다고 일찍이 신체적으로 활동적이었다고 하여 계속하여 운동할 필요가 없다는 의미는 아니다. 그러나 이것은 중년이 되어서 현재는 신체적으로 그렇게 활동적이지 않지만 그래도 아동기 또는 성인 초기에는 운동을 상당히 했던 사람은 노후에도 계속하여 정신적으로 더 명석하다는 것을 설명하는 데 도움은 된다. 그러나 문제는 여전히 남는다: 이들은 왜 운동하는 습관을 포기하였을까?

이러한 질문에 대한 간단한 대답은 없지만, 내가 보기에 한 가지 이유는 대부분의 운동 프로그램들은 기본적으로 보아 계속하다 보면 권태를 느끼게 되기 때문이 아닐까 싶다. 사실 많은 사람들은 "운동 프로그램"이란 용어만 들어도 줄행랑을 친다(나 자신을 포함하여).

"프로그램"의 대안으로 '닌텐도 위'Nintendo Wii와 같은 비디오 게임에 매달린다고 생각해 보라.

원래의 닌테도 위 시스템은 손가락으로만 게임하는 오락용으로 설계된 것이기 때문에 손 이외의 다른 신체 부위에서는 운동이 되는 것이 아니다. 그러나 새로운 '닌텐도 위' 시스템은 손 안에 들어갈 만한 크기의 운동 제어기motion controller를 사용하기 때문에 사용자는 실제 생활에서 하고 있는 테니스, 골프, 볼링 그리고 복싱 등에서 사용되는 것과 동일하게 팔과 신체 동작들을 해야 한다. 제어기는 매우 정확해서 실제로 사용자가 그러한 스포츠를 할 때 사용하는 신체동작들을 흉내내며 따라하게 한다.

예컨대, 닌텐도 위 테니스에서는, 공을 느리고 높게 띄워서 보낼 수 있고 실제의 경기에서처럼, 스크린에서 시뮬레이션한 테니스 장면에 반응하여 공을 강하게 그리고 정확하게 치면 훨씬 더 잘할 수 있다. 볼링과 같은 게임에서는 다른 참가자와 경쟁해 보는 기회를 가질 수도 있다. 그러나 당신이 어떠한 게임을 선택하든 간에 이러한 운동에서 얻는 이득은 실제의 볼링과 마찬가지이고, 더욱이 대개 보아 14 내지 16파운드의 볼링공을 잡고 굴리느라 그 다음날까지 계속하여 쑤씨고 아픈 통증 같은 것은 겪지 않아도 된다.

'위핏'WiiFit 이라는 건강주제의 소프트웨어 프로그램software program 은 훨씬 더 신체적으로 자극적이다. 이 프로그램에서 사용자는 전자 단상 위에 자세를 취하며 그렇게 하면 거기에 포함되어 있는 센서sensor가 신체운동에서 생기는 압력을 모니터가 텔레비전에 동작으로 번역해 낸다. 예컨대, 스키 점프 프로그램에서는 위핏을 하는 스키어는 램프의 끝에 도달하는 바로 그 정확한 순간에 몸을 움츠렸다가 뛰어올라야 한다. 복싱 프로그램에서는 사용자는 동시적으로 몸을 흔들고, 머리를 숙이고 그리고 좌우펀치를 날려야 하기 때문에 신체적인 지구력과 함께 정확성과 균형이 요구된다. 이러한 프로그램 덕분에 당신 자신이 실제의 복싱에서 하고 있는 강펀치를 날리면서 스파링을 해 볼 수도 있기 때문에 마치 유명한 복서 오스카 호야Oscar De La Hoya가 된 듯한 기분도 낼 수가 있다.

만약에 당신이 이러한 게임에 몰두하여 빠져 늘기가 어렵거나, 스릴이 덜한 헬스클럽에서 시간을 보내거나, 또는 운동에 지나치게 많은 시간과 에너지를 소비하려고 하지 않는다면 다음에서 내가 처방하는 개인적인 운동 프로그램을 한 번 시험해 보기를 바란다.

적어도 1주일에 3회씩 나는 Arthur Kramer의 충고를 따라 워싱턴 주변에 있는 여러 장소에서 활발하고 빠른 걸음으로 30분 내지 45분 동안 걷는 운동을 한다. 여러 다른 주변들을 걸음으로써 나는 운동을 할 뿐 아니라 이 도시에 관하여 더 많은 것을 배울 수 있다. 나는 걷는 동안 주변에 계속하여 주의를 기울인다. 걷다가 흥미로운 것을 만나면 멈춘다. 이와 같이 신체적인 활동과 정신적인 활동을 조합하기 때문에 헬스클럽에서는 얻기 어려운 동기 형성이 여기서는 생긴다(좀 공평하게 말하면 헬스클럽에 가면 다른 사람들을 만날 수 있고 그것은 고독에 대한 해독제 구실을 할 수가 있다. 사실 고독은 알츠하이머 병과 관련되어 있다). 그러나 만약에 고독이나 고립이 문제가 아니라면, 걷기하는 것은(얼마간의 조깅과 함께) 반복적이고 재미 없는 판에 박은 듯한 일을 하지 않고 운동에서 얻을 수 있는 건강상의 이득을 얻을 수 있는 최선의 방법이다.

나는 운동에 관하여 다소간 중도적인 입장에 있지만 하나의 극단에는 운동이란 더 이상 신체적인 생존에 필요한 것이 아니고(더 이상 야생동물일 필요가 없고) 선택적인 여가 활동이라 주장하는 사람도 있다는 것을 알고 있다. 그러나 놀라운 것도 아니지만, 이러한 사람들은 실제로는 운동을 하지 않는다. 다른 극단에는 생활의 전부를 운동에 바치다시피 하는 사람도 있다. 이런 사람들에게는 장거리 경주가 특히 매력적이다.

나는 이러한 운동 연속선의 가운데 어디쯤에 있다. 뇌가 최대로 이득을 받는 것은 마라톤이나 3종 경기와 같은 장시간 동안 고도로 노력을 집중하는 운동에서만 가능하다는 그러한 증거가 있는 것도 사실이다. 그러한 도전은 심장혈관의 건강을 증가시킬 뿐 아니라 주의의 집중과 지구력과 같은 인지적 및 심리적인 특성을 강대화시켜 준다.

일본의 소설가 Haruki Murakami는 극단적인 신체적인 노력과 정신적인 지구력 간의 연결을 이렇게 말하고 있다: "하나의 소설을 쓰면서 1년을 보내고 그리고 그것을 10번 또는 15번 다시 고쳐 쓰려면 신체적인 체력과 지구력을 가지고 있어야 한다. 스태미나와 정신 집중은 동전의 양면과 같다. 나는 그것이 무엇이든 간에, 좋아하든 좋아하지 않든 간에, 고통스러운 것이든 즐거운 것이든 간에, 나는 책상 앞에 앉아 매일 글을 쓴다. 나는 매일 매일 그렇게 하며 — 그것은 달리기하는 것과 같아서 — 결국에 나는 내가 목표했던 지점에 이르게 된다. 당신은 이 같은 어떤 것을 위하여 신체적인 체력이 필요하다. … 그것은 장벽을 뛰어넘어 가는 것과 같다. 그냥 슬그머니 미끄러져 가듯이 진행해 가야 한다."

걷기나 달리기하는 운동이 유익하려면 장거리로 운동해야 한다고 주장하는 전문가도 있다. 진화론적인 시각에서 보면 그것도 그럴듯하게 들린다. 인간은 다른 종의 동물에 비교해 보면 빨리 달리는 동물이 아니지만, 그러나 인간은 달리는 지구력에는 보다 뛰어나며 장거리에서는 대부분의 다른 동물들보다 더 빨리 달린다. 그렇다고 이렇게 말한다고 하여 반드시 장거리 달리기가 뇌에 가장 큰 이득이 된다는 것을 의미하는 것일까? 아직은 누구도 이러한 질문에 대하여 확실하게 대답할 수가 없기 때문에 선택은 개인의 몫이다(이미 앞에서 언급했듯이, 나는 여전히 일 주일에 세 번 45분 동안 걷기하는 것이 유익하다는 Kramer의 발견을 믿고 있다).

그렇다면 당신은 운동을 극단적으로 많이 해야 한다는 철학을 따라야 할까, 아니면 일 주일에 세 번 45분 동안의 걷기로 충분한 것일까? 이 시점에서 당신은 당신 자신이 추구하고 싶은 운동 강도의 수준을 스스로 결정해야 한다. 그러나 주의해야 할 한마디가 있다: 만약 지금까지의 생활의 대부분이 신체적으로 별로 활동적이 아니었는데도 이제 매우 강도 높은 신체 운동을 하고 싶어 한다면 우선 신체검사와 심장 스트레스 검사를 받아본 다음 어떤 목표 수준으로 할 것인지를 결정해야 한다. Murakami는 주로 자신의 정신적 스태미나를 향상시키기 위하여 운동을 한다. 당신은 그냥 체중을 줄이거나, 에너지를 증가시키거나 또는 전반적인 건강을 향상시키고 싶어 할 수도 있을 것이다. 이러한 식으로 목표를 성취하려면 굳이 3종 경기를 할 필요는 없다. 그러나 당신의 동기가 무엇이든 간에 어떤 강도의 운동이라도 운동은 당신의 전반적인 뇌건강을 향상시켜 준다는 것은 믿어도 된다.

수면과 겉잠에 주목하라

영양과 운동 다음에 오는 뇌건강의 세 번째의 기본적인 요소는 '수면'이며 이들 세 가지는 뇌건강의 삼두마차라 말할 수 있다.

열심히 일하는 24/7 문화에서는 수면은 별로 존경을 받지 못하고 있다. 많은 사람들은 수면시간을 줄이는 것은 불가피하지만 무익하다고 믿고 있다. 그렇게 하면 생산성을 방해한다. 현재의 사람들은 평균적으로 보아 얼마 되지 않는 25년 전의 조상들보다 45분 정도 수면을 적게 하고 있다. 그러나 수면이란 간단히 없애 버릴 수 있는 것이 아니다.

내가 의과대학을 다닐 때나 인턴 훈련을 받을 때 가장 어려웠던 부분은 불충분한 수면과 높은 수행 사이에서 균형을 취하는 것이라 기억된다. 클리닉clinic에서 바쁘게 하루를 보낸 다음 나는 그날 저녁의 대부분과 다음날의 아침 시간을 응급실에서 일했다. 두 시간 수면을 취한 다음, 오전 4시에서 6시 사이, 나는 환자 병동에서 하루를 꼬박 보낼 준비를 해야 했다. 이렇게 숨쉴 틈 없이 시간을 보낸 다음 나는 다시 다음날을 맞이하며, 또 다시 36시간 동안 수면 없이 견디어야 했다. 인턴 훈련을 받을 때는 격일제로 야간 근무하는 스케줄을 일 년간 계속하였다.

다행히도 수면을 심각하게 박탈당하면서 일하는 것은 의과대학 생들에게는 이제는 과거의 일이 되었다. 오늘날은 상당히 적절한 시간 동안만 일하게 하는데, 그렇게 하는데는 훌륭한 이유가 있다. 수면이 지나치게 박탈되면 우리의 판단과 수행은 심각하게 영향을 받는다. 예컨대, 졸음이 오면 자동차 운전 기능은 알코올 중독자의 것과 비슷해진다.

다른 극단에서 보면, 수면을 많이 할수록(물론이지만, 어느 지점까지) 수행은 더 좋아진다. 수면과 학생들의 학섬 사이의 상관을 다룬 연구에 의하면, 성취수준이 높은 학생은 대체적으로 덜 성공적인 사람보다 잠을 더 많이 잔다. 그러면 우리의 뇌가 최선으로 기능할 수 있으려면 얼마만큼의 수면이 필요할까? 그리고 충분한 수면을 취하지 않으면 우리의 인지적 수행은 왜 그렇게 극적으로 감퇴하는 것일까?

나는 이러한 질문을 하버드Harvard 대학교의 수면 연구자인 Clifford Saper에게 물어 보았다. "뇌를 우리가 쉽게 볼 수 있는 토마토라 생각해 보라"라고 말하면서 그는 다음과 같이 말을 계속하였다. "토마토는 여름의 낮 시간 동안 광합작용을 하고 그리고 이러한 과정에서 얻은 에너지를 저장한다. 밤 시간 동안 그들은 저장한 에너지를 성장을 위하여 사용한다. 뇌에서도 비슷한 과정이 일어난다. 뇌는 낮 시간 동안 정보라는 형태로 엄청난 양의 에너지를 받아들인다. 이러한 정보를 저장하기 위하여 뇌는 시냅스 수준에서 장기적인 구조적 변화를 일으켜야 한다. 그러기 위해서 뇌는 낮 시간 동안 정보를 우선 저장하기 위하여 사용하였던 세포와 세포 간의 신호체제의 일부를 다시 사용한다. 그리고 밤 동안 뇌는 토마토처럼 저장한 에너지를 성장을 위하여 사용한다. 그리고 정보저장을 위한 필요한 구조적 변화를 일으킨다."

그러므로 통속적인 의견과는 달리 뇌는 수면하는 동안에 '꺼져버리는' 것이 아니다. 수면 중의 뇌는 독특한 형태와 전기신호를 가지고 있으며, 그리하여 4개의 기본적인 국면이 주기적으로 반복된다. REM 수면(rapid eye movement, 이것은 꿈을 꿀 때 일어나는 국면이기 때문에 '꿈 수면'dream sleep으로 알려져 있기도 하다)은 우리가 깨어 있을 때 발견할 수 있는 것과 아주 비슷한 뇌파를 보인다. 수면의 다른 세 개의 국면들은 합쳐서 NREM(비REM) 수면이라 부르는데, 이들은 밤 시간 동안 대게 약 90분마다 서로 규칙적으로 교대하는 것으로 전기적으로 보아 독특한 수면의 하위 단계들을 보여주고 있다.

REM 수면 동안 뇌는 Saper가 말한 것과 같은 구조적인 변화를 일으킨다. 더욱이 REM 동안 뇌는 깨어 있을 때 사용했던 시냅스들 가운데 일부를 재사용하고 있다. 이것으로 보면 우리들이 꾸는 대부분의 꿈은 전날 동안 일어났던 사건, 장면 및 관심사와 왜 관련되어 있는지를 설명할 수 있다.

몇 년 전에 실시한 한 수면실험은 낮 시간 동안의 사건과 밤 시간 동안의 꿈이 가지는 상관관계를 깔끔하게 증명해 주고 있다. 이 실험에서는 전날의 여러 시간을 테트리스Tetris 경기를 하면서 보낸 사람들을 대상으로 하였다. 그날 밤 이들은 여러 형태들이 떨어지는 꿈을 꾸었는데 — 이것은 테트리스 경기를 하면서 사용했던 뇌 시냅스는 수면하는 동안 보다 더 쉽게 활성화되고 그리하여 어떤 형태들이 떨어지는 꿈을 꾸게 된다는 것을 보여주고 있다. 테트리스 경기와는 관련이 없었던 다른 시냅스들은 수면 동안 활성화되지 않는다.

이와 비슷한 과정過程은 학습하고 그리고 기억이 정착되는 동안에도 일어난다. 수면하는 동안 뇌는 전날 무엇을 학습할 때 일어났던 것과 동일한 형태의 학습을 "재연"再演한다. 그러므로 낮 시간 학습 동안에 일어난 뇌의 활성화 형태를 보여주는 PET의 "스냅 사진"snap-shot은 나중 그날 밤에 일어나는 PET의 활동 "스냅 사진"과 거의 동일하다. 이러한 것을 보여주고 있는 유명한 실험에서 Belgium의 리즈Liège 대학교의 Pierre Macquet는 가상현실 게임을 하면서 가상도시를 돌아다니는 것을 학습한 사람들의 뇌활동을 점검해 보았다. 이들이 가상도시를 시각적으로 답사할 때 활성화되었던 바로 그 뇌부위는(해

마) 역시 그날 밤 느린 파장의 수면 동안에도 활성화되었다.

더구나 컴퓨터 비디오 게임 플레이어들을 다룬 연구에 의하면 낮 시간 동안 학습을 많이 할수록 밤 시간에 재연되는 양은 커졌다. 게임을 한 플레이어가 밤에 잠이 들면 동일한 기억 부호화memory encoding가 활발하게 온라인on-line으로 나타나는데, 이것은 Macquet 연구에서 얻어낸 결과와 똑 같은 것이다. 보스톤Boston에 있는 Beth Deaconess Medical Center의 수면 및 영상 연구소의 소장인 Matthew Walker는 이렇게 말한다: "해마가 밤에 얼마나 강하게 온라인으로 나타나느냐에 따라 그 사람이 다음날 얼마나 기분이 좋을 것인지를 예측할 수 있다." 그리고 "뇌가 학습을 많이 할수록 밤 수면 동안에 요구되는 것이 더 많아진다"라고 그는 말한다. Walker의 설명은 이전에 언급했던 발견들, 즉 성취수준이 높은 학생은 그렇지 못한 사람보다 수면이 더 많이 요구된다는 발견을 적어도 부분적으로는 같은 설명을 해 주고 있다.

학습이 일어나려면 상당한 시간이 지나야 하는데, 그것은 정리 통합consolidation이 일어나기 위해서이다. "통합은 단순히 기억이 안정되거나 고착화되는 것 이상의 것이다 — 물론 기억을 향상시키기도 하지만"이라고 Walker는 말한다. 그러나 이들 두 가지 과정의 시간관계의 타이밍은 다르다.

통합은 우리가 깨어 있거나 또는 잠들어 있거나 간에 일어난다. 이와는 반대로 학습한 것이 향상되는 것은 배타적이지는 않지만 주로 수면 동안에 일어난다. Walker는 "수면 동안의 '오프라인'off-line 효과는 추가적인 학습을 생산해 낼 수도 있다"고 말한다.

Walker의 연구는 통합과 향상을 구분하는 것을 이용할 수 있는 하나의 전략을 시사해 주고 있다. 수면에 따른 향상은 우리가 깨어 있는 동안 학습한 것을 향상시키는 것을 포함하고 있기 때문에 연습하는 시간들 사이에 수면시간을 가지는 것이 좋다. 그렇게 하면 우리는 Saper가 언급한 바와 같이 기능학습에 관여하는 국부적 뇌회로들을 복구시키고, 원기를 회복시키고 그리고 향상시킨다는 사실을 활용할 수 있다.

이 모든 것들이 어떻게 작동하는지에 대하여 어떤 느낌 같은 것을 가져 보려면 당신이 테니스의 새로운 타격 스트로크stroke를 배울 때로 되돌아가서 생각해 보라. 처음에는 반복연습하면 수행이 향상된다. 그러나 당신이 어떤 지점 이상으로 계속하면 추가로 연습할수록 수행은 오히려 더 떨어진다(모든 운동가들은 이것을 "과잉 연습" 효과라 부르고 있다). 수행이 이렇게 악화되는 것은 새로운 타격 스트로크를 학습하는 동안 지금까지 사용하였던 뇌부위가 선택적으로 피로해진 것을 나타내는 것이라 생각된다.

이처럼 수행이 개선되다가 저하해 버리는 그러한 시퀀스로 이루어지는 것에 대한 우리의 타당한 반응은 무엇일까? 수행이 떨어지는 신호가 처음으로 나타나면 거기에서 연습을 멈추고, 그리고 하룻밤의 수면을 취하기 전에는 다시 테니스 연습에 복귀하지 말라. 통합-향상이라는 연쇄관계 덕분에 당신은 다음날 아침 적절한 뇌회로가 원기 회복하여 잠에서 깨어나게 될 것이다. 그러한 결과로 당신의 수행은 전날 연습 때 학습한 모든 것들을 사용하게 될 것이다.

일반적으로 보면, 만약에 당신이 다음의 연습시간을 가지기 전에 하룻밤의 수면을 취하면 당신의 테니스나 골프 수행에서 가장 약점되는 부분을 선택적으로 향상시킬 수 있을 것이다. 이것은 학습하고 반복해야 하는 숙련된 근육운동을 할 수 있는 어떠한 활동에도 적용되는 사실이다. 아직은 그 이유가 완전하게 분명한 것은 아니지만 수면은 향상이 가장 필요한 부위를 선택적으로 향상시킴으로써 전체적인 수행을 향상시킨다.

밤에 수면을 잘하면 효율성이 증가하고 그리하여 최선의 조건에서 수행하는 데 도움이 된다. 이러한 사실을 확인해 주고 있는 한 연구에서 보면 밤 동안의 수면은 단순한 타이핑typing 과제에서도 시초의 학습국면에서 성취했던 최정상의 수준으로 정확성과 속도를 회복시켜 주고 있었다.

"학습과 기억에서 수면이 하는 핵심적인 역할은 기능 학습skills에 관여하는 국부적인 뇌회로들을 회복시켜 수면을 취하기 이전에 했던 훈련의 효과를 최대화하는 것이다"라고 Walker는 내게 말하였다. 요약하면, 만약에 당신이 잠이 깨어 있는 동안에 무엇을 학습하고, 그리고 "그 위에서 잠을" 자면 그것을 기억할 가능성이 증가한다.

통합과 기억에 관한 중요한 세부내용 한 가지를 더 언급해 보았으면 한다: 기억의 통합은 학습한 다음의 첫 여섯 시간 이내에 일어난다. 실제적인 면에서 보면, 만약에 당신이 2시간 동안 무관한 제2의 기능을 학습하려 한다면, 당신은 시초에 노력해서 학습했던 것을 방해하게 된다. 이것은 신체적 활동에서(신경과학자들은 이것을 '운동 프로그램'이라 부른다) 특히 그러하다. 테니스 레슨을 완성한 다음에는 그러한 결정적인 여섯 시간 동안은 골프나 기타의 다른 운동기능의 수업을 받지 않아야 이들 두 번째 활동이 테니스에 대한 기억의 통합을 방해하지 않는다. 연구자들은 이러한 원리를 피험자들에게 일련의 손가락 동작을 학습하게 한 다음에 즉시적으로 반대 시퀀스로 손가락 동작을 학습하게 한 실험에서 발견해 내었다. 이처럼 연속적으로 했을 때 두 번째 시퀀스의 손동작은 첫 번째 시퀀스의 동작을 손상시켰다. 그러나 이러한 두 가지 기능의 학습을 몇 시간 동안의 수면으로 서로 분리시키면 두 가지 시퀀스는 동등하게 잘 보존이 되었다.

그러므로 만약 당신이 테니스나 골프에서 당신의 가장 약한 부분들을 선택적으로 향상시키고 싶다면 통합에 관한 여섯 시간의 법칙을 기억해서 두 가지 레슨들 사이에 하룻밤의 수면을 분명히 취해야 한다. 이것은 숙련된 근육운동을 학습하고 반복해야 하는 어떠한 활동에서도 마찬가지로 진리이다. 아직까지는 아무도 그 이유를 정확하게 알지는 못하고 있지만, 수면은 향상의 필요성이 가장 큰 부분들을 향상시킴으로써 그 사람의 전반적인 수행을 향상시킨다.

불면증을 해소하라

만약에 당신의 수면이 방해받으면, 학습했던 것을 재생해 내는 것이 떨어지고, 기억은 불안정해지고, 쉽게 수정되며 그리고 통합은 제대로 일어나지 않는다. 하버드 대학교의 수면 연구자인 Robert Strecker는 이러한 결론에 이르게 한 그의 실험을 다음과 같이 나에게 설명해 주었다.

Strecker는 쥐들을 물로 가득차 있는 미로에 집어넣었는데, 물 미로란 표면 아래에는 조그마한 연단 같은 플랫폼platform을 숨겨놓은 흐린 물로 가득차 있는 쥐의 수영풀장 같은 것이었다. 쥐는 장거리로 수영을 하지 못하기 때문에 가능한 대로 빨리 그 플랫폼을 찾아 그 위로 기어 올라가야 했다. 플랫폼의 위치를 일단 학습하고 난 다음에는, 다시 물 속으로 집어넣으면 쥐는 플랫폼을 기억했다가 재빨리 그리로 수영해 가곤 하였다. 그러나 물 미로에 집어넣어 검사를 하는 전날 밤 동안 의도적으로 그리고 주기적으로 잠을 깨워 수면을 박탈시킨 쥐는 휴식을 잘 취한 쥐보다 플랫폼을 찾는 데 시간이 더 오래 걸렸다.

Strecker는 이렇게 말한다: "주기적으로 잠을 깨워 수면을 단편화fragmentation시키면 뇌에서 공간지도를 저장하는 부위인 해마에 영향을 준다."

분자 수준에서 보면 수면박탈은 스트레스 호르몬의 축적을 가져오게 하고 이것은 다시 새로운 기억을 형성시키는 세포의 성장을 방해한다. 더욱이 수면 단편화의 효과는 뒤엎기가 어렵다. 다음날 밤을 방해받지 않고 수면을 취하게 해도 플랫폼의 위치에 대한 쥐의 기억은 여전히 손상되어 있었다.

그러나 악몽에 시달리지 않으면 인간의 경우는 수면 단편화가 있더라도 흐린 물 밑에 숨겨져 있는 플랫폼을 찾는 것을 어렵게 만들지는 않는다. 오히려 수면 단편화는 일시적인 불면증insomnia을 일으킬 수 있다. 불면증이란 다음과 같은 증상들의 하나 또는 몇 가지가 적어도 일 주일 동안 계속되는 것으로 정의할 수 있다: 잠이 드는 데 한 시간 이상 걸리는 것, 밤 시간에 반 시간 이상 동안 잠이 깨어 있는 것, 잠이 깨고 나서 기분이 상쾌하고 푹 잤다는 기분이 들지 않는 것. 이런 증상들은 흔히 조합하여 같이 일어난다. 수면 전문가들은 미국인들 가운데 7천만 명 정도가 불면증으로 고통받고 있는 것으로 추산하고 있다.

수면 전문가들은 우리들 모두가 이렇게 저렇게 경험했던 것들을 확인해 주고 있다. 수면 박탈은 우리들의 정신적 및 신체적인 건강을 엉망으로 만든다. 심장마비, 발작 및 정신적 쇠약의 위험성은(특히 양극성 장애를 갖고 있는 사람들) 적절한 수면이 박탈되면 이들 모두가 올라간다.

그럼에도 불구하고 수면 박탈은 "정상적인" 사람들 사이에서도 흔히 있는 문제이다. 수면제 처방의 광고는(매년 4,300만 건의 처방) 텔레비전 광고의 상당 부분을 차지하고 있다. 교대제로 근무하고 있는 2,600만 명 근로자들을 보면(이들 가운데 20%는 작업일정을 인내할 수 없어 결국은 직장을 포기하고 있다) 수면 박탈이 뇌의 정상적인 리듬에 미치는 파괴적인 방해 효과는 국가적인 도전이라 말할 수 있다.

PET 스캔 덕분으로 이제 우리는 불면증에 걸린 뇌에서 무엇이 일어나고 있는지를 알게 되었다. 드디어 잠이 든 다음에도 불면증에 걸린 뇌는 각성 회로에서의 활동이 고조되어 있다. 그리고 이러한 활동은 회복을 가져오는 깊은 수면을 방해하기 때문에 불면증을 앓는 사람은 학습, 기억, 집중 그리고 기분에서 낮 시간 동안 어려움을 경험하게 된다. 그리하여 정신의학자들은 불면증은, 흔히 우울증을 수반하는데, 우울증의 결과가 아니라 우울증의 '원인' 일지도 모른다고 생각하고 있다. 우울증의 사람들에게 항우울제만을 투약하는 것보다 항우울제와 함께 수면제를 같이 처방하여 치료하면 회복이 훨씬 더 빠르다는 사실은 이러한 이론을 뒷받침해 주고 있다.

임상적으로 우울증이 아닌 불면증의 사람들 가운데는 불면 때문에 초조해지거나 다음날 아침에 일어날 일에 대하여 지나치게 걱정하게 될 수도 있다. 당신이 수면 때문에 고통스러워 했던 시간을 다시 떠올려 보라. 아마도 당신은 편안한 마음으로 잠자리에 누워서 당신이 하고 있는 생활의 모든 것들이 정말로 신나게 돌아가고 있다는 생각은 하지 못했을 것이다. 아마도 당신의 마음 속에는 이것 저것 개인적인 운명의 날 같은 시나리오들이 흘러가고 있었을 것이다.

로체스터Rochester 대학교에 있는 수면 및 신경 생리학 연구소의 소장인 Michael L. Perlis에 따르면, "사람들은 걱정하기 때문에 잠이 깨어 있는 것이 아니라, 깨어 있기 때문에 걱정한다." 환언하면, 불면증이 걱정하고 불안한 마음을 일으키는 것이지 그러한 마음이 가져오는 증상인 것은 아니다. 이러한 상태에서는 당신의 뇌는 기억에 관여하고 있는 뇌회로를 회복시키고 원기 왕성하게 만들 수가 없다.

수면이 방해받으면 낮 시간 동안 졸음이 오기도 하고 최적의 뇌기능에도 맞지 않기 때문에 심신을 쇠약하게 만든다. 그러므로 만약 당신이 불면증으로 고통받고 있다면 그것을 해소시킬 수 있는 필요한 조치를 취해야 한다. 수면시 무호흡증과 같이 수면 방해의 원인을 쉽게 추적해 볼 수 있는 것 때문에 고통을 받고 있는지를 알아보기 위하여 전문적인 도움을 받아 보는데서 시작하라. 호흡의 형태를 정상화하여 편안하고 상쾌한 수면을 회복시켜 줄 수 있는 기구들도 있다. 검사를 했는데도 구체적인 원인을 찾아내지 못했다면 가끔씩 수면제를 사용하면 도움이 될 것이다. 시중에는 신경전달 물질은 다르지만 그럼에도 불구하고 정상적인 수면에 관련된 정상적인 뇌파 형태에는 최소의 효과를 미치고 있는 여러 가지의 수면제들이 판매되고 있다.

곁잠의 힘을 즐겨라

밤 시간 동안의 수면 문제를 해결한 다음 당신은 추가적인 뇌향상 기제로 곁잠(낮잠)을 이용할 수 있다. Mathew P. Walker가 발견해낸 바에 따르면 '깊은 곁잠'은 밤 시간 동안에 했던 전체의 수면에 못지 아니할 정도로 정신적 기능—기억을 향상시킨다.

손가락 민첩성을 검사한 한 가지 실험에서 Walker는 자원한 피험자 학생들에게 피아노 음계와 비슷하게 손가락을 숙련되게 움직이는 것을 가르쳤다. 이렇게 학습을 한 다음 피험자들의 절반은 60분 내지 90분 동안 낮잠을 자게 하고, 그리고 나머지 절반의 피험자들은 계속하여 깨어 있으면서 자신의 낮 시간에 하는 일을 계속하게 하였다. 같은 날 오후에 재검사했을 때 낮잠을 잤던 사람들은 낮잠을 자지 아니한 사람보다 16% 더 잘 수행하였다.

"낮 시간에 곁잠을 깊게 자는 것은 온 밤을 수면하는 것 못지 않게 기억 향상을 가져온다"라고 Walker는 내게 말하였다. 이것을 가능케 하기 위하여 뇌는 전기활동이 짧은 시간 동안 폭발하는 것을 선택적으로 증가시키는데, 이것을 "수면 스핀들"sleep spindles이라 부른다. "이러한 수면 스핀들의 폭발적인 전기활동은 뇌세포 내에서 화학적 반응을 일으킨다. 그리고 이러한 화학적 반응은 다시 특정한 뇌회로에 접속되는 연결들을 강대화시키고 그리하여 기억을 향상시킨다. 수면 스핀들은 밤에는 운동 기억을 개선시키는데, 그리고 낮에는 깊은 낮잠을 통하여 그러한 개선을 가져오는 데 선택적이고 결정적인 기여를 하는 것 같이 보인다"라고 Walker는 말한다.

다행히도 낮잠의 효과는 운동기능의 학습에 한정되지 않고 있다. 왜냐하면 우리가 기억하기를 원하는 대부분의 것에는 운동기능 이외에 사실, 단어 및 개념들이 들어 있기 때문이다.

이것을 확인해 주고 있는 한 가지의 실험에서 뉴욕시티대학교City University of New York의 Matthew Tucker는 자원한 학생들에게 쌍으로 된 단어들을 기억토록 하였다. 그런 다음 즉시로 검사를 하고 그리고 6시간 지나서 두 번째로 검사를 다시 하였다. 1시간 이내로 낮잠을 잔 피험자들은(정상적인 사람에게서 REM 수면이 일어나기에는 시간이 너무 짧다) 그렇게 하지 못한 사람들보다 점수가 15% 더 좋았다.

낮잠은 아주 창의적인 사람들의 생활에서는 특히 결정적인 역할을 한다. 공연 심리학자인 K. Anders Ericsson은 전문 음악인들의 일기를 살펴보았는데, 이들 대부분이 집중적이고 초점적인 연습을 할 수 있는 시간은 1시간 정도에 지나지 않는다는 것을 발견하였다. 이 정도의 시간이 지나면 이들의 집중력은 비틀거리고 수행은 떨어지기 시작한다. 이러한 수행의 저하를 보상하기 위하여 이들은 낮잠 자는 데 더 많은 시간을 보낸다. 낮잠은 이들의 능력을 회복시켜 창의적인 노력에서 요구되는 높은 수준의 집중을 유지할 수 있게 해 주었다.

여기에서 당신은 아마도 궁금한 생각이 들 수 있을 것이다: 그렇다면 어떻게 하면 1시간보다 적은 시간 동안 낮잠을 잘 수 있을까? 그리고 낮잠을 자면 밤에 잠을 자는 데 방해가 되는 것은 아닐까?

수면은 강요할 수 있는 것이 아니다. 그것은 이완relaxation의 상태에서 스스로 빠져 들어가는 것으로 자연스럽게 흘러가야 한다. 사실, 수면에는 역설이 포함되어 있다. 잠을 들려고 애를 많이 쓸수록 우리는 점점 더 깨어 있게 된다. 잠들려고 스스로를 강요하는 대신에 자명종을 30분으로 맞춰놓고(또는 그 시간이 지나면 깨워 달라고 누군가에게 부탁하고) 그냥 이완하겠다는 생각으로 누워 있어야 한다. 며칠 동안 이렇게 하면 당신은 자연스럽게 짧지만 상쾌한 수면을 할 수가 있을 것이다. 나는 이것을 몇 년 전에 워싱턴에 있는 스미소니안 연구소Smithsonian Institution에서 뇌에 관한 저녁 강의를 하고 있을 때 발견하였다.

나의 강의와 그에 따른 질의응답은 오후 6시에서 8시까지 계속되었다. 이러한 강의는 매우 힘든 것이었다. 특히 오전 7시에서 9시까지는 글을 쓰고 10시에서 오후 4시까지는 계속하여 환자를 진료하면서 이미 피로를 느끼는 바쁜 날 그러한 수업을 한다는 것은 나를 지쳐 빠지게 하기에 충분하였다. 강의를 시작하기 전에 에너지를 재충전하기 위하여 나는 4:30에 사무실의 전등을 끄고 소파에서 그냥 휴식을 취하기로 결심하였다.

처음 몇 번은 낮잠을 자려고 했지만 실패하였다. 잠이 들지 않았고 그리고 일어났을 때 피로가 덜하다는 느낌도 들지 아니하였다. 그러나 나는 계속하였고 며칠 동안은 그냥 "이완"만 하고 "억지로" 잠들려는 노력은 하지 않았더니, 눕고 몇 분 이내에 가볍게 잠이 들기 시작하였다. 더욱더 중요한 것은 그렇게 낮잠을 잤더니 피로를 느끼지 않고 저녁 수업을 할 수 있었고 수강생들로부터 질문을 받고 난 다음에도 여전히 충분한 힘이 남아 있었다.

두 번째 질문은 낮잠은 나중에 밤에 잠자는 것을 방해하는 것인가인데, 여기에 대해서는 보다 미묘한 뉘앙스가 있는 대답이 필요하다. 그렇지요, 낮잠을 너무 오래 자면 밤의 수면의 질과 시간을 간섭한다. 이러한 이유로 낮잠 자는 습관을 가지기 전에 밤 동안의 수면 문제를 먼저 해결할 것을 충고한 것이다. 일반적으로 보아 한 시간 이상 되는 낮잠은 아마도 너무 긴 것이다. 핵심은 당신의 정신적 민첩성을 증가시켜 주는 낮잠과 반대로 잠이 깨면 오히려 그로기groggy 상태로 휘청거리는 느낌이 들고 그리하여 밤에는 불면증을 경험하게 되는 그러한 낮잠을 서로 구분할 수 있는 당신 자신의 개인적인 경계 시간을 스스로 발견해 내는 것이 핵심이다.

또한, 만약에 낮잠을 너무 오랫동안 자면, 낮잠을 깨고 난 바로 다음의 인지적 수행은 개선되지 않고 오히려 악화된다. 당신의 개인적인 최적의 낮잠의 길이는 낮잠을 깨고 난 다음 어떤 기분이 드는지에 따라 가장 잘 측정할 수 있다. 낮잠을 깨고 난 다음에 정신적으로 상쾌함을 느끼고 정신적으로 도전적인 과제에 되돌아가서 일하고 싶은 열정이 생긴다면, 당신은 지금 당신의 인지적 수행을 향상시키기 위하여 낮잠을 활용하려는 목표를 성취할 수 있는 그러한 "구역" 속에 있다고 말할 수 있다.

수면은 충분히 취하는 것에 못지않게 중요한 것은 수면에 대한 생각을 바르게 가지는 것이다. 수면이나 낮잠을 "고장난 시간" 또는

"시간의 낭비"라 생각하지 마라. 이들을 기능학습에 도움되는 뇌회로를 향상시키고 기억을 정리 통합하는 기회로 생각하라. 잠자는 것에 대하여 죄의식을 가질 필요도 없다. 수면은 실제의 과제를 다루어가는 뇌작업을 성공적으로 수행하는 데 결정적으로 중요한 한 부분이기 때문이다.

Ⅲ부

뇌기능을 향상시키기 위한 구체적인 방법

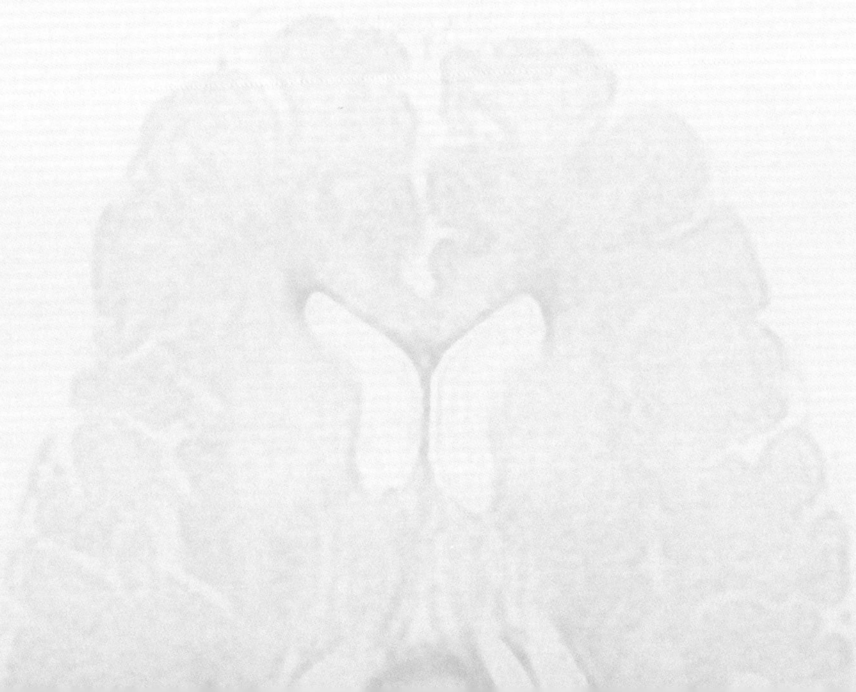

어떤 분야에서든 우수하게 수행하는 사람은
같은 것을 다시 또 다시 반복하는 것이 아니라,
이전보다 더 잘하기 위하여
고독하게 생각하고 치열하게 노력한다.

지금까지 우리는 다이어트, 운동 및 수면 등에 관한 기본적인 내용들을 다루었다. 그러나 지금부터는 초강력의 뇌를 만들기 위하여 당신이 취할 수 있는 구체적인 방법을 탐색해 보기로 한다. 세상에서 가장 유명한 뇌 전문가들은 최적으로 기능하는 뇌를 개발하고 유지하기를 원한다면 다음과 같은 몇 가지의 기능에 노력해야 한다고 내게 말해 주었다.

주의집중: 우리가 기울리는 주의집중attention은 바위처럼 단단해야 한다. 만약 당신이 초점이나 집중을 유지할 수 없으면 기타의 뇌기능에서의 수행을 개선하는 데 필요한 노력을 계속해 갈 수 없다. 정신 영역에서의 주의집중은 신체적인 영역에서의 신체적 지구력과 같은 것이다.

일본의 소설가 Haruki Murakami는 — 이전에는 소파에 앉아 TV만 보며 많은 시간을 보내고 있던 사람이 마라톤 주자로 바뀌어진 사람이다 — 신체적 노력과 정신적 집중의 관계를, 이미 우리가 살펴보았듯이, 아래와 같이 말하고 있다: "스태미나stamina와 집중은 같은 동전의 양면이다. 나는 좋아하든 싫어하든 간에, 고통스럽든 즐겁든 간에 매일 책상에 앉아 글을 쓴다. 나는 매일매일 이 일을 하고 있다. … 그것은 달리기와 똑같은 것이다. 이와 같은 어떤 일을 하려면 당신은 신체적인 힘이 꼭 필요하다."

기억memory은 주의집중이 자연스럽게 확장되고 연장된 것이다. 어떤 것에 주의집중하면 그것을 기억할 가능성은 증가한다. 기억은 또한 닻을 내리듯이 우리를 정착시킨다. 여러 면으로 보아 우리는 기억들의 전체 총합이다. 우리들은 과거의 경험에서 배운다 — 그러나 기억할 수 있는 경험에서만 우리는 배울 수 있다. 기억을 상실하면 과거에 경험했던 부분들을 잃어버리며 그리고 정체성 장애identity disorder라는 형태의 고통을 받을 수도 있다. 그러나 우리는 기억을 강대화함으로써 과거 속으로 들어가 이전의 사고, 경험 및 정서들을 되찾아 냄으로써 그러한 고통들에 맞서 싸워 낼 수 있다. 이러한 과정에서 우리들의 과거는 우리들의 현재 및 상상적인 미래를 통합함으로써 우리들 자신의 인격을 통합시킨다.

전통적으로 보면 기억은 넓은 세 가지의 유형으로 나누어 볼 수 있는데, 이들은 감각기억, 장기기억 그리고 단기기억, 즉 작업기억 등이다.

감각기억sensory memory은 물리적인 자극들이 우리의 감각기관에 부딪혀 영향을 주는 것을 처음으로 기록한 것들로 이루어져 있다. 감각기억 가운데 주요한 두 가지의 형태는 시각적 기억(iconic, 우리가 본 것)과 청각적 기억(echoic, 우리가 들은 것)이다. 일반적으로 보면 감각기억은 우리들의 의식 밖에서 일어나지만, 그럼에도 불구하고 이 과정過程은 의식에 떠올리고, 그리하여 그것을 개선시킬 수 있는 방법은 있다.

장기기억long-term memory은 우리들의 영속적인 한 부분이 된 정보들을 지칭한다(우리들의 일, 우리들의 친척들과 친구들에 관한 정보; 공휴일, 영화 및 TV 쇼와 같은 우리들의 문화에 관한 기본적인 사실들; 소득세 신고 마감일). 장기기억은 우리가 연습해서 강대화시킬 수 있다. 당신은 평생 동안 용량 초과하는 일 없이 원하는 정보를 얼마든지 장기기억에 저장할 수 있다. 실제로 장기기억은 기본적으로 보아 무한정하다.

예컨대 어휘가 좋은 보기이다. 당신은 나이가 얼마가 되었든 간에 평생토록 새로운 단어와 구를 배울 수 있다.

그러나 장기기억은 잠재적으로 보아 무한정하다고 해서 학습한 모든 것을 재생해 낼 수 있다는 의미는 아니다. 역으로 말하면 어떤 정보를 망각했다고 해서 그것이 영원히 사라졌다는 것을 의미하지는 않는다. 이런 저런 이유로 그것을 인출해 낼 수 없을 뿐이다. 그러므로 "좋은" 장기기억의 사람이라고 하여 그들의 장기기억에 반드시 더 많은 정보를 저장하고 있는 것은 아니다. 다만 이들은 그러한 정보에 접근을 더 잘하고 있을 뿐이다. 일반적 법칙으로 말하면 기억은 이미지(심상, 영상, image) 또는 정서와 연결될 때 가장 잘 보존되고 그리고 가장 잘 인출된다.

작업기억working memory: 단기기억short-term memory으로 알려져 있는 것으로 거기에는 인간의 뇌가 수행하는 가장 중요한 정신적 조작들이 포함되어 있다. 작업기억은 짧은 시간 동안 정보를 저장하고 그것을 조작한다. 예컨대 두 개 또는 몇 개의 경쟁적인 생각들을 견주어 비교해 보다가, 원래의 생각은 정지시켜 애니메이션animation 같은 모습으로 붙잡고 있으면서, 첫 번째 생각에서 두 번째 생각으로 의도적으로 이동해 간다면 당신은 지금 작업기억을 사용하고 있는 것이다. 이 과정은 컴퓨터에서 이것에서 저것으로 서류를 뒤적이면서 이동해 가는 것과 비슷하다.

그러나 작업기억은 한 가지의 중요한 점에서 장기기억과는 다르다. 장기기억은 긴 시간을 위한 것인 반면 — 영속적인 기억을 만들고 미래에 인출해 낼 수 있게 한다 — 작업기억은 "바로 지금"을 위한 기억이다. 예컨대, 3일 밤 전에 당신이 웨이터의 모습을 작업기억에 임시적으로 저장하였다가 사람들이 많은 식당에서 다른 웨이터와 그를 구분하여 그 사람의 주목을 받는다면 그러한 작업기억은 도움이 될 것이다. 그러나 오늘은 더 이상 그를 기억할 필요가 없으며 그러한 결과로 그 사람은 이미 당신의 작업기억의 한 부분이 아니게 된다면 이제 그 사람은 당신이 갖고 있는 장기기억의 극히 작은 한 부분을 차지하게 될 것이다—그래서 나중에 다시 이 식당을 방문한다면 그때는 당신이 그를 알아볼 수도 알아보지 못할 수도 있을 것이다.

작업기억은 장기기억을 위한 도관(도랑, conduit)이라 생각할 수도 있다: 장기기억에 부호화되어 있는 대부분의 것들은 먼저 작업기억에서 처리된다. 현재 당신의 장기기억에 자리잡고 있는 모든 정보들은 대개 처음에 그것들을 부호화하려면 당신의 작업기억이 집중하여 노력해야 한다. 당신은 아동이었을 때 알파벳 철자나 곱셈표를 작업기억에서 열심히 암기하여 학습하였다. 궁극적으로는 이러한 알파벳과 곱셈표 작업기억에서 장기기억으로 이동시킨 결과 이제는 거의 자동적으로 철자를 암송하고 더하기를 할 수가 있게 되었다. 그래서 간단한 단어의 철자를 말하거나 어디서 곱하기를 해야 한다면(7 곱하기 7은 얼마?) 그것을 작업기억을 사용하여 처리할 필요 없이 바로 장기기억에서 입술로 대답을 끄집어 낼 수 있다.

작업기억은 착륙하는 비행기와 이륙하는 비행기들을 동시적으로 추적하고 있는 공항 관제관에 비교해 볼 수 있다. 관제관은 개별 비행기들의 위치를 동시적으로 "마음 속에" 두면서(예컨대, 작업기억에) 이 비행기 저 비행기로 주의를 이동해야 한다. 무엇보다도 가장 중요한 것은 작업기억 능력은 지능과 관계가 있는데, 특히 지능검사에서의 수행과 크게 상관되어 있다. 일부의 심리학자들은 일반적 지능은 예리하게 연마해 놓은 작업기억의 기능들로 이루어져 있다고 주장하기도 한다.

세인트루이스St. Louis에 있는 워싱턴 대학교의 심리학과의 명예학과장인 Henry L. Roediger에 의하면, "사람들이 사고하는 동안 마음 속에서 정보를 붙잡고 있는 능력이 클수록 그 사람은 지능 수준이 보다 더 높다."

정신적 운동: 근래에 이르러 우리는 정신적 운동mental exercises에 대한 이야기를 많이 듣는다. 그러나 어떤 운동이 실행해 볼 만한 가장 중요한 것인가? 정신적 운동이 뇌건강에 유익하려면 개인 각자의 관심과 성향에 따른 맞춤형의 것이 되어야 한다고 나는 확신한다. 환언하면 당신이 즐길 수 있는 어떤 것을 할 때만 운동은 유익할 수 있다는 것이다. 지금 이 순간 나는 저술용 책상에 앉아 있는데, 거기에서 보면 길 넘어 숲이 보인다. 지금 나는 현재 당신이 읽고 있는 문장을 쓰면서 컴퓨터 스크린을 응시하고 있다. 그러는 동안 나의 처는 나보다 한층 아래에 있는 방에서 뉴욕타임즈지에 나와 있는 단어 퍼즐을 풀어가면서 그녀의 인내심 있는 개 그리고 성미급한 나의 앵무새와 함께 자리를 같이 하고 있다(그녀는 워싱턴 포스트에 나와 있는 단어 퍼즐은 이미 끝을 냈을 것이다). 얼마 있지 아니하면 그녀는 일어나 자신의 사무실로 갈 것이다. 질문: 우리 두 사람 가운데 누가 보다 더 뇌에 도전적인 일을 하고 있는가?

나의 뇌가 받고 있는 자극은 책을 저술하거나 서평을 쓰는데서 나온다. 나의 아내는 단어퍼즐 문제를 아주 잘 푼다. 그러므로 뇌기능을 향상시키기 위하여 모든 사람들에게 적용할 수 있는 하나의 "최선의" 방법은 없다. 사람에 따라 매력적인 접근법은 얼마든지 다를 수 있다.

또 다른 중요한 사항: 정신적인 운동은 육체적인 운동과는 차이가 있다. 정신적인 운동은 그에 따른 이득이 구체적이고 제한적인 데 대하여 신체적인 운동은 일반화된 이득을 준다는 것이다. 만약 당신이 당신의 신체에 잘 맞게 설계한 운동 프로그램을 수행한다면 당신의 일반적인 건강이 향상될 것이다. 체중이 내려가고, 혈압이 내려가고 그리고 혈액의 혈당수준을 조절할 수 있을 것이다. 이와는 대조적으로 어떤 정신적인 운동은 특정한 구체적인 정신기능에만 이득을 줄 것이다. 예컨대 만약 당신이 기억 운동을 하면 당신의 기억을 향상시킬 수는 있지만, 당신의 논리력을 향상시키는 데는 별 도움이 되지 아니할 것이다. 숫자 처리능력을 증가시킨다고 하여 운동기능이 별로 향상되는 것은 아니다. 이처럼 정신적 운동은 제한적이고 한정된 범위 내에서만 이득이 되기 때문에 뇌기능을 향상시키기 위한 프로그램에는 위에서 언급한 것들에 추가하여 다음과 같은 7개의 핵심적인 뇌기능들을 향상시키려는 노력이 포함되어야 한다.

시각적 관찰

정교한 운동기능

촉각적인 지각知覺

논리

숫자

상상

시각적-공간적인 사고

이제 이러한 핵심적인 뇌기능들을 어떻게 향상시킬 수 있는지를 탐색해 보기로 한다. 그러나 이에 앞서 우리의 뇌의 파워와 능력 efficiency은 주로 유전적 특질에 의하여 결정된다고 보는 전통적인 견해에 도전하고 있는 연구에 대하여 먼저 몇 가지를 알아보고자 한다.

지능이라는 수수께끼

우리의 사고에서 혁명적인 변혁을 일으키고 있는 것들 가운데 가장 인상적인 보기는 지능 intelligence이다. 새로운 연구 결과들은 전문가들로 하여금 지능이란 우리들 자신의 숙고적인 노력 deliberate efforts을 통하여 증가시킬 수 있는 것임을 믿게 만들었다. 이것은 우리의 태도에서의 혁명적인 변화이다. 지난 몇 년 동안 우리들은 "공부를 어떠한 방법으로 아무리 열심히 하더라도 운수 좋게 당신보다 보다 더 지적인 사람으로 태어난 사람의 지적인 수행을 넘어설 수 있다고 생각하지 말라"에서 — 세상에서 Mozarts나 Shakespeare와 같은 사람들은 예외일지 모르지만 — 지능을 주로 결정하고 있는 것은 그 사람이 얼마나 열심히 노력하느냐에 달려 있다는 정말로 고무적인 주장으로 발전하고 있다(Thomas Edison이 천재를 "1퍼센트의 영감과 99퍼센트의 노력"으로 정의할 때 그는 아마도 이것을 염두에 두고 있었음이 분명해 보인다).

지능이란 무엇인가? 별 도움이 안 되는 한 정의에 의하면 "지능이란 지능검사가 측정하고 있는 것이다." 당신이 측정코자 하는 것을 측정도구가 들여다 보는 것으로 정의하는 것은 분명히 잘못된 접근이다. 그럼에도 불구하고 지능검사상의 수행을 기초하여 사람의 지능을 추정하는 것은 일반인뿐 아니라 전문가들의 생각 속에도 여전히 뿌리 깊게 박혀 있다.

표준화 검사에 강박적인 문화에서 평생토록 검사를 받으면서 살아왔기 때문에 우리는 다음과 같은 믿음에 조건화되고 있다: (1) 지능은 지능검사로 가장 잘 측정할 수 있다: (2) IQ는 유전적으로 결정되며, 환경은 이차적인 역할을 할 뿐이다: (3) 개인이 평생에 걸쳐 획득할 수 있는 IQ는 얼마 되지 않는다. 지능 연구자 James R. Flynn에 의하면 이러한 가정들은 어느 것도 정확한 것이 아니다.

Flynn은 산업국가에서 지난 수백 년 동안 IQ 점수가 인상적으로 증가했다는 것을 발견하여 세계적으로 유명하게 되었다(소위 'Flynn 효과'라 부른다). 이러한 비교적 짧은 시간 동안에(1900년대 초에서 현재까지) 유전적인 변화가 일어났을 것 같지는 않기 때문에 유전자gene만으로는 이러한 IQ 점수의 상승을 설명할 수 있을 것 같지가 않다. IQ에 대한 유전자의 직접적인 효과는 IQ 분산의 36%만을 설명할 수 있고 나머지 64%는 환경적 차이 때문에 생긴다고 Flynn은 말한다.

내가 처음 Flynn의 주장을 들었을 때 사실 나는 의문이 들었다. 한 가지 이유는 학교 공부를 하면서 노력은 최소로 하는 것 같이 보이면서도 계속하여 자기 반 친구들보다(나를 포함하여) 성적이 우수한 그런 사람을 보아 왔기 때문이다. 그러나 적어도 한 가지 사례에서는 — 의과대학을 다닐 때의 동창생 — 약간의 속임수가 있었다. 다른 사람들은 장시간 동안 스터디 세션study sessions을 가지고 있는 동안에도 그는 테니스를 치거나 영화를 보면서 시간을 보내곤 했다 — 그렇게 했다고 그는 우리들에게 말하였다. 그러나 그의 여자 친구가 그는 자신의 아파트에서 여러 시간 동안 공부하고 있었다고 무심코 말을 해서 진실이 드러나게 되었다. 그래서 내가 다른 사람 못지아니한 시간 동안 공부하면서 그렇지 않은 것처럼 하는 이유가 무엇이냐고 그에게 물었을 때 그는 그렇게 하는 것이 "쿨하고"cool 근사해 보이기 때문이라 대답하였다. 그렇게 설명을 하면서 그는 어미 오리가 세 마리의 새끼 오리를 리드하면서 연못을 헤엄쳐 가고 있는 만화 하나를 보여주었다. 중간쯤에 이르러 엄마 오리는 새끼들을 뒤돌아보면서 말한다: "편안해 보이도록 해라. 그러나 발밑에서는 미친 듯이 갈퀴로 헤엄쳐라." 요약하면 나의 동창생은 다른 것처럼 위장을 했지만 결코 뛰어난 유전자 덕분에 성적이 좋았던 것이 아니었다. 사실 그는 다른 동창생들보다 더 스마트하지 아니하였다. 그의 학구적 수행에는 환경(공부하면서 보낸 시간)이 커다란 역할을 하였다.

쌍생아 연구는 지능의 기초는 개인적 노력과 같은(예컨대, 열심히 하는 공부) 환경적 영향보다 유전자가 더 중요하다는 것으로는 설명하기 어려운 증거들을 제시해 주고 있다. 일반적으로 보면, 쌍생아는 출생 때 분리하여 따로 따로 키워도 끝에 가면 IQ가 매우 비슷하다. 이러한 현상은 유전자가 지능에 가장 강력한 영향을 미치고 있음을 증명해 주는 것 같이 보일 수 있다. 그러나 반드시 그런 것이 아니다. 그 이유를 이해하기 위하여 Flynn은 이것을 농구에 유추하여 설명하고 있다.

쌍생아의 두 사람이 유전적 소여genetic inheritance에서 보아 키가 크고, 빠르고, 그리고 운동을 좋아한다면, 이들은 모두가 농구에 매력을 느끼고, 열심히 연습하고, 더 잘 경기하고 그리하여 궁극적으로는 세계적인 선수로 성장할 수 있게 농구코치의 눈에 띄게 될 가능성이 클 것이다. 반면에 다른 평균인들보다 키도 작고 그리고 체구도 왜소한 유전적인 소여를 갖고 태어난 다른 쌍생아는 농구에 대한 소질이나 열성을 별로 보이지 않을 것이고, 그리하여 결국에는 농구 선수가 아니라 농구경기 관객이 될 가능성이 클 것이다.

Flynn은 환경적 영향이 유전적 소여에 미치는 이와 비슷한 영향을 IQ에 대해서도 마찬가지로 이야기하고 있다. 유전적으로 IQ가 약간이라도 우세한 쌍생아는 학습에 마음이 끌리고, 학교에서 수행을 더 잘하고, 그리고 경쟁이 심한 유명 대학에 입학할 가능성이 더 크다. 이러한 과정에서 이들의 IQ 수준은 한층 더 많이 증가할 가능성이 있다.

Flynn은 말한다: "유전적인 유리나 불리는 그에 상응하는 환경에 점차 더 많이 짝지워지는 강한 경향성이 있다." 이러한 결과로 어떤 특정한 유전적 기질이 완전하게 표현될 수 있거나 또는 그렇게 되지 못하는 것을 근본적으로 결정하는 것은 언제나 환경이다. 이것은 IQ에 대해서 진리일 뿐 아니라 기억과 정신적 빈첩성과 같은 기타의 인지과정에 대하여서도 마찬가지로 사실이다. 실제적인 용어로 말하면, 우리의 인지적인 능력은 우리들 자신의 숙고적인 노력을 통하여 향상시킬 수 있음을 의미한다.

사람들은 자신의 지능을 높이고 증대시킬 수 있는가? 여기에 대한 대답은, 이미 언급한 바 있지만, 지능을 보편적으로 수용할 만하게 정의하기가 어려운 것과 관련되어 있다. 그러나 지능을 이렇게 저렇게 실익도 없이 정의하려고 헤매기보다는 그 대신에 '흔히 높은 지능 및 향상된 지적 능력과 상관되어 있다고 인식하고 있는 특성'들을 확인해 내는 데 집중해 보자.

- 정신적 민첩성(유동적 지능, fluid intelligence). 유동적 지능은 우리가 이전에 습득한 지식에 의존하는 대신에 자유형식의 접근법을 사용하여 문제를 해결코자 할 때 작동하기 시작한다. 예컨대, 어떤 위급한 상황에서 의학적인 훈련을 받은 적이 없는 사람이 어떤 환자를 처치해야 한다면 의학적인 지식이 없기 때문에 자신의 느낌과 경험에 따라 할 수밖에 없다. 이러한 유동적 지능은 뇌의 양쪽에 있는 전전두엽에서 처리된다. 이 부위에 손상을 입으면 유동적 지능에 심대한 영향을 미치며 문제해결에 심각한 손상을 가져온다. 전두엽에 손상을 입은 사람은 주어진 상황에서 완전하지는 않지만 그래도 문제와 도전에 대하여 최선일 수 있는 즉석처리를 할 수 있는 그러한 능력을 상실할 수 있다.
- 지식과 정보(결정적 지능, 結晶的 知能, crystalized intelligence). 유동적 지능과는 대조적으로 결정적 지능은 이전에 습득한 지식에 의존한다. 훈련받은 의사가 질병을 진단하고 치료할 때 그는 결정적 지능에 의존한다: 다시 말하면 수년 간 의학적 훈련을 받았던 것을 실제에 적용한다. 의학적 훈련을 받지 아니한 사람들과는 대조적으로

그는 환자의 질병에 대하여 잠정적인 비구조적 접근법을 취하지 아니한다. 자신이 저장하고 있는 지식과 정보 때문에 빠르게 그리고 단호하게 반응할 수 있다. 이러한 지식의 창고가 클수록 처치장면을 더 잘 통제할 수 있다. 유동적 지능과는 구분되는 또 다른 차이점: 결정적 지능은 전전두엽 또는 다른 어떠한 부위에서의 뇌손상으로 인하여서도 영향을 받지 않는다.

- 기억. 새로운 정보를 학습해도 나중에 그것을 재생해 낼 수 없으면 도움이 되지 않는다. 어떤 것이라도 기억력을 증대시키는 것은 학습한 것에 접근하는 것을 증대시킨다.
- 호기심. 호기심이 많을수록 더 많이 학습한다.
- 정보처리의 속도. 일반적으로 보면 정신속도가 빠른 것은 지능이 높은 것과 상관되어 있다. 사람들은 매우 지적이지 아니한 사람을 '느린' 사람으로 묘사하는데, 이것은 실험 심리학자들이 반응시간 검사에서 발견한 것을 직관적인 말로 표현한 것이다. 정보처리의 속도를 측정하는 한 가지 검사는 소위 '짝수–버튼–아웃' 검사 odd – button – out 였는데 이 검사에서는 피험자들은 세 개의 표적 버튼이 나타나 있는 스크린을 보면서 한 개의 손가락은 '홈 버튼' home button 위에 얹어 놓는다. 만약에 표적의 버튼 가운데 두 개에 불빛이 켜지면 피험자는 홈 버튼에서 손가락을 움직여 스크린에 있는 세 번째 버튼을 가능한 대로 빠르게 누른다. 표적 버튼 가운데 한 개에만 불빛이 켜지면 피험자는 그 버튼을 누른다. 이러힌 '짝수–버튼–아웃' 검사에서 가장 빠르게 반응한 사람들은 평균 이상의 IQ를 가지고 있었다.

• 구체적인 적용과는 무관한 추상적인 용어로 사고하는 능력. 지난 몇 백 년 동안에 산업 국가에서 IQ가 증가한 것은 사고와 이해의 수준이 구체적인 것에서 추상적인 것으로 발달한 결과이다(예컨대, 의자와 책상은 각기 다리가 네 개이기 때문에 유사한 것이 아니라 — 구체적인 반응 — 이들은 모두가 가구들이기 때문에 유사하다).

또한 Flynn은 지능에 대해서 말하면서, 우리는 "지능을 수학적 문제해결, 위대한 문학작품의 해석, 현장에서의 해결책 발견, 과학적인 세계관을 동화시키는 것, 비판적 통찰력 및 지혜 등으로 해부하여 나누고 있다"라는 말도 추가하고 있다.

뇌기능을 향상시키는 데는 구체적인 정신적 태도를 채택하는 것도 포함된다. Flynn에 의하면 거기에는 "도전적인 인지적 환경을 추구하려는 목표 — 올바른 여가 활동을 선택하는 것에서 지적으로 매력적인 누군가와 결혼하고 싶어하는 것에 이르는 여러 가지의 지적인 도전들을 추구하는 것이 포함된다. 인지적 기능의 향상을 즐길 수 있는 최선의 기회는 아이디어에, 또는 지적인 대화에 또는 지적인 서적에 또는 기타의 어떤 지적인 추구를 하는 것과 사랑에 빠지는 것이다. 만약에 그러한 것을 한다면, 나는 내 자신의 마음 속에 내가 어디를 가든 나와 함께 할 수 있는 지적·정신적인 환경을 창조하게 된다."

James Flynn은 우리의 뇌가 얼마나 잘 수행을 하느냐를 결정하는 데 사회적 환경이 IQ보다 훨씬 더 중요하다는 것을 다음의 보기를 들어 설명하고 있다: 어떠한 소녀를 상상해 보고 그녀를 평균 IQ를 가지고 있는 Rachel이라 부르기로 하자. 그녀의 부모들은 그녀에게 지적으로 자극적인 경험을 제시해 주기 위하여 모든 노력을 기울이고 있다. 부모는 그녀에게 책을 사주고, 숙제를 도와주고, 특히 어려워하는 교과목에서는 개인 교사를 고용해 주고 있다. 그리고 무엇보다도 그녀의 부모는 그녀가 학교에 대하여 긍정적인 태도를 개발하고 유지할 수 있도록 모든 일을 하고 있다. 교사 또는 다른 학생들과 문제가 생기면 부모는 지나치게 간섭하지 않으려고 조심하면서, 그러면서도 그녀가 해결책을 찾도록 기꺼이 도와주고 있다.

열심히 공부를 했기 때문에 Rachel은 우수한 고등학교에 합격을 하였고, 거기에서 그녀는 이전에는 부모로부터 받았던 그러한 지적 자극을 제공해 주는 친구들과 교우 관계를 가진다. Rachel은 다른 학생들보다 더 열심히 공부해야 했지만 어떻든 학반에서 상위 20% 이내의 성적으로 졸업을 한다. 그녀는 작지만 유명한 대학에 합격하고 거기에서 영재 선생님이 가르치는 정치과학 수업을 듣고 법학대학원에 지원하기로 결심하였다.

Rachel의 대학 성적은 아주 특별하게 높지는 않았지만 입학 면접에서 보여준 열성과 헌신 덕분에 법학 대학원에 합격을 하였다. 졸업을 해서는 자신의 전공 영역인 지적재산권을 전문하는 조그마한 회사에 취직을 하였다. 2년 후에 그녀는 법학을 전공하면서도 째즈 앙상불jazz ensemble에서부터 소련문학 과정에 이르는 다양한 분야에서 지적인 추구를 하고 있는 직장 동료와 결혼하였다.

Flynn이 말하고 있는 이 보기를 보면 Rachel의 경력은 평범한 IQ로 예측할 수 있는 것보다 훨씬 더 많은 발전을 성취하고 있다. 그런데 그녀의 성취를 결정하는 데 유전적 소여보다는 환경이 훨씬 더 중요하였다. 이런 점에서 보면 그녀의 학교 친구들, 직장 동료들, 남편 그리고 기타의 여러 친구들은 모두가 그녀의 뇌가 최선으로 기능토록 하는 데 필요한 지적 자극을 제공해 주고 있다. 이 모든 것들의 어느 하나도 만약에 그녀의 부모가 Rachel이 어린 나이 때부터 그녀의 뇌를 훈련시키도록 격려하지 않았다면 일어나지 아니했을 것이다.

James Flynn의 연구는 우리에게 중요한 몇 가지 사항들을 말해 주고 있다. 지능(지력)을 결정하는 데 유전자가 작용하는 것은 사실이지만 노력을 겸비한 사회문화적 요인이 더 큰 역할을 한다. 달리 말하면 우리들이 가지고 있는 인지적 기능은 대부분 수정 가능하다. Flynn이 말하는 여섯 가지의 특성들은 모두가 자기 자신의 노력으로 향상시키고 개선시킬 수 있는 정신능력들이다 — 이들은 정신적 민첩성(유동적 지능), 지식과 정보(결정적 지능), 기억, 정보처리의 속도, 호기심, 그리고 구체적인 적용과는 무관한 추상적인 용어로 사고할 줄 아는 능력 등이다.

이러한 여섯 가지 인지과정들 가운데도 기억은 자신의 노력으로 가장 잘 향상시킬 수 있는 것이다. 훌륭한 기억은 뇌가 우수하게 기능할 수 있게 하는 기초이다. 훌륭한 기억은 또한 생활의 어떠한 측면에서 성공을 위한 필수적인 조건이다: 새롭게 학습한 정보를 이전에 학습했던 정보에 관련시키고 동화시킬 수 있고 그리고 나중에 재생할 수 있게 저장하지 못하면 그것을 결코 적용할 수 없다. 우리의 기억력을 향상시킬 수 있는 것은, 그것이 어떠한 것이든 간에, 우리가 학습하는 모든 것에 접근할 수 있는 능력을 증대시킨다. 이러한 이유로 다음에서는 기억을 개선할 수 있는 방법들을 탐색해 보기로 한다.

감각기억을 날카롭게 하라

기억의 실패에는 — 망각 — 두 가지의 주요한 이유가 있다. 첫째의 이유는 주의산만이다. 방금 어떤 사람의 이름을 소개받았더라도 소개를 받는 순간에 우리가 다른 무엇에 생각이 팔려 귀 기울여 경청하지 않았다면 나중에 그 사람의 이름을 재생해 낼 수 없다. 실제로는 귀를 기울이지 않았기 때문에 우리의 뇌는 그때 받은 정보를 성공적으로 부호화하지 않았으며 그래서 그의 이름을 기억해 낼 수 없다. 이것을 치료하는 방법은 간단명료하다: 소개를 받을 때 이름과 얼굴에 주의집중하라.

두 번째로 가장 흔히 볼 수 있는 망각의 원인은 시초에 경험을 하고 있는 동안 일어나고 있던 것들을 등록하는 데 실패하는 것과 관련이 있다. 그러므로 당신의 기억을 향상시킬 수 있는 기본적인 방법은 당신의 감각적 경험에 주의를 더 많이 기울이는 것이다. 당신이 보는 것, 듣는 것, 냄새 맡는 것, 맛보는 것, 또는 만지는 것 등에 대한 것이 생생할수록 나중에 생생하고 쉽게 회상해 낼 수 있는 기억을 만들기가 더 쉽다. 그러므로 기억을 향상시키는 첫 번째 단계는 우리들의 감각을 날카롭게 만드는 운동을 하는 것이다.

배우 훈련기관인 Actors Studio의 창설자인 Lee Strasberg 소장은 자신이 '감각기억 운동'이라고 부른 방법으로 연출기능을 날카롭고 강하게 하는 것을 가르쳤다. 그의 학생이었던 Harry Governick은 이 방법의 첫 번째 운동을 다음과 같이 기술하고 있는데, 거기서는 빈 커피컵을 사용하고 있다.

컵에다 커피를 채운 다음 매일 적어도 15분 동안 이 컵이 가지고 있는 모든 감각적 측면들을 상세하게 탐색해 보도록 격려하였다. 시각적인 감각에서 시작한다. "당신의 눈이 컵을 볼 때 당신의 마음은 컵의 시각적인 측면들에 관한 모든 상세한 것들에 대답해야 한다." 학생들은 컵의 높이, 그것의 지름, 색채, 재료의 성분 및 손잡이의 크기 등을 주목해야 하였다. 또한 컵의 우묵한 가장자리의 두께도 찾아보고 그리고 컵에 있는 도자기 디자인이나 그림의 모양과 색채도 주목해야 했다. 또한 방에 들어오는 불빛 때문에 컵 위에 보일 수 있는 어떤 그림자의 모습과 색채도 체크해야 하였다. "당신의 마음이 당신의 시각적인 감각이 대답하도록 모든 가능한 질문들을 한 다음 이제는 촉각과 같은 오감 가운데 다른 것으로 이동하여 마찬가지로 철저하고 상세하게 탐구해 가게 하라."

이러한 운동을 성실하게 하고 나면, "마치 그것이 당신 앞에 있는 것처럼 컵과 커피를 실제로 '보고', '만지고', '냄새 맡고', 그리고 '듣게' 될 것이다. 당신의 감각들은 당신을 위하여 컵과 마실 커피를 성실하게 재창조할 것이다"라고 Governick은 주장한다.

이러한 감각기억 운동은 배우들이 무대에서도 마치 실제 생활에서 하듯이 반응할 수 있도록 그들의 감각을 훈련시키기 위하여 디자인한 것이지만, 나는 배우가 아닌 사람도 자신의 감각적 인상을 날카롭게 하고 그리고 주의집중을 향상시키기 위하여 이 같은 운동을 사용할 수 있음을 발견하였다.

시각적 감각기억 훈련에는 Governick이 이야기해 주고 있는 것과 같은 작은 낯익은 물건에 집중하는 것들이 들어 있다. 당신에게 흥미로워 보이는 어떤 것이라도 집어서 그것을 철저하게 스터디해 보라. 주의집중이 줄어들기 시작하면, 그림 그리는 것으로 이동하여 그림에 그려 넣으려는 측면들을 소리 내어 말해 보라. 그런 다음 당신이 주목하기는 했지만 당신의 그림 솜씨가 제한되어 있어 종이 위에 그릴 수 없었던 것들을 적어 보라. 다른 감각기관에서의 민첩성을 향상시키기 위하여서도 비슷한 활동을 사용할 수 있다.

청각적 감각기억 운동으로서 당신의 주위에서 들리는 소리에 주의집중해 보라. 이것은 서로 다른 소리들을 쉽게 구분할 수 있는 비교적 조용한 곳에서 해 보라. 당신은 서로 다른 독립적인 소리들을 몇 개나 들을 수 있는가? 그런 다음 한 번에 한 개의 소리에 집중하여 그것이 다른 모든 소리들과 구분된다고 생각되는 것들을 모두 다 적어 보라. 또는 새 소리에 관한 음반 CD를 구입하여 새의 지저귀는 소리로 새의 이름과 그림을 상관시켜 보라. 다른 동물들의 소리도 마찬가지로 사용할 수 있다. 예컨대 나는 캐나다에 있는 별장으로부터 가까운 연못의 안과 주변에 살고 있는 여러 종류의 개구리들을 발견하고서는 미국에 살고 있는 모든 개구리들의 소리를 담고 있는 CD와 가이드북을 구입하였다. 자투리 시간에 나는 CD를 들어 보고 몇 개의 개구리 소리를 구분하여 인식해 낼 수 있는지를 테스트해 보았다. 솔직히 말하면 이것은 그렇게 흥미로운 활동/운동이 아니다. 많은 사람들은 바로 따분해 할 것이다. 그러나 이러한 활동의 핵심은 우리들에게 소리를 통하여 지적인 도전을 제공해 준다는 것이다. 그러므로 당신에게 재미있어 보이는 청각적 감각기억 운동을 선택해 보라. 새, 개구리 또는 기타의 동물의 소리보다 더 중요한 것은 인간이 회화하는 소리이다. 인간의 회화는 우리들의 생활에서 매우 중요한 역할을 하기 때문에 인간이 내는 목소리의 음성이 가지고 있는 섬세한 것들을 탐지해 내는 것을 학습하는 것은 매우 유용하다. 청각적 기억을 훌륭하게 테스트하는 것은 인간들이 나누는 회화를 녹음해 두었다가 나중에 거기에서 말했던 모든 것들을 바른 순서로 정신적으로 재생산해 보는 것이다. 소설가와 심리 치료사들이 이것을 특히 잘한다. 소설가는 자신이 적고 있는 대화가 사람들이 실제로 말했던 것을 정확하게 포착해야 하기 때문에 — 완전 문장이 아닐 때도 있지만 — 회화를 경청해서 기억한다.

내가 무슨 말을 했고 그것을 어떤 시퀀스로 말했는지를 모두 재생해 내고 난 다음에 나는 그것을 실제로 녹음했던 것과 대조하여 체크한다. 무엇을 망각한 것일까? 내가 회화를 재생해 낸 순서는 실제의 것과 같은가?

다음으로 나는 녹음을 다시 틀어 듣지만 이번에는 의미와 내용은 무시하고 목소리의 음성만을 경청한다. 특히 음조(음색), 운율, 크기, 중단되는 빈도 및 말하는 속도의 변화 등에서 나타나는 정서적인 측면에 나는 주의집중하였다. 이러한 정신적 운동에는 뇌의 우반구가 작동하는데, 우반구는 우리가 다른 사람과 커뮤니케이션하는 동안 듣게 되는 비언어적인 청각적 신호들을 인식해 내는 전문부위이다.

예컨대, 나는 내가 알고 지내는 어떤 사업가와 이야기를 나누고 있을 때는 나 자신이 불편하고 초조해진다는 것을 몇 년 전에 발견하였다. 왜 그런지를 생각해 보았지만 우리들의 대화에서 무엇이 나를 괴롭히고 있는지를 찾아 낼 수가 없었다. 그래서 한번은 우리가 서로 대화를 나누던 것을 녹음하여 위에서 언급한 바 있는 두 가지 접근법을 적용해 보았다. 그 첫 번째 부분에서는 — 대화 녹음을 다시 틀어 들어 보고 나중에 그것을 기억하여 적어 보는 것 — 내가 불편하고 불안하게 되는 것을 설명해 주는 어떠한 것도 확인해 낼 수 없었다. 어떠한 것도 통상적인 대화에서 벗어나고 있는 것 같이 보이지 아니하였다. 그러나 위에서 언급한 활동/운동의 두 번째 부분을 수행하면서 음성이 가지고 있는 소리에만 주의집중했을 때 나는 그의 말에서 이상한 버릇 같은 것이 있음을 발견하였는데, 그것은 흥미롭기도 하고 미칠 것 같은 것이기도 하였다.

이 실업가는 내가 말하는 것을 가로 막지는 않았지만 그러나 내가 말을 시작하려 할 때마다 낮은 소리로 먼저 흠흠하는 소리를 내면서 나의 대화의 보조를 계속하여 통제하고 있었다. 그것은 탐지하기 어려운 것이었고 — 그것은 음성적으로 대단히 미묘한 "슬쩍 슬쩍 찌르는 잔소리" 같은 것으로 내가 말을 할 때는 언제나 계속되었다. 전체적인 효과는 이런 것이었다: "서둘러 이야기를 끝내어라, 나는 말할 것이 또 있어."

이제야 나는 나를 불편하고 불쾌하게 만드는 것이 무엇인지를 알게 되었다. 그는 대화를 통제하는 것을 절대로 완전히 포기하지 않았고, 심지어는 내가 말을 하고 그리고 그는 조용히 있어야 할 때조차도 절대로 통제하기를 포기하지 아니하였다. 그는 조용할 때가 없었다. 그리고 우리들의 대화를 녹음하여 그것을 그냥 음성으로만 경청하지 않았다면 내가 불쾌하게 된 근원을 나는 결코 발견하지 못했을 것이다. 준비를 해야 한다: 처음에는 자신의 모국어를 경청하면서 그것을 음성으로만 듣는다는 것은 어려울 수 있다. 왜냐하면 언어학습을 하고 나면 우리의 뇌는 음성보다는 주로 의미를 탐지해 내도록 회로가 만들어지기 때문이다. 외국어는 순수한 음성으로 경청하기가 더 쉬운데, 그것은 듣고 있는 외국어 단어의 의미를 당신은 처리할 수 없기 때문이다. 그러나 연습을 하면 실제로 말하고 있는 것의 의미를 의식적으로 등록하지 않으면서 당신의 모국어에서도 정서를 전달하고 있는 목소리의 음조tone를 집어낼 수 있다.

촉각은 우리가 확대시킬 수 있는 또 다른 감각이다. 실크, 가죽, 모피, 스웨드suede 양가죽, 솜 및 염소의 털인 캐시미어cashmere와 같은 직물을 가지고 시작해 보라. 이러한 재료로 만든 옷감을 소파나 침대 위에 가지런히 놓은 다음, 눈을 감고 손으로 접촉만 해서 이들을 확인해 보라. 이들을 장롱 속에 집어넣고 며칠 후에 만져 보는 것만으로 어떤 특정한 옷감을 선택해 보라. 또 다른 촉각 운동으로 20－30개의 비슷한 사이즈의 물건들을 무선적으로 늘어놓고(테니스 공, 오렌지, 감자, 방풍나물, 양파) 눈을 감고 접촉하는 것만으로 각기의 물건들을 확인해 내서 분류해 보라. 양손 가운데 어느 것이든 간에 첫 세 개의 손가락을 사용하여 물건을 그냥 접촉해 보라(물건을 집어 올리거나 만지지 않도록 조심해야 한다. 그렇게 하면 관절, 힘줄 및 근육에 있는 수용기들를 통하여 정보가 전달된다). 이보다 더 나은 방법은 다른 누군가가 물건을 선택하여 나열하게 하는 것인데, 그렇게 하면 당신은 사전에 그런 물건들에 대하여 아무것도 알 수가 없기 때문이다.

다음의 촉각 운동은 내가 Las Vegas에서 카지노 딜러로 일했던 나의 어떤 환자에게서 배운 것이다. 몇 번이나 그가 내게 시범을 보여주었는데, 그는 카드 한 벌에서 패를 떼어내고 난 다음 그것을 터치만 해 보고서 떼어낸 카드덱cards deck에 있는 카드의 수를 정확하게 알아낼 수 있었다. 이러한 기능을 습득하려면 정규적인 연습을 몇 년이나 해야 하기 때문에 처음에는 카드덱 한 벌의 모두를 가지고 그것을 할 수 있을 것으로 기대하지는 마라. 대신에 카드덱의 일부만을 가지고 해 보라(대개 보아 20개 카드 정도가 좋다). 카드를 두 패로 나눈 다음 접촉해 보는 것만으로 각 패에 있는 카드의 수를 추정해 보라.

일부의 사람들이지만 이런 사람들이 습득하고 있는 이러한 기능만 보아도 당신은 낯선 사람과 돈을 걸고 카드치기를 하지 말아야 한다: "얇게 깎아 낸 카드"로 장난을 할 수도 있다. 카드덱의 한쪽에 있는 윗 바깥 가장자리에 대단히 얇은 켜를, '한 개의 카드를 제외하고' (대개는 에이스), 정교하게 얇게 깎아 내면 이 사람들은 카드덱의 코너만 손가락으로 그냥 슬쩍 만져 보아도 언제든지 이 카드가 어디 있는지를 알 수가 있다. 얇게 깎아 내지 아니한 카드의 가장자리는 깎아 내린 카드와는 아주 작은 차이이지만 튀어나오기 때문에 접촉만으로도 그것을 탐지해 낼 수가 있다. 카드를 다루는 이 사람은 이기기 위하여 전략적인 순간까지 기다렸다가 카드덱에서 그 카드를 뽑아내거나 또는 그 카드를 위에 올려놓기 위하여 다시 카드덱의 패를 떼어 놓는다.

카드놀이 명수나 소매치기들은 접촉만을 통한 정보경영의 대기들이다. 소매치기들은 자신의 희생자의 신체의 한 부분에 접촉하여 주의를 분산시키는 동안 자신의 손을 능숙하게 자신의 희생자의 주머니 속에 넣어 지갑을 끄집어 낸다. 그리고 — 완벽하게 정당한 활동으로 우리들의 주의를 이동시킨 다음—마법사들은 수많은 시간 동안의 연습을 통하여 개발한 손가락의 촉각 민감성이란 방법으로 카드, 동전 및 기타의 소품들을 조작한다.

접촉은 또한 개인간 정보를 풍부하게 제공해 줄 수 있다. 어떤 사람의 소개를 받으면 그가 악수하는 것이 얼마나 안정적이고 절도 있는지, 손바닥이 어느 정도 축축한지, 손이 부드럽거나 또는 거칠거칠한지 등에 대하여 특별하게 주의를 기울려야 한다. 나는 환자를 평가하는 한 가지로 매일 이것을 하고 있다. 만약에 당신이 어떤 품목의 의복에 접촉해 볼 기회를 가진다면 그것을 만든 직물(천)을 확인해 보라. 그 자켓은 진짜 가죽으로 만든 것인가 모조품인가? 그 드레스는 실크인가 아니면 합성 혼방인가? 이러한 정보에다 그 사람의 외모와 목소리에 대하여 적극적으로 감각적인 주의집중을 같이 하면 당신은 이미 그 사람에 대하여 많은 것을 알게 될 것이다.

미각과 후각의 감각운동은 가까운 정원, 양념선반 그리고 와인 시음대에서 쉽게 해 볼 수 있다. 이와 관련하여 내가 좋아하는 활동/운동은 이런 것이다: 여러 가지의 양념들을(용기에 넣어) 가지고 와서 무선적으로 테이블 위에 놓는다. 상표나 내용물을 보지 말고 냄새만 맡아 보고 각기의 양념을 확인해 낸다. 이를 위하여 최근에 선택하여 사용한 것에는 오레가노oregano, 타임thyme, 민트mint, 잘게 썬 양파, 세이지sage, 향미료sweet basil, 커민cumin, 파슬리류 셔빌chervil, 오렌지 껍질 및 검정색 후추 등을 포함하고 있다. 아마도 이들 가운데 어떤 것들은 알아내기가 어려울 것이며 그래서 냄새도 맡아보고 또한 맛을 볼 필요도 있을 것이다.

후각을 뇌에 연결시키는 것은 간단하다: 후각 신경의 배치가 그러하고 그리고 이들이 뇌의 앞부분에 있는 전부前部, forepart에 연결되어 있는 덕분에 향수나 와인과 같은 냄새는 복합적이며 매우 감정유발적인 지각을 경험하게 만든다. 이러한 과정은 개별적인 음악 악기가 심포니에 기여하고 있는 것에 비교해 볼 수 있다. 향수 제조자나 와인 생산자들은 자신들의 새로운 제품을 기술할 때 대개가 음악에서 가져온 용어들을 사용하고 있다: 톱top, 미들middle 및 베이스 음표bass notes 등인데, 이들 각기는 냄새가 가지고 있는 조화로운 "감정"에 작용한다. 심포니는 개인 연주자의 연주와 그들이 가지고 있는 악기의 품질 이상으로 더 나은 것일 수가 없듯이 냄새(맛도 마찬가지이지만)는 각 개인이 일정한 기본적인 향기를 탐지해 낼 수 있는 능력에 달려 있다. 그리고 이러한 능력은 연습으로 향상시킬 수 있다. 현재 당신이 가지고 있는 후각 능력을 검사할 수 있는 최선의 방법은 누군가가 다음의 절에서 설명하고 있는 물질이 들어 있는 항아리를 수집하게 한 다음 당신 자신이 이들을 확인해 보도록 도전해 보는 것이다.

미국인의 85%는 다음과 같은 7개의 향기(냄새)를 확인해 낼 수 있다: 베이비 파우더baby powder, 초콜릿, 계피, 커피, 나프탈렌 방충제, 땅콩 버터 및 비누. 이들 가운데 한두 개를 확인해 낼 수 없어도 걱정할 필요는 없다. 놀랍게도 상당수의 "정상인들"도 시초의 검사에서는 하나 또는 두 개의 향기(냄새)를 확인해 내지 못하였다.

냄새를 확인해 내는 것이 어려우면 알츠하이머 병의 초기 증세라 보는 경우도 있다. 이러한 발견으로 보면 알츠하이머 병은, 지금 내가 시사하고 있는 것과 같은 냄새 확인 운동을 통하여, 자신의 후각 능력을 향상시킴으로써 질병의 진행을 늦출 수 있을 것으로 보인다. 그러나 이러한 방법은 흥미롭기는 하지만 가능성일 뿐 아직까지는 검증되지는 않았다(나는 이러한 냄새 확인 운동이 효과적이라 주장하지는 않지만, 그러나 이러한 운동은 알츠하이머 병 때문에 악영향을 받게 되는 적어도 두 가지의 뇌기능에는 효과가 있을 것이다: 냄새를 표현하는 어휘와 냄새에 관련한 과거 경험들을 재생해 내는 기억).

다음으로 나는 손을 사용하는 감각운동(그리고 운동 근육)에 대하여 언급해 보고자 한다. 신체의 어떠한 부위보다도 손은 뇌와 기능적으로 더 크게 관련되어 있기 때문에 — 뇌에는 다리, 등, 가슴 또는 복부 등의 부위보다도 손이 더 많은 구역을 담당하고 있다 — 손가락을 재빠르게 움직이는 기능을 개발하는 것은 뇌기능을 향상시킬 수 있는 아주 확실한 방법이다. 손가락의 민첩성을 요구하는 활동을 수행하면 그때마다 당신의 뇌는 향상된다. 불행히도 대부분의 성인들은 — 음악가와 외과 의사들은 예외로 하고 — 손가락을 민첩하게 통제하는 데 별로 숙련되어 있지가 않다. 이것을 극복하려면 바느질, 모형 여객선이나 모형 기차 만들기, 자전거 수리, 간단한 목공일, 페인팅 또는 그림 그리기와 같이 예민하고 섬세한 작업을 요구하는 어떤 것을 취미로 삼아보라. 내가 알고 있는 어떤 퓰리처Pulitzer 상을 수상한 한 작가는 3년 전에 미술반에 등록하였는데, 지금은 거의 항시 스케치북을 가지고 다닌다. 그는 자기 주변에 있는 사물과 사람들을 재빨리 스케치하면 자신의 집필기능이 향상된다는 것을 발견하였다. 스케치를 하면 추가적인 세부 내용을 주목하는 데도 도움이 되며 그는 이것을 자신의 저서와 논문에 써먹기도 한다.

마지막은 신체 자세와 신체 모습을 사용하는 감각운동이다: 이것은 신경과학자들이 '신체 쉐마'(신체 도식, body schema)라 부르는 것을 변화시키는 운동이다. 간단한 언어로 말하면, 신체 쉐마란 용어는 우리들 신체가 공간적 특성에 대하여 가지고 있는 암묵적인 지식을 말한다. 예컨대, 우리는 좁은 복도에서도 남들과 부딪치지 아니하고 서로 지나갈 수 있는데, 그것은 우리가 자신과 팔이나 어깨와 남들의 팔이나 어깨를 분리해 줄 수 있는 가용한 공간을 매우 빠르게 그리고 무의식적으로 추정하기 때문이다. 우리가 이렇게 할 수 있는 것은 우리의 뇌가 외부 공간에 있는 자신의 신체에 대하여 역동적인 내적 표상을 쌓아왔기 때문인데, 이것을 우리는 신체 쉐마라 부른다. 이러한 신체 쉐마 덕분에 우리는 테니스 서브를 넣거나 치열한 골프 시합에서 마지막 퍼트를 성공적으로 넣을 수 있다.

다행히도 신체 쉐마의 역동성으로 인하여, 우리는 자신의 노력으로 언제나 신체 쉐마를 변화시킬 수 있다. 이러한 변화를 새로운 신체 쉐마로 종합하려면 대개 얼마간의 시간이 걸린다. 만약 우리가 헤어스타일을 새롭게 하거나 면도를 하고 난 다음 거울을 지나면서 새로운 모습을 얼른 들여다 보게 되면 처음 몇 번은 깜짝 놀랄 수 있다. 그러나 거울 속의 모습을 몇 번 더 보고 나면 우리의 뇌는 스타일상의 새로운 변화를 새로운 신체 쉐마 속에 병합해 넣는다.

신체 쉐마에 관한 아주 흥미로운 점은 신체 쉐마에는 우리의 신체 그 이상을 포함할 수 있다는 것이다. 예컨대, 좁은 길로 자동차를 운전해 가다가 몇 인치 사이를 두고 다른 차를 지나쳐 간다면 우리는 두 차 사이에서 가용한 거리를 판단해야 한다. 왜냐하면 그 순간에는 우리의 자동차가 신체 쉐마의 한 부분이 된 것이기 때문이다. 사람에 따라서는 이렇게 자동차를 자신의 내적 표상에 병합시키는 것이 그들의 지각과 행동에 영향을 미치기도 한다. 연구자들은 주차장에 주차 구간을 구분하여 그어 놓은 선이 차종이 다르면 운전자에 따라 더 좁게 보일 수 있음을 발견하였다. 또한 신체 쉐마를 고려하면 왜 운전사에 따라서는 자동차 문에 조그마한 것이 닿아 소리를 내거나 또는 조그마한 흠집이 생겨도 버럭 화를 내는지를 설명하는 데도 도움이 된다.

운동기능을 잘 조정하면 새롭고 보다 강력한 뇌지도를 만들어 내게 된다. 예컨대, 여러 해 동안 연습을 한 음악가들은 자신의 악기를 자신의 뇌의 회로 속에 병합시킨다. 그리하여 결국에 가서는 음악가와 악기는 분리될 수 없는 것처럼 된다. 눈을 감고 앉아 깊이 집중하면서 자신의 바이올린을 잠재우고 있는 그림을 그린 Itzhak Perlman의 작품을 들여다 보라. 또는 작고한 Glenn Gould의 유튜브 그림들을 들여다 보라(거기에서는 Bach Partita Number 6 E Minor, "Toccata" 또는 '피아노의 예술'(The art of piano)에서 선곡한 것을 연주하고 있다). 거기에 보면 ㅗ는 키보드를 애무하고, 그리고 머리는 피아노 쪽으로 기울여 속삭이면서 부드럽게 늘어져 기대고 있다.

더러는 악기나 도구들이 포함되게 신체 경계를 확장시켜 보면 특별하고 즐겁기까지 한 모습을 빚어낼 수도 있다. 어떤 사람들은 특정의 컴퓨터, 핸드폰 및 기타의 전자제품에 개인적인 애착을 느끼고 있다. 이런 경우 소유자는 원래의 세트 제품이 고장이 나면, 아직도 보증기간이 남아 있더라도, 제조회사에서 교체해 주는 대신 가지고 있던 것을 수리하여 돌려 줄 것을 고집한다. 이러한 이유로 인하여 현재 대부분의 제품 보증서에는 "제조사는 임의적으로 이 세트 제품을 수리하거나 대체해 줄 권한을 가진다"라는 문구가 포함되어 있다.

신체 쉐마를 수정하기 위한 운동을 제시하기 전에 나는 연구자들이 PPS(개인주변 공간, peripersonal space)라 부르고 있는 것을 포함하고 있는 한 재미있는 실험을 기술해 보고자 한다. '개인주변 공간' PPS란 피부 표면 주위에 있는 가상의 봉투와 같은 것이라 생각할 수 있으며, 그래서 이것은 우리의 신체적인 경계를 확장시켜 주고 있다.

인간을 포함한 다양한 종에서 보면, 일부의 뇌세포는 얼굴이나 손 가까이에서 일어나고 있는 소리와 접촉의 모두에 대하여 반응하고 있다. 머리와 손의 주위에 있는 상상적인 경계를 생각해 보고 거기에서 소리－접촉 통합이 일어나는 것을 생각해 보라. 이러한 통합의 결과로 손에 접촉하는 어떤 것이 소리를 수반할 때보다 더 빠르게 반응할 수 있다. 이러한 다중 감각적인 PPS는 보호적인 기능을 수행한다: 큰 소리가 있을 때, 얼굴이나 손에 접촉하는 무엇이 있으면 보다 빨리 탐지해 낸다. PPS는 정상인보다는 장님에게 보다 더 결정적이다. 그것은 맹인은 자기 보호를 하는 데 소리와 접촉에 전적으로 의존하고 있기 때문이다.

몇 년 전에 이루어진 연구에 의하면, 장님의 PPS는 손에서 오는 것뿐만 아니라 보행용 지팡이의 끝에서 나오는 접촉 정보도 포함될 수 있게 확대되어 있다. 다시 말하면, 이들의 PPS는 지팡이 끝 주위에 있는 공간이 손 주위에 있는 공간 못지않게 민감해진 새로운 신체 쉐마를 형성토록 확대되어 있다. 이것은 소리와 접촉의 모두를 탐지해 내는 뉴런에서도 마찬가지로 진실하다. 그리하여 만약에 소음이 지팡이의 끝 가까이에서 시작되고 있다면 장님은 그런 것이 손 가까이에서 일어날 때처럼 그것에 대하여 재빨리 반응한다. 실제적인 용어로 말하면 이러한 신경기능 때문에 장님은 손에서부터 지팡이의 끝에 이르는 어디에 있는 것이든 간에 소리 또는 접촉의 장애물을 탐지해 낼 수 있다.

이태리Italy의 뇌학자 팀에서 수행한 실험에서는 정상적인 시력을 가진 사람들에게 지팡이를 사용하여 어두운 방바닥에 놓여 있는 물건을 찾도록 10분 동안 훈련을 시켰다. 이 정도의 짧은 훈련기간만으로도 지팡이를 규칙적으로 사용하고 있는 장님과 비슷한 PPS로 변경시키기에 충분하였다. 이들은 손 가까이에서 일어나고 있는 사건과 비슷하게 지팡이의 끝 부분에서 일어나는 소리나 접촉하는 사건에도 민감해지게 된다.

요약해서 정리해 보면 완전히 정상적인 시각을 가지고 있는 사람이 10분 동안만 훈련을 받아도 맹인의 것과 동일한 PPS로 변화를 가져올 수 있다. 그러나 성인의 뇌가 보여주는 이러한 놀라운 가소성의 보기는 일시적일 뿐이다. 뇌는 그것이 가지고 있는 가소성 덕분으로 매순간 변화하기 때문에 우리는 일관성 있고 장기적인 노력이 필요해진다. 이러한 이유로 인하여 장님은 자신들의 보강된 PPS를 형성하고 유지하기 위하여 지팡이를 여러 해 동안 사용해야 한다. 정상적인 시력을 가지고 있는 자원자들이 지팡이로 훈련받은 것은 단지 10분밖에 안 되기 때문에 다음날이 되면 추가적인 훈련을 하지 않으면 이들의 PPS 경계는 다시 훈련 전 상태로 되돌아가는 것은 놀라운 일이 아니다. 다시 눈을 감게 하고 지팡이를 잡으면 손은 다시 지팡이의 끝보다 더 예민하게 접촉이나 갑작스런 소음에 반응하였다.

과학 저술가인 Sandra Blakeslee와 Matthew Blakeslee가 저술한 『신체는 자기자신의 마음을 가지고 있다』*The Body Has a Mind of Its Own, 2007*에서 자신의 PPS 공간을 향상시키는 것이 가지고 있는 실제적인 의미를 다음과 같이 간결하게 서술하고 있다:

당신의 자아ego는 당신의 육신이 끝나는 곳에서 끝나지 아니하고 다른 존재들을 포함하고 있는 세계로 퍼져나가 같이 뒤섞여 있다. 또한 이렇게 합병된 개인적인 공간은 정적인 것이 아니라 그것은 탄력적이다. 그것은 당신이 옷을 입거나 벗을 때, 스키나 스쿠버 장비를 착용할 때, 또는 어떤 도구를 사용할 때마다 이렇게 저렇게 변형된다. 나이프와 포크를 가지고 음식을 먹을 때 당신의 개인 주변적 공간PPS는 확대되어 그들을 덮어 싼다. 뇌세포는 정상적으로는 당신의 손끝 이상의 공간을 표상할 수 없지만, 그럼에도 불구하고 사용하는 모든 용구들을 자신의 한 부분으로 만들면서 이들 용구의 길이에 따라 자신의 의식의 장field을 확대시킨다.

전두엽 피질부에 있는 뉴런은 '이중의 양식'bimodal이거나(접촉과 소리에 대하여 반응하는) 또는 삼중 양식의(접촉, 소리 및 시각에 대하여 반응하는, trimodal) 것이기 때문에 이들 세 가지 감각들 가운데 어느 것을 사용해도 마찬가지의 뇌부위가 활성화된다. 시각, 촉각 및 자기수용체들proprioception을 연결하고 있는 뉴런은 서로 깊이 있게 상호작용하고 있다. 그러므로 우리는 우리들 자신의 노력으로 이러한 감각들을 통하여 뇌에 들어오는 정보를 통합하는 뇌의 기능을 향상시킬 수 있다. 훈련을 많이 한 육상선수나 음악가는 몇 년 동안의 연습을 통하여 이러한 통합을 할 수 있는 예민한 운동감각을 개발하고 있다.

예컨대, 야구의 투수는 공을 던지기 위한 와인드업windup을 시작했다가 마지막 순간에 방향을 바꾸어 1루의 주자를 견제할 수 있도록 왼쪽으로 공을 던진다. 또는 농구선수는 코트에다 공을 바운딩하면서 페인트 모션으로 자신의 오른쪽을 보다가 순식간에 방향을 바꾸어 바스켓으로 달려가 훅업으로 2점을 올릴 수도 있다. 이러한 보기의 운동선수들은 시각(vision, 보는 것)과 자기 자극 수용감각(느끼는 것)을 통합하고 있다.

대부분의 사람들은 운동선수처럼 감각통합을 성취하려 하지는 않지만 우리의 시각, 소리, 접촉 및 관절 감각joint senses들을 통합시키면 PPS를 확대시키는 뇌의 기능을 향상시킬 수 있다.

개인 주변적 공간 PPS를 확대시키는 예비적인 운동을 해 보기 위하여 눈을 감고 손을 양쪽에 두고 일어서 보라. 정확하게 어깨 높이가 되게 하여 등과 일직선이 되게 팔을 들어 올리고, 그리하여 한 손의 가운데 손가락 끝이 다른 손의 가운데 손가락 끝과 일직선이 되도록 해 보라. 다음으로 각 손의 집게 손가락을 펴고 다른 네 개의 손가락은 주먹으로 쥐어 보라. 그리고 몸 앞쪽으로 느리고, 쓸어 모으듯이 끌어 안는 동작으로, 두 손을 서로를 향하여 움직여서 집게 손가락의 끝이 당신의 바로 앞 정중앙에서 만날 것 같은 판단이 드는 지점까지 움직여라. 그 지점에서 손 움직임을 멈추고 이제 눈을 떠 보

라. 대부분의 사람은 두 개의 집게 손가락이 서로를 향해 바른 방향으로 있지 않고 1인치 정도로(2.54cm) 서로 떨어져 있음을 발견하게 된다. 어떤 경우는 손가락의 한 개 또는 두 개 모두가 수평 방향으로 되어 있지 않고 약간 올라가 있거나 내려가 있을 수도 있다. 이런 것들이 바르게 될 때까지 반복해 보라.

이러한 예비운동을 마스터하고 나면, 맨발로 의자에 앉아 오른쪽 다리를 앞으로 완전히 뻗쳐 보라. 눈을 감고 오른손의 집게 손가락이 총신인척 해 보라. 이제 눈을 감고 집게 손가락을 바로 큰 발가락으로 가리켜 보라. 당신의 상상적인 총의 총구가 큰 발가락을 "쏠 수 있다고" 확신이 들 때 눈을 떠라. 이 검사는 신경학자들이 공동감각(자기 자극 수용감각)을 검사하기 위하여 자주 사용하고 있는데, 첫 번째 시도에서 집게 손가락이 큰 발가락과 일직선을 이루는 사람은 별로 없다. 공동감각을 측정하는 것은 다리에 있는 말초신경에서부터 두정엽parietal lobe에 이르는 통로의 어떤 곳에서라도 신경계에 영향을 미치는 질병을 앓고 있는 사람은 특히 부정확하다. 두정엽은 공동감각과 위치감각을 최종적으로 처리하는 부위이다. 그러나 정상적인 신경계를 가지고 있는 사람도 눈을 감고 발가락으로 바로 가리키기란 처음은 어렵다. 이러한 이유로 인하여 우리는 주로 눈에 의존하여 뇌에 정보를 중계한다. 소리, 접촉 또는 위치감각에 의존하면 그것을 그렇게 잘하지 못한다. 그러나 PPS를 향상시키는 운동을 하여 시각에 과잉 의존하는 것을 균형 잡을 수는 있다.

태극권(중국의 체조식 권법, Tai chi)은 개인 주변적 공간을 향상시킬 수 있는 가장 효과적인 장기적 접근법의 하나이다. 무용과 같은 이

고전적인 권법 운동은 수련자들이 일련의 느린 동작을 수행하면서 동시적으로 특정한 신체 부위에, 특히 손과 손가락의 끝에, 주의를 집중한다. 이렇게 하여 시간이 지나면 신체 이미지에, 특히 PPS에 변화가 일어난다. 예컨대, 태극권에 경력이 쌓인 사람은 음악가나 브라유식 점자Braille를 읽는 맹인의 손가락 끝에 견줄 수 있을 정도로 촉각이 예민해지게 된다. 이러한 사실로 인하여 C. E. Kerr와 하버드의 그의 동료들은 태극권은 악기를 연주하거나, 점자를 읽거나 또는 손가락을 예민하게 움직여야 하는 기타의 활동을 하는 사람들과 비슷하게 뇌에서의 가소성이 생성되게 한다고 보고 있다. “손가락 끝에서의 촉각적인 공간적 예민함과 뇌기능의 측정치들 간에는 강력한 관련이 있다”고 Kerr는 말한다.

뇌기능을 최대화하기 위하여 당신이 훌륭한 태극권 사범을 만나서 레슨을 좀 받아 볼 것을 나는 권한다. 그것이 현실적이지 못하면 사용가능한 DVD 수련 프로그램도 몇 가지 있다. 그러나 당신이 어떤 것을 선택하든 간에 당신이 태극권 훈련을 통하여 60여 개의 동작을 익혀 가면 당신은 손과 다리가 바르게 그리고 정확하게 일직선을 이루이야 함을 알게 될 것이다. 이렇게 할 수 있기 위하여 당신의 사범은 주기적으로 당신이 멈추고, 눈을 감고 그리고 당신의 손과 다리의 현재의 위치에 대하여 정신적으로 이미지를 만들어 보라고 말할 것이다. 손과 발의 정확한 위치를 이미지로 떠올려 본 다음 이제 눈을 뜨고 당신이 내적으로 그린 이미지가 실제의 신체 위치와 어떻게 정확하게 대응하고 있는지를 체크해 본다. 내적인 이미지와 외적인 위치가 정확하게 대응하려면 태극권 운동을 몇 년 동안이나 해야 한다.

개인 주변적 공간 PPS를 확대시킬 수 있는 또 다른 일상적인 보기에는 펜으로 쓰는 것과 워드 컴퓨터 처리의 사용을 교대하는 것, 음악 악기 연주를 배우는 것, 스윙을 보다 더 쉽게 할 수 있도록 보다 새것이고 보다 더 가벼운 테니스 라켓을 구입하는 것, 그리고 주말을 자동차 경주 캠프에 참가하여 경주용 카레이스 운전자들이race－car drivers 배우는 것과 같은 고속 통제기능을 배우는 것 등이 포함될 수 있을 것이다. 이러한 보기에 있는 펜, 악기, 테니스 라켓 및 고속 자동차 등은 뇌 안에서 새로운 기능적인 지도를 만들어 내어 신체의 수행을 확대시키고 향상시킨다. 이러한 경험은 맹인이 지팡이 사용에 숙련이 될 때 일어나는 것과 비슷하다. 이러한 새로운 지도를 만드는 데 시간을 더 많이 소비할수록 당신의 실력은 더 늘어난다. 이러한 새로운 지도를 어떻게 형성할 수 있는지에 대한 나의 제안을 따르더라도 최선의 방법은 당신에게 재미있는 활동/운동을 사용하는 당신 자신의 프로그램을 가지는 것이다. 핵심은 우리의 PPS를 구성하는 그러한 뉴런들을 활성화시키는 데 있다.

앞에서 제시한 접근법들의 한 가지 또는 몇 가지를 수행하여 감각기억을 향상시키고 나면 이제는 '일반적인 기억을 증진시킬 수 있는 방법'을 보다 쉽게 실천해 볼 수 있을 것이다.

일반적 기억을 증대시켜라

과학 공상소설의 작가들은 기억이 상실되어 자신이 누구인지를 더 이상 알지 못하는 그러한 인물을 독자들에게 제시하기를 좋아한다. 2000년의 영화인 '메멘토'Memento의 주인공 Leonard Shelby는 불안하고 그리고 영원할 것 같은 현재 속에서 생활하고 있다. 그는 과거 경험은 전혀 기억할 수 없기 때문에 자기 자신이 누구인지를 모른다. 그러나 이러한 심각한 기억상실은 소설의 소재만이 아니다.

한 실제의 환자는(개인 비밀보호를 위하여 이름을 H.M.이라 부르기로 한다) 그의 뇌의 양쪽에 있는 해마와 후측두엽anterior temporal lobe의 부위들을 제거하는 뇌수술을 받은 다음 새로운 기억을 형성하는 능력을 상실하였다. 뇌의 양쪽에 있는 해마를 모두 다 제거해 버린 결과 H.M.은 새로운 기억을 형성하는 능력을 영원히 상실하게 되었다. 의사 선생님을 만날 때마다 그러한 경험은 그에게는 새로운 것이었다. 그의 기억은 너무나 나빠서 자기 모친의 사망 소식을 들은 다음 바로 그러한 정보를 망각해 버리고, 그 이후 몇 년 동안이나 누군가가 그의 모친이 돌아가셨다는 말을 하기만 하면 그때마다 그는 새롭게 슬피 울었다.

크기는 조그마하지만 해마는 인간의 뇌에서 가장 강력한 기관이다. 우리가 학습하는 모든 것들은 해마를 거쳐서 뇌의 다른 부위로 분산된다. 만약에 발작이나 외상적인 뇌 상처의 결과로 당신의 해마가 손상을 입으면 당신은 H.M.의 경우처럼 더 이상 새로운 기억을 형성할 수 없다. 우울증의 경우도 이와 비슷하지만 이때는 심각하기는 덜한 기억손상이 일어난다. 우울증의 경험으로 인하여 해마 위축과 기억 실패가 흔히 일어나게 되는데, 이것을 치매로 잘못 진단하는 경우도 자주 있다. 그러나 원인이 무엇이든지 간에 해마가 손상되면 새롭게 학습한 정보는 자신의 기억에서 잠시 동안 머물다가 바로 자신의 정신적 지평에서 떠내려가 버린다. 더 나쁜 것은 최선의 노력을 하더라도 이렇게 정신적 망각으로 표류해 가는 것을 방지할 수 없다는 것이다.

나는 통상적으로 나의 사무실에서 뇌의 이 부위에 손상이 있다고 생각되는 환자에게 해마의 기능을 검사한다. 나는 이들에게 '사과, 넥타이, 펜, 집, 자동차'와 같은 간단한 다섯 개의 단어를 익히고 기억해 보게 한다. 심각하게 손상을 입은 환자도 몇 번 시도해 보면 즉시적으로는 단어를 반복할 수 있다. 그러나 5분을 지연시켜 익혔던 단어들을 반복해 보라고 할 때 문제가 생긴다: 해마에 손상이 있는 사람은 한 개 단어, 잘해야 두 개 단어 이상을 기억할 수 없다. 반면에 해마가 정상적으로 기능하는 사람은 대개가 다섯 개 단어들을 모두 잘 기억할 수 있다. 해마에 손상을 입은 사람들이 이렇게 기억을 잘못하는 것은 그들의 뇌가 검사하고 있는 단어들을 부호화할 수 없기 때문이다. 부호화할 수 있어야 그것을 단기 저장고에서 붙잡고 있을 수 있다.

최근의 연구에 의하면, 과거의 사건을 기억하는 것과 미래의 사건을 심상心像하는 것들은 모두가 해마가 정상적으로 기능할 것을 요구하고 있다. 예컨대, 건강한 사람을 fMRI로 연구한 것을 보면 과거의 경험을 재생(기억)하는 것과 미래의 경험을 이미지로 심상하는 것은 모두가 비슷한 뇌부위의 네트워크를 활성화시키고 있는데, 거기에는 해마도 포함되어 있다. 해마의 기능장애 때문에 기억이 불완전한 사람은 실제로 일어난 것이 아니면 어떠한 것도 이미지로 심상하기가 어렵다. 이것도 기억–심상하기가 연결되어 있다는 또 다른 증거이다. 예컨대, 해마 관련의 기억 문제를 가지고 있는 사람은 특정의 거리 코너에서 친구를 만나거나 익숙한 식당에서 친구와 같이 식사하는 것을 마음 속에서 떠올려 보기가(심상하기가) 어렵다. 이들에게는 상상한 세계와 회상해 낸 세계가 모두 싱싱한 색채가 아니라 회색의 그늘 같은 것으로 나타난다.

기억과 상상(심상) 간의 연결을 새롭게 발견한 것은 사실 희랍신화에서 예상해 볼 수 있었다. 희랍신화에서 보면 기억의 여신인 '니마신'Mnemosyne은 '뮤즈' 여신muses들을 생산해 내는데 이들은 기억을 통하여 창의적 과정이 생겨나게 한다. 또한 이것은 "상상을 불러일으키기 위한 수단으로 기억을 사용하고, 그리고 역으로 기억을 불러일으키기 위하여 상상을 사용하라"는 전략도 시사해 주고 있다. 창의적인 글쓰기 선생님들은 언제나 이러한 접근에 대한 통찰적인 감각을 가지고 있다. 이들은 학생들로 하여금 기억에서 그들이 알고 있는 사람과 장소에 대하여 아주 구체적인 세부내용들을 생각해 내 보도록 격려한다. 이렇게 하면 글쓰기하는 저자는 자신의 상상 속에서 보다 더 기어 가능한 장면과 인물들을 창의해 낼 수 있다. 이러한 기법을 사용함으로써 저자는 보다 더 그럴 듯한 상상적인 픽션fiction을 만들어 낼 수 있다. 왜냐하면 그것은 그가 기억하는 이전의 경험에서 나온 실제의 사람과 장소에 기초하고 있기 때문이다. 실제의 사람과 장소에 대한 세부내용을 기억해 내려면 저자는 해마에 의존해야 한다.

기억을 강대화시키면 상상력과 창의력도 증진되기 때문에 뛰어난 기억력을 개발하기 위하여 노력하는 것은 매우 가치가 있다.

무엇보다도 가장 간단한 '기억운동'에서 시작해 보는데, 그것은 방금 전에 들었던 것들을 반복해 보는 것이다.

전진적 숫자 범위forward digit span: 친구에게 일련의 숫자를 계속하여 당신에게 읽어 보게 하라. 숫자 시퀀스는 다섯 개에서 시작하여 당신이 정확하게 되풀이하여 반복할 수 없을 때까지 숫자 범위를 전진적으로 늘려가라(6개 숫자, 7개 숫자 등등). 읽어 주는 친구는 숫자들이 서로 같이 묶음이 되지 않도록 주의하며 한결 같이 단조로운 소리로 읽어가야 한다. 읽기가 끝나면 들었던 숫자들을 정확한 순서대로 반복하라.

이 기억운동을 자기 자신이 혼자서 하고 싶으면 5개, 6개, 7개 그리고 8개 숫자로 된 숫자 스트링digits string을 연속하여 읽고 그것을 녹음했다가 몇 시간이 지나서 이들 숫자 스트링을 한 번에 하나씩 읽고 녹음했던 것을 경청해 보라. 각기의 숫자 스트링을 들은 다음 그것을 소리내어 말해 보고 그것을 적어라. 마치고 나면 녹음을 거꾸로 틀어서 당신이 반응했던 것을 경청해 보고 그것이 정확한지를 체크해 보라. 만약에 5개 숫자로 된 숫자 스트링을 정확한 순서로 암송했다면, 이제는 6개 숫자 시퀀스, 다음은 7개 숫자 시퀀스, 다음은 8개 숫자 시퀀스 등등으로 전진적으로 진행해 가라.

이것의 한 가지 대안으로 숫자 스트링을 듣는 대신에 그것을 들여다 봄으로써 청각적 재생이 아니라 시각적 재생을 검사할 수도 있다. 별도의 2×2인치 크기의 종이에다 0에서 9까지의 숫자들을 적고 이들 각기를 카드보드나 플라스틱에 붙인다. 이들 숫자를 테이블 위에 엎어 두었다가 이들 가운데 5개를 고르고, 그런 다음 이들을 뒤집어 무선적으로 한 개의 직선 위에 놓는다. 이제 숫자들을 재빨리 들여다 보았다가 제 자리에 두고 기억에서 이들을 생각해 내어 적는다. 이들을 다시 들여다 보고 정확성을 체크한다. 다음으로 6개, 7개, 8개, 그리고 9개 숫자 스트링으로 늘려 간다.

숫자를 듣고 그것을 다시 반복할 때는 숫자 범위가 길수록 당신의 청각적 처리는 더 좋다는 것이다. 시각적 처리에서도 마찬가지이다: 읽고 난 다음에 적을 수 있는 숫자 스트링이 길수록 당신의 시각적 처리는 더 훌륭한 것이다. 하나의 부수적인 소득이지만, 당신의 청각적 수행과 시각적 수행을 비교해 보면 당신이 주로 시각적인 학습자인지 아니면 청각적인 학습자인지를 빠르게 그리고 비공식적인 방법으로 알아 볼 수 있다. 또한 전진적 숫자 범위는—숫자를 읽는 것이든 경청하는 것이든 간에—당신의 주의집중과 초점을 향상시킬 수 있는 훌륭한 방법이다. 보다 더 중요한 것은 연습을 하면 자신의 숫자 범위를 늘릴 수 있다는 것이다.

정상적인 성인의 평균적인 숫자 범위는 5개 내지 7개란 것을 알면 아마도 당신은 놀랄 것이다. 2세 아의 숫자 범위는 2개이고, 3세 아의 것은 3개이고, 4세 아의 것은 4개이며 이리하여 7세가 되면 숫자 범위는 7개가 된다. 환언하면, 성인들의 평균적인 숫자 범위는 7세에서 확정되며, 그리고 이것은 영어를 쓰는 사람들뿐 아니라 다른 모국어를 사용하고 있는 사람들에게도 마찬가지로 사실이다. 뇌는 단기기억에 7개 항목 이상을 자발적으로 부호화하지 못하게 설계되어 있는 것 같이 보인다. 만약 당신이 이보다 더 낫게 하고 싶으면 연습을 해야 한다.

이 지점에 이르면 당신은 이런 생각이 들 것이다: "무슨 상관이야? 나의 숫자 범위를 증가시켜 무엇하겠다는 것인가?"

이것은 매우 간단함에도 불구하고 숫자 범위는 뇌에서의 정보처리의 초기 단계의 능력을 반영하고 있다. 당신이 학습을 얼마나 잘하느냐는 정보처리의 최초의 단계에서 정보를 얼마나 효율적으로 처리하느냐에 달려 있기 때문에 이것은 중요하다(단기기억의 기초이다). 주의집중을 고조시키면 당신의 뇌가 받아들일 수 있는 정보의 양을(이미 감각기억을 논의하면서 언급해 둔 바와 같이) 증가시킬 수 있다. 만약에 당신의 숫자 범위를 증가시키면 당신의 뇌의 수행을 향상시킬 수 있다. 숫자 범위는 초기 수학과 독서 능력을 신뢰롭게 예측해 준다는 것을 발견해서 우리는 이것을 알게 되었다. 표준화 검사에서의 수행에서도 마찬가지가 적용된다.

숫자 범위를 증가시키면 뇌수행이 향상되는 것이 서로 상관이 있는 것은 놀라운 일이 아니다. 활성화되는 뇌기능 가운데는 주목하기, 집중하기, 차례대로 배열하기 sequencing, 숫자 다루기 그리고 청각적 및 시각적 단기기억 등이 있다.

후진적 숫자 범위 backward digit span: 앞서의 운동들을 반복해 보라. 그러나 이번에는 숫자들을 거꾸로 역순으로 암송해 보라. 이 운동은 당신 혼자서 한다면 당신의 반응을 녹음했다가 반응의 정확성을 체크하는 것이 특별히 중요하다. 왜냐하면 후진적 숫자 범위 운동의 끝 부분 가까이에서는 오류를 범하기 쉽고(시퀀스에 있는 처음 몇 개의 숫자들을 재생해 낼 때) 그리고 당신 자신이 범하는 오류를 의식하지 못할 수도 있기 때문이다.

전진적 및 후진적 숫자 범위 운동을 모두 다 해 보고 나면 정신적으로 숫자들을 역순으로 "읽는 것이" 얼마나 더 어려운지를 느끼게 될 것이다. 많은 사람들은 전진적으로는 7개 숫자를 정확하게 암송할 수 있지만 후진적으로는 5개 이상의 숫자를 암송해 낼 수 있는 사람이 별로 없다. 당신 스스로 한번 해 보라. 이렇게 차이가 나는 이유는? 후진적 숫자 범위에는 숫자를 등록하고 부호화하는 것뿐 아니라 이들을 조작해야 하는 것이 포함되기 때문이다. 당신은 어떤 방식으로 숫자를 계획하고 상상해야 하며 — 사용하는 기억 기술에 따라서 — 그리고 통상적으로 하듯이 왼쪽에서 오른쪽으로 읽지 않고 오른쪽에서 왼쪽으로 "읽어야" 한다. 또한 포함되는 뇌기능이 다를 수도 있다. 전진적 숫자 범위에서는 주의집중과 청각적 단기기억이 작용하지만 후진적 숫자 범위에서는 주의집중과 작업기억이 사용된다.

작업기억working memory은 당신의 주의집중을 다른 어떤 것으로 돌리고 있는 동안에도 그 정보를 나중에 인출해 낼 수 있도록 "온라인 on – line으로 붙잡고 있는 능력이다. 예컨대, 전화를 받고 있으면서 "대기 통화"에 대답하기 위하여 잠시 동안 대화를 중단할 때, 그리고 이것을 마치고 인래의 동화로 돌아올 때 이전에 중단했던 내용으로 되돌아오게 하는 것은 모두가 당신의 작업기억이다. 이와 비슷하게, 숫자 범위를 거꾸로 하여 마지막 숫자에서 첫 번째 숫자로 역으로 할 때는 숫자 스트링에 있는 앞서의 몇 개의 숫자들을 작업기억에서 붙잡고 있어야 끝에 가서 그들을 반복할 수 있다.

단어를 거꾸로 할 때도 이와 비슷하게 어렵다. 예컨대, 'World'란 단어를 정신적으로 그리고 후진적으로 철자를 말해 보라. 이것을 하는 데 당신은 문제가 없을 것이다. 그런 다음 'hospital'로 후진적으로 철자를 말해 보라. 만약에 이것을 정확하게 했다면(녹음기를 사용하여 정확성을 체크해야 한다. P와 S는 흔히 위치가 바뀐다). 다음으로는 'administrator', 다음으로는 'equestrian'을 같은 식으로 해 보라. 대부분의 사람들은 'hospital'과 'administrator'는 해 낼 수 있다. 그러나 'equestrian'을 후진적으로 철자를 말할 때는 허둥댄다.

'administrator'란 단어에는 철자 수가 13개로 대부분의 사람들이 편안하게 거꾸로 할 수 있는 숫자의 상한계인 5개 숫자보다 8개가 더 많다는 것에 주목해 보라. 사람들이 숫자보다 철자를 거꾸로 하기를 더 잘하는 데는 두 가지의 주요한 이유가 있다. 수학자를 제외한 우리들 대부분은 숫자보다는 철자와 단어를 다루는 데 더 많은 시간을 보내고 있다. 또한 대개의 단어는 어떤 의미의 무엇을 나타내지만 숫자 스트링에는 의미가 없다 — 다음에서 서술하려는 기억술을 사용하여 숫자에다 어떤 의미를 부여하지 않는 한.

기억의 예술을 계발하라

자명한 사실이지만 일상의 생활에서 숫자 리스트를 기억하고 그것들을 반복하는데, 전진적이든 또는 후진석이든 간에 많은 시간을 보내는 사람은 거의 없다. 대부분의 시간, 우리들은 다른 사람, 이메일, 인터넷, 또는 기타의 출처에서 새로운 정보를 학습하고 있다. 그리고 우리는 이러한 종류의 기억에 관심을 갖고 그것을 향상시키려고 한다. 또한 기억의 예술the art of remembering을 계발하면 정보를 적어 놓은 것에 너무 의지하는 것에서도 벗어나 균형을 잡을 수 있다.

Plato의 'Phaedrus'에서 Socrates는 이집트의 신 Thamus가 '필기'를 발명한 Thoth 신에 대하여 내리고 있는 판단에 대하여 다음과 같이 자세하게 설명하고 있다: "이 발명은 그것을 사용하려는 사람들의 마음에서 망각을 생산해 낼 것이다. 왜냐하면 자신의 기억을 연습하지 아니할 것이기 때문이다. 자기 자신의 한 부분이 아닌 외적인 문자로 필기한 것에 의존하게 되고 그리하여 자기 안에 있는 자기 자신의 기억을 사용하는 것을 방해할 것이다."

초기 그리스에서 현재까지는 긴 여정이지만 Socrates의 경고는 오늘날에도 여전히 적절하다. 우리가 기억 보조물memory aids에 더욱 더 의존하게 됨에 따라 원래 자연스럽게 가지고 있던 기억력은 사용하지 않아 위축되고 있다. 그리고 이것은 악순환을 이루고 있다: 기억이 떨어짐에 따라 많은 사실들을 종이 위 또는 — 점차 더 보편적인 것이 되고 있지만 — 전자 장비에 저장하게 되고, 그리하여 이것은 다시 기억력을 더욱 약화시킨다. 만약 당신이 보다 더 스마트하게 사고하기를 원한다면, 당신의 기억을 강대화시키고 이러한 과정을 되돌리는 데 보다 더 적극적으로 노력해야 한다.

기억을 증진시키려는 기법들은 모두 다 기억하고자 하는 정보에 어떤 의미를 부여하는 방법을 사용하고 있다. 예컨대, 다음의 숫자 리스트를 꼭 한번 소리 내어 읽고 기억해 보라. 그런 다음 고개를 돌려 이들 숫자들을 바른 순서로 재생해 보라: 일, 사, 구, 일, 육, 이, 오, 삼, 육, 사, 구, 육, 사, 팔, 일. 대부분의 사람들은 15개 숫자 가운데 대개 보아 7개는 기억해 낼 수 있다. 그러나 만약에 이들을 먼저 숫자로 바꾸고(1, 4, 9, 1, 6, 2, 5, 3, 6, 4, 9, 6, 4, 8, 1), 그리고 이들이 '일'에서 '구'까지의 숫자를 제곱한 것을 나타내는 묶음으로 나타낼 수 있다는 것을 알게 되면 당신은 이들 모두를 재생해 낼 수 있을 것이다(1, 4, 9, 16, 25, 36, 49, 64, 81).

당신의 재생(기억)을 증가시키는 또 다른 방법은 당신이 기억하려는 어떤 것에 초점을 두는 것이다. 1970년대에 수행한 한 가지 유명한 실험에서는 자신들이 기억해야 하는 일련의 단어에 대하여 세 가지 유형의 질문 가운데 하나를 질문하였다. 한 가지 유형의 질문은 단어의 시각적인 모습에 관한 것이었다("철자가 대문자 또는 소문자"). 두 번째 유형의 질문은 단어의 소리에 초점을 두고 있다("어느 것과 운율이 맞는가?"). 세 번째 유형의 질문은 단어가 가지고 있는 의미를 탐사하는 것이었다. 나중에 리스트에 있던 단어들을 재인해 낼 것을 요구했을 때 의미에 따라 단어를 부호화했던 사람들은 시각적인 모습이나 소리에 따라 부호화했던 사람보다 훨씬 더 잘 수행하였다.

여러 세기 동안 기억하려는 재료들을 유의미하게 부호화함으로써 기억을 증진시키려는 여러 가지 방법들이 제시되고 있다. 이들 대부분은 기원전 86~82년경 자신의 학생들을 위하여 특수한 기법들을 리스트로 편찬했던 로마의 이름이 알려지지 아니한 어느 선생님에서 기원을 찾을 수 있다.

이 선생님은 자신의 빙법을 *Rhetorica ad Herennium*이라는 저서에서 기술하고 있다. 여기에 있는 "기억의 예술"에서는 기억하려는 항목들을 장소와 이미지에 교묘하게 연결시키고 있다. 만약에 당신이 이 방법을 사용하여 식료품 리스트를 기억하기를 원한다면 어떤 낯익은 방에 대하여 정신적인 그림을 떠 올리고, 그런 다음에 기억하려는 물건들을 그 방안에 있는 어떤 선택한 장소에 가져다 놓아라. 그런 다음 당신 자신이 그 방안을 걸어가면서 당신이 가져다 놓았던 장소에 있는 물건들을 들여다 본다고 상상해 보라. 그러면 당신은 이 방법이 가지고 있는 힘을 바로 확인할 수 있을 것이다.

당신의 거실에 대하여 생각해 보라. 그것에 대하여 할 수 있는 대로 많은 세부내용들을 떠올려 보라. 그러고 나서 다음의 물건들을 이 방에 있는 여러 장소에 가져다 놓아 보라(난로 위, 의자 위, 커피 테이블 위 등): 통나무, 과자, 지갑, 빗, 펜, 넥타이 핀, 반지, 시계 및 구두. 그리고 '이 방안의 각 "위치"locus에 있는 물건들을 분명하게 떠올려 보라. 당신의 이미지가 똑똑할수록 당신의 재생은 보다 더 정확할 것이다.

또 다른 방법은 '이야기 체제'story system를 사용하는 것이다. 기억하려는 항목들을 응집적인 하나의 이야기가 되도록 상상 속에서 짜맞추어 보라. 이야기가 보다 생생하고, 화려하고, 새롭고, 그리고 괴상할수록 당신이 리스트를 기억해 낼 가능성은 더 클 것이다. 예컨대, 위에서 말했던 리스트를 기억하기 위하여 어떤 통나무가 사람처럼 옷을 입고 과자를 먹으면서 거리를 걷고 있다고 상상해 보라. 이 통나무는 상당히 날씬하고 값비싼 구두와 장화를 신고 있다. 18 카렛짜리 금으로 만든 장식품들은(넥타이 핀, 반지, 펜, 그리고 시계) 그가 으스대며, 만족스러운 모습으로 걸어갈 때 햇빛에 번쩍이고 있다. 그러나 모든 것이 그럴 듯한 것은 아니다. 소매치기가 그의 뒤를 따라 오면서 그의 머리카락을 빗어주는 척하면서 통나무의 뒷주머니에 슬그머니 손을 넣어 지갑을 꺼내고 있다. 만약에 당신이 이러한 이미지를 당신의 마음 속에서 분명하게 떠올릴 수만 있다면, 당신은 외우려던 리스트를 지금부터 한 시간, 하루, 또는 일 주일 후에도 암송해 낼 수 있을 것이다. 이것은 만들어 낸 이야기 속에 단어들이 생생하고 기발한 이미지로 서로 연결되어 있어서 기억하기가 쉽게 되기 때문이다.

숫자를 기억할 때도 마찬가지의 원리가 적용된다. 대부분의 사람들은 단어보다 숫자 기억하기를 더 어려워하는데, 그것은 숫자를 정신적으로 "보는 것"은 물건을 심상으로 떠올리는 것보다 쉽지 않기 때문이다. 구두, 시계 그리고 펜은 상상하기가 쉽지만 313이나 4,573과 같은 숫자를 어떻게 정신적인 심상으로 떠 올릴 수 있을까? 여기에도 몇 가지의 방법이 있다.

내가 퍼즐 전문가인 Scott Kim에게 0785621이라는 숫자를 재빨리 거꾸로 해 보라고 했더니 그는 내가 그 숫자들을 읽어주고 1초도 채 안 되어 그것을 해 낼 수 있었다. 그는 이 숫자 스트링에는 일곱 개의 숫자가 들어 있다는 것을 알고 있었기 때문에 621이라는 세 개 단위 숫자 다음에 한 스페이스 띄우고 0785라는 네 개 단위 숫자로 나누었다. 그런 다음 그는 세 개 단위 숫자를 거꾸로 하여 126으로 그리고 네 개 단위 숫자를 거꾸로 하여 5870을 만들어 내었다.

"만약에 자리 숫자의 범위가 더 길었다면 아마도 나는 더 높은 숫자들은 더 높은 음으로 그리고 더 낮은 숫자들은 낮은 음에다 결합시켰을 것입니다"라고 Scott은 내게 설명하였다. "또는 나는 다른 어떤 것을 시도해 보고 숫자들이 격자 위에 자리를 잡고 있는 것을 상상해 볼지도 모릅니다. 또는 나의 운동감각을 사용하여 나 자신이 이들 숫자들을 만지고 있다고 상상해 볼 수도 있을 것입니다. 이때 각기의 숫자들은 나름대로의 독특한 "느낌"들을 가지고 있지요."

다른 사람들은 또 다른 전략들을 사용하기도 한다. 기억 마법사인 Rajan Mahadevan은 전화 지역번호를 기억하는 것을 토대하여 나름의 기억 체제를 고안해 내고 있다. 212를 기억할 때는 New York시와 결합시키고, 202는 Washington, 410은 Baltimore 등으로 결합시켜 연상하는 것이었다.

숫자를 기억하는 방법으로 내가 좋아하는 것은 숫자를 이미지로 바꾸었다가 이미지를 다시 숫자로 바꾸어 숫자를 기억해 내는 것이다. 이 방법의 요령은 다음과 같다:

0에서 10까지의 숫자에 대하여 그와 운율이 맞는 단어를 사용하고 있는 다음과 같은 이미지들을 기억하라(역자 주: 영어 단어의 운율은 한국어의 것과 다르기 때문에 아래에서는 영어로 예시한 것과 함께 이와 비슷한 것으로 한국에서 전통적으로 사용하고 있는 한국어의 것도 같이 제시해 본다.)

0-Hero / 영웅, 영감님

1-Sun / 태양, 할머니

2-Shoe / 구두, 두부 장수

3-Tree / 나무, 새색시

4-Door / 방문, 냇가(에서)

5-Hive / 벌집, 다람쥐

6-Sticks / 지팡이, 여학생

7-Heaven / 하늘, 일본 놈

8-Skate / 스케이트, 열무 장수

9-Vine / 넝쿨, 아이들

10-Hen / 암탉, 엿 장수

숫자의 발음과 그에 대응하는 단어는 운율이 맞기 때문에 이들 리스트를 기억하기란 쉽다. '0'을 볼 때마다 Leonard, DiCaprio 또는 당신이 좋아하는 영화 속의 '영웅'('0'에 운율이 맞는 Hero)을 상상해 보라. '7'을 볼 때는 하늘Heaven 속 구름 위를 떠다니면서 하프를 연주하는 천사를 상상할 수 있다. 이러한 이미지가 마음에 들지 않으면, 빵 덩어리를 머리 속에서 그림 그려 보라: 'leaven'(효모)은 '7'에 대하여 'Heaven' 대신에 사용할 수 있는 동운어 단어이기 때문에 발효가 잘 된 빵 덩어리를 떠올릴 수도 있을 것이다. 기타 여덟 개 숫자들은 아주 보편적인 이미지를 포함하고 있기 때문에 기억하기가 더 쉽다.

예컨대, 숫자 스트링 2023627834를 이 시스템을 사용하여 기억해 보라. 한 가지 방법은 다음과 같다. 처음에 있는 세 개의 숫자를 Leonard, DiCaprio가 양손에 구두shoe를 잡고 있는 이미지로 묶음해 보라. 36을 기억하기 위해서는 전동 톱으로 나무tree를 잘라 나무 막대기 더미를 만들고 있는 그림을 그려보라. 27을 위해서는 어떤 선녀가 구두shoe 모양으로 하프를 연주하고 있는 것을 상상해 보라. 834를 위해서는 얼음이 얼어 있는 연못이 나무 모양을 이루고 있는 코스로 스케이팅skates해 가다가 창고 문간door에 부딪치는 것을 상상해 보라. 다른 종류의 이미지도 마찬가지로 괜찮을 것이다. 사실, 당신 자신이 만든 이미지일수록 기억하기가 더 쉽다. 왜냐하면 이러한 이미지를 만드는 과정에서 당신은 '결합'association과 '정교화'elaboration를 이용할 것이기 때문이다. 이들 두 가지는 기억을 위한 기법에서 가장 기본적인 것이다.

단어나 이름을 친근한 어떤 것에 연결시키면, 당신은 '결합'(예컨대, 이름과 얼굴에 결합시키기)을 연습하게 된다. 어떤 때는 결합을 쉽게 할 수 있다. 내가 아는 어떤 피부과 전문학자의 이름은 David Spot이다: 20세기 중반에 있었던 가장 유명한 신경과학자는 W. Russell Brain이었다. 그런데 이들 이름을 기억하는 데는 문제가 없다. 그러나 미국 정신의학학회의 나의 후임 회장인 Paula Trzepacz와 같은 이름은 이미지로 바꾸기가 쉽지 아니하다.

정교화는 또 다른 기본적인 기억 기법이다. 기억하려는 것에다 의미를 더 많이 부여할수록 보다 성공적으로 그것을 기억해 낼 수 있을 것이다. 이렇게 하는 하나의 방법은 숫자를 재생해 내기 위한 하나의 코드code가 될 수 있는 '문장'을 만들어 내는 것이다. 가장 유명한 보기는 영국의 수학자 Sir James Jeans가 원주율 'π'를 나타내기 위하여 만든 다음과 같은 문장이다: "How I want a drink, alcoholic of course, after the heavy lectures involving quantum mechanics!" 이 문장에 있는 각 단어가 가지고 있는 철자의 수는, 단어들을 차례대로 읽어 가면, 각 단어의 철자의 수는 '파이'(π)의 소수점 아래에 있는 14개 자리에 있는 각기의 수치와 같다. 그것은 3.14159265358979이다.

나는 의과대학 다닐 때 다음과 같은 문장을 기억해서 12개의 뇌신경의 이름을 기억했는데, 이것도 앞서의 기법과 비슷하다: "On Old Olympus's towering tops a Finn and German vied at hops." 각 단어의 첫째 철자는 각 뇌신경의 첫째 철자와 같다(Olfactory 후신경, optic 시신경, oculomotor 동안신경, trochlear 활차신경, trigeminal 삼차신경, abducens 외전신경, facial 안면신경, auditory 청신경, glossopharyngeal 설인신경, vagus 미주신경, accessory 부신경, 그리고 hypoglossal 설하신경).

이러한 여러 가지의 기억 "기술"들은 어떠한 공통점을 가지고 있는가? 각기의 방법은 기억하려는 정보에 주의집중할 것을 요구하고 있다. 이것은 예컨대 이름과 같은 것을 성공적으로 재생해 내는 데 핵심적인 필요조건이다. 이름을 재생해 내는 데 실패하는 것은 대부분 기억실패가 아니라 부주의한 것의 결과이다. 이미 앞에서 언급한 바와 같이 어떤 사람의 이름을 소개받고 얼마의 시간이 지나서 그것을 기억하지 못하는 것은 사람을 소개받을 때 아마도 제대로 경청하지를 않았기 때문이다. 정신 차려 듣지 않았기 때문에 나중에 그것을 기억하지 못하는 것이다. 가까이에서 경청하고, 이름을 다시 말해 달라고 요구하고, 마음 속으로 그것을 반복하고 그리고 마지막으로 이름과 얼굴을 연결시키는 이미지를 만들어 내는 것 — 이러한 단계를 거친다면 나중에 재생해 낼 수 있는 확률은 크게 증가할 것이다.

우리들 자신은 뇌의 조직으로 볼 때 시각적인 존재이기 때문에(뇌에서 시각적 정보를 전달하는 섬유질 통로의 수는 감각 성보들을 전달하는 다른 어떠한 형태의 것보다 섬유질 통로의 개수가 훨씬 더 많다), 기억하려는 것을 시각적인 형태로 바꾸면 기억할 수 있는 가능성이 커진다.

이름을 정확하게 기억해 낼 수 있는 가능성은 완전하고 심지어는 괴상한 이미지를 사용하면 더욱 증가한다. 기억 전문가들은 어떤 유형의 정보라도 그림으로 전환시키는 능력이 뛰어나다는 점에서 우리들 대부분과는 차이가 있다.

교재의 재료를 기억하는 유용한 방법에는 PQ4R이 있는데, 이것은 거기에 포함되어 있는 단계들을 나타내는 약성어이다. 첫째, 장章을 빠르게 전체적으로 제목들을 주목하면서 기억하려는 페이지들을 사전 개관한다preview. 다음으로, 읽은 것에 대하여 질문을 만들어라 questions. 그런 다음 4R, 즉 4개의 R들을 수행하라: 제기한 문제에 대한 대답을 찾으면서 읽어라read: 읽었던 것을 반성해 보고reflect 그것을 적용할 수 있는 보기를 찾아보라; 그것을 학습한 다음 재료들을 암송해 보라recite. 이렇게 해 보는 가장 손쉬운 방법은 방금 읽었던 책을 옆으로 밀쳐 두고 재생하고 암송해 보는 것이다. PQ4R의 마지막 단계는 복습하는 것이다review: 재생해 보고 핵심내용을 요약한다. 만약에 녹음기를 사용한다면 PQ4R을 더 잘 사용할 수 있다. 이렇게 하면 정보가 시각적 통로와 언어적 통로 모두를 통하여 뇌에 들어갈 수 있다.

나는 PQ4R 방법을 정규적으로 사용하는데, 그래서 그것의 효과를 보증할 수 있다. 나는 신경정신과 전문의 시험을 칠 때도 배경되는 책들을 빠르게 읽고, 읽은 것에 대하여 질문을 만들고 그리고 이러한 질문을 녹음기에 대고 말하는 식으로 공부하여 준비하였다. 다음으로 텍스트에서 대답을 찾고, 내가 방금 학습한 것이 내가 돌볼 환자들에 대하여 어떤 함의를 가지고 있는지를 소리 내어 녹음하면서 반성해 보았다. 다음으로, 내가 공부하고 녹음했던 것을 암송하였다. 마지막으로 모든 것을 소리 내어 요약하고 복습하였다. 다음 몇 주 동안에는 틈이 나면 녹음했던 것들을 듣거나(운전 중) 또는 좀 더 한가로운 시간에는 녹음기에서 요약하고 있는 내 목소리를 경청하면서 필기해 두었던 재료들을 복습하였다.

당신의 기억을 더욱 더 강대화시키기 위하여 나는 당신 자신의 보조(페이스, pace)에 따라 할 수 있는 두 개의 공식적인 기억코스를 제시해 보고자 한다. 단기의 초보 과정은 암스테르담 대학교 University of Armsterdam 의 신경 및 인지 모형화 그룹 Neural and Cognitive Modeling Group 의 웹사이트인 www.NeuroMod.org에서 해 볼 수 있다. 여기서는 Jaap Murre 교수가 기본원리들을 논의하고 있다. 이 사이트를 방문하여 "Human Memory"를 클릭하여 "online memory improvement course"를 선택하여 사용할 수 있다.

보다 고급의 코스는 Kevin Jay North의 "www.Thememorypage.net"에서 만나 볼 수 있다. 이 사이트를 방문하여 "Tutorials"를 클릭하여 "How to improve your memory"를 선택하라. 여기에는 리스트와 숫자를 기억하는 새로운 기법뿐 아니라 '페그 단어' peg words 의 활용에 관한 지시도 같이 들어 있다. 나는 그가 말하는 것들 가운데 독서 파지를 향상시키는 요령이 특히 유용하다고 생각하였는데, 이것은 메인 메뉴에서 "Tips & Tricks"를 클릭하면 찾을 수 있다. North는 "Memory Master Training Course"(기억 마스터 훈련 코스)도 무료로 연결해 주고 있는데, 이 코스는 기억 기법들을 한 권의 책과 같은 길이로 자세하게 다루고 있다. 그리고 순수한 놀이 목적으로 카드놀이 기법의 적용과 이들 방법을 학습한 다음 당신이 습득한 기능 수준을 온라인에서 테스트하는 것들도 포함되어 있다.

기억에는 외적인 한계가 있는가?

앞에서 제시한 방법들을 사용하여 당신이 기억을 향상시키고 나면 아마도 당신은 다음과 같은 질문을 하게 될 것이다: "내가 성취해 낼 수 있는 최대의 기억의 수행은 어느 정도일까?"

이러한 질문에 대한 대답을 찾기 위하여 나는 Morley Safer의 '60 Minutes'란 프로그램에서 Daniel Tammet와 인터뷰하는 것을 시청해 보았다. 그는 오늘날 전 세계적으로 살아 있는 50명의 진짜 기억 전문가 가운데 한 사람이다. 와이어 문양의 안경테, 튀어나온 앞 이빨, 짧게 자른 머리의 Tammet은 대부분의 사람들이 가지고 있는 전문석학의 이미지와 맞아 떨어졌다. 그러나 Tammet은 전형적인 전문석학들과는 몇 가지가 달랐다. 그는 정신박약자는 아니지만 '아스퍼거 증후군'Asperger's Syndrome을 앓고 있었다. 이 증후근은 대인 장면에서 침착하지 못하고 어려움이 있고 때로는 괴상한 재능과 관심을 보여주는 것을 특징으로 하는 자폐증의 한 가지 형태이다. 예컨대, 아스퍼거 증후군을 갖고 있는 사람은 흔히 무엇인가를 강박적으로 수집하는 사람들에게서 발견할 수 있다. 그러나 이들이 수집하고 있는 것은 일반인들이 별로 관심을 가지지 아니하는 뜻밖의 것들이다(예컨대, 병뚜껑). 흔히 이러한 아스퍼거 증후군을 앓고 있는 사람은 기억이나 수학과 같은 특별한 영역에서 우수한 지능을 보여주고 있다. 그러나 이들의 사고과정은 상상과 감정이입에서 결점을 가지고 있다.

인터뷰를 하는 동안 Tammet는 부끄러워했지만 그러나 기분이 좋은 것 같았고 편안한 자세로 대담을 나누고 있었다. 이것은 직업적인 성공과 사교솜씨 덕분인 것 같으며 이런 점에서 그는 아스퍼거 증후군의 다른 사람들과는 구분이 되었다. 그는 웹web에서 현재 언어지도 사업을 성공적으로 경영하고 있다.

Tammet이 자기 자신을 세계적으로 유명하게 만든 뛰어난 기억 수행에 대하여 기술하고 있는 것을 시청하면서, 나는 두 가지의 생각이 떠올랐다. 첫째, Tammet와 같은 전문 거장의 기억 수행은 우리가 단순히 게으름을 중단하고 추가의 노력을 하여 할 수 있는 그런 종류의 것이 아니었다. 이것에 대하여 확신을 가지려면 '파이'의 숫자를 할 수 있는 대로 많이 암송해 보라. 삼각법 수학에서는 편리하게 반올림하여 '파이'의 근사치로 3.14를 사용하고 있지만 파이는 소수점 이하의 숫자가 무한히 계속되는 무한수이다. Tammet는 그의 자서전 『푸른 날에 태어나서』*Born on a Blue Day*에서 이렇게 말하고 있다: "설령 어떤 사람이 적을 종이가 지구만큼 큰 것을 가지고 있다 하더라도 '파이'의 모든 숫자들을 정확하게 적어내는 것은 불가능하다."

파이가 무한수임에도 불구하고 기억의 전문 거장들은 파이의 숫자를 가장 길게 암송해 내려는 경쟁을 멈추지 않고 있다. 이들은 여러 가지의 기법들을 사용하고 있다. 이미 앞에서 언급한 바와 같이 14개 자리까지는 누구나 쉽게 암송해 낼 수 있다. 이 방법은 숫자를 거기에 대응하는 철자의 개수로 이루어져 있는 단어로 만들어 이들이 다시 문장이 되게 전환시켜 기억하는 것이었다. 또 다른 사람은 숫자들을 자신의 흥미와 인생 경험에 따라 친근한 형태로 전환시키고(운동 수행 기록들, 역사적인 일자, 우편 번호) 그리고 이러한 숫자 시퀀스를 장기기억에다 저장하는 것이다. 이러한 전환과정을 사용하여 인도의 수학자 Rajan Mahadevan은 1981년에 파이의 숫자를 31,811개까지 차례대로 정확하게 재생해 내었다.

2004년 3월 14일—'국제 파이 날'International Pi Day에, Tammet은 유럽의 기록을 넘어서 파이의 숫자를 가능한 대로 많이 기억하여 암송해 보라는 도전을 수용하였다(당시 유럽의 기록은 22,500개였다). 그런데 Tammet의 방법은 전환과정이 훨씬 더 단순하였다.

"내가 숫자들의 시퀀스를 보게 되자 나의 머리는 색채, 모양, 그리고 천들로 채워지기 시작하여, 이들은 자연스럽게 함께 짜여져 하나의 시각적인 풍경을 형성하였다. 각 단위 숫자를 재생해 내기 위하여 나는 그냥 내 머릿속에서 상이한 모양과 천들을 거슬러 회상하여 거기에서 숫자들을 읽어내었다."

이 이야기에서 분명하게 드러나듯이 Tammet는 자신의 수행을 공감각, 특히 문자소—색채 공감각grapheme–color synesthesia에 기초하여 하고 있는데, 여기서는 숫자와 알파벳의 개별 철자들이 채색이 된 것으로 지각된다. "나는 숫자들을 형태, 색채, 천, 그리고 운동 등으로 본다"라고 Tammet은 말한다. 그는 또한 숫자—형태의 공감각number–form synesthesia도 사용하고 있다: 그는 숫자를 생각하면 마음 속에서 정신적인 지도가 자동적으로, 그리고 불수의적으로 튀어나온다. 그리하여 숫자들은 수평선에 따라 일렬로 제시되어 있지 않고, Tammet이 말하는 바와 같이 "숫자들이 시퀀스가 더욱 길어지면 나의 숫자 풍경은 보다 더 복합적이게 되고 층을 이루게 되며, 드디어 — 파이의 경우처럼 — 이들은 내 마음 속에서 숫자들로 이루어진 하나의 전체적인 국가 같이 된다."

5시간 9분이 걸려 Tammet은 22,514개 숫자를 암송하여 이전에 가지고 있던 영국과 유럽의 기록을 넘어서게 되었다. "암송을 해 가면서 나는 색채와 형태, 천과 동작들이 이루는 시각적인 흐름 속에 빨려들어가는 것을 느끼면서 드디어는 숫자로 된 풍경에 둘러싸이게 되었다."

내 생각에는 Tammet의 기억 기술은 공감각을 가지고 있지 아니한 우리들이 가질 수 있는 그러한 것이 아니라고 생각한다. 그럼에도 불구하고 "규칙과 형태를 확인하고 세부내용을 분석하려는 강력한 동기와 함께 거기에 전념하는 마음"을 개발하라고 말하는 그의 충고를 따른다면 우리들 자신의 기억을 그래도 상당히 향상시킬 수 있다고 생각한다. 이렇게 하는 데 도움이 될 수 있는 몇 가지의 규칙들은 다음과 같다:

1. 주의 집중하라. 다른 모든 것은 제외하고 당신이 학습하려는 정보에 정신적으로 집중하라.
2. 기억하고 싶은 새로운 정보를 접하면, 가능한 대로 많은 감각 기능들을 사용하라. 이름이나 사실을 말하고 있는 당신 자신을 경청하고; 그것을 기록하고; 적었던 것을 소리 내어 읽어 보고; 마지막으로 당신이 잘 쓰는 손의 집게 손가락을 사용하

여 그것을 다른 손의 손바닥에다 적어보라. 이러한 시퀀스를 거치면 정보는 시각적, 청각적 및 촉각적인 감각 채널로 같이 흘러 들어가게 된다.

3. 기억하고 싶어하는 정보를 이미지(심상)로 바꾸어 보라. 이미지는 신기하고 내용이 특별해서 매력적인 것일수록 좋다.
4. 당신의 생활경험에 있는 세부내용들에 바탕하여 당신 자신의 기억 보조 방법을 만들어라. 그렇게 하는 것은 낯익지 아니한 정보를 당신에게 독특한 어떤 것에 대한 이미지와 연결함으로써 낯익지 아니한 정보를 붙잡는 데 목표가 있다. 당신에게 독특한 어떤 것이란, 예컨대 거실의 배치나 기타의 친근한 장소 같은 것들이다. 이러한 방법을 사용하여 당신이 학습하고 싶은 정보들을 방안에 있는 핵심적인 장소에 배치했다가 나중에 기억해 낼 때는 당신 자신이 방안을 정신적으로 쭉 둘러보면 된다.
5. 숫자를 기억할 때 사용할 수 있는 기억 페그 리스트memory pegs를 익혀라. 앞에서 "1-할머니"와 같은 하나의 보기를 들어 두었지만 당신 자신이 숫자와 운율이 맞는 단어를 쉽게 생각해 낼 수도 있다.

마지막으로 망각에 대하여 몇 마디 해 두었으면 한다. 우리는 왜 망각할까? 이전에는 시간이 지나면 "기억 붕괴memory decay된다는 것이 인기 있는 설명이었다. 그러나 모든 것을 시간의 경과로 설명하는 것은 만족스러운 설명이 아니다. 이것은 오랜 시간이 경과하면 자동차에 녹이 스는 것과 같은 설명이다. 녹이 스는 것은 시간이 경과해서 생기는 것이 아니라 금속에서 일어나는 산화과정의 결과이다. 녹이 스는 것과 마찬가지로, 망각도 단순한 시간의 경과 이외의 다른 어떤 것이 요구된다. 망각을 시간 관련의 붕괴의 산물로만 보는 것은 기억이란 때로는 시간이 지나도 회복되고 또는 회상reminiscence, 심리치료, 또는 기타의 방법으로 회복시킬 수 있다는 사실과도 모순된다.

현재 망각에 대한 가장 인기 있는 이론은 후진적 간섭retroactive interference이다: 새로운 정보는 이전의 정보를 간섭하고 대치된다. 예컨대 5일 전에 당신이 점심 식사로 무엇을 했는지 기억하는가? 그날의 점심이 특별한 경우의 것이 아니었다면 당신의 기억에서 그날 먹었던 점심을 지난주 먹었던 다른 점심들과 구분해 내기는 어려울 것이다. 당신의 생활이 보다 더 활동적일수록 후진적 간섭을 극복하기는 더욱더 어려워질 것이다. 여기에서 우리는 엄청나게 효과적인 기억 기법을 생각해 볼 수 있다: 비슷한 장면들을 서로 차별되는 특징을 통하여 — 아무리 사소한 것이라도 — 정신적으로 연결시켜 기억하는 것이다. 예컨대, 어떤 날의 점심에서 먹었던 음식이 특별한 것이 아니라 하더라도, 그때 나누었던 대화나 정보 또는 기타 그날 점심 때 있었던 특별한 일과 연결시키면 당신의 기억에서 아주 두드러진 그러한 전체적인 경험을 만들 수 있을 것이다. 핵심은 차별되는 특징적인 측면들을 발견하거나 만드는 것이다. 이제 이렇게 할 수 있는 몇 가지 방법들을 살펴보자.

작업기억을 향상시켜라

전화번호의 숫자가 왜 일곱 단위의 것인지 궁금해 한 적이 있는가? 19세기의 철학자 William Hamilton 경이 제일 먼저 지적한 바와 같이 사람은 일곱 단위 이상이 포함된 숫자들은 일반적으로 보아 기억하기 어려워 한다: "만약에 한줌의 공깃돌을 마루에 집어 던지면 당신은 한꺼번에 여섯 개 이상을 보기가 어려울 것이고 잘해야 일곱 개를 볼 수 있을 것이다."

Hamilton이 수행한 별로 세련되지 못한 실험을 확인해 낸 것은 프린스톤Princeton 대학교의 심리학 교수인 George Miller의 1956년도 논문이었다. 논문의 제목은 "신비의 수 7, 플러스 또는 마이너스 2"였다. 사람들은 7개 단위의 범위를 넘어서는 숫자는 더 작은 숫자들로 묶음하여 알아볼 수 있는 시퀀스나 단어로 나누어서 했는데, 이 과정을 그는 "결집"chunking이라 불렀다. 일곱 단위를 초과하는 숫자에서는 결집은 없어서는 안 되는 불가결한 도구이다. 심지어는 전화번호와 같이 일곱 단위 숫자도 두 개의 "결집"으로 나누고 있다: 처음에 세 개의 숫자가 나오고 이어서 구두점이나(숫자를 말할 때) 빈 공간으로(숫자를 필기할 때) 끊은 다음에 나머지 네 개의 숫자가 나온다. 이러한 기억법은 이미 앞에서 언급한 바 있는 Scott Kim이 사용했던 것이다. 국제전화의 경우는 몇 개의 결집을 추가적으로 기억해야 한다.

결집을 하면 숫자들을 뇌 속에 계속하여 부호화하면서 이전의 숫자들을 모두 "마음 속에"유지하기가 훨씬 더 쉬워진다. 예컨대, 어떤 사람이 당신에게 전화번호를 말해 줄 때 만약에 당신이 처음부터 끝까지 올바른 시퀀스로 그들을 마음 속에 보존할 수 없다면 당신은 전화 다이얼을 돌릴 수 없을 것이다. 앞서 부호화한 항목들을 보존하면서 새로운 항목들을 부호화해 가는 과정은 "작업기억" working memory에 달려 있다. 대개 보아 이것이 일반 지능과 추리 reasoning의 기초라 간주하고 있다. 왜냐하면 마음 속에 최대한 많은 수의 항목들을 붙잡을 수 있는 사람은 어떤 문제가 가지고 있는 다중적인 측면들을 동시적으로 고려할 수 있는 뛰어난 능력을 가지고 있기 때문이다.

작업기억이 실패하는 동안 무엇이 일어나는지는 당신의 PC에서 워드 프로세싱 word processing하는 것에 유추해 볼 수 있다. 워드 프로세서 word processor에서는 한 문건에서 다른 문건으로 이동해 가더라도 주의집중하지 아니하고 있는 문건도 여전히 당신이 접근가능하다. 당신이 해야 할 것은 두 개의 문건들을 모두 다 "마음 속에" 간직할 수 있기 위하여 문건 1과 문건 2를 비녀로 끼우듯이 연결시키는 것이다. 그러나 만약에 당신이 두 번째 문건으로 이동할 때 첫 번째 문건을 덮어 버리면 첫 번째 문건은 즉시적으로 인출해 낼 수 있게 더 이상 가용하지 아니하다. 작업기억에서의 실패는 이와 같은 것이다: 다른 문건으로 이동할 때 첫 번째 문건을 온라인에서 붙잡고 있지 않고 닫아 버리는 것과 같다.

예컨대, 당신의 사무실에서 미팅을 하면서 직원에게 중요한 사항을 말하려고 하는 순간 비서가 인터폰으로 메시지를 보내서 방해를 받았다고 생각해 보라. 그 메시지를 받고 난 다음 당신은 방해를 받기 방금 전에 무슨 이야기를 하려고 했는지를 잊어버릴 수도 있다. 이러한 "간섭효과"는 작업기억의 실패에서 결과한다. 당신은 두 번째 문건으로 이동할 때(비서로부터 받은 인터폰 메시지) 잘못해서 첫 번째 문건을 덮어버린 셈이다(사무실에서 직원에게 말하려고 했던 내용). 그러한 결과로 이제 사무실 회화로 되돌아와서 간섭받기 전에 말하려 했던 것을 인출해 내려고 할 때, 당신은 실패하게 되는 것이다.

사람들이 가지고 있는 작업기억의 최대의 적은 주의산만distraction이다. 누가 전화번호를 말할 때 당신이 다른 무엇을 생각하고 실제로 그것을 경청하지 않는다면 그 전화번호는 당신의 뇌에 부호화되지 아니할 것이다. 이러한 주의산만은 시초의 부호화 과정에서 기억을 강화하여 통합하는 것을 간섭하기 때문에 당신은 나중에 그것을 인출해 내지 못할 것이다.

복수의 작업을 하는 다중작업multitasking은 효율적인 것이 아니지만, 만약에 우리가 다중의 과제들을 "마음 속에" 보존하려고 의도적으로 노력을 한다면, 그것은 작업기억을 강대화시킬 수 있는 잠재력을 가지고 있다. 다중 과제를 숙련되게 수행하는 사람은, 만약에 그가 작업기억에서 첫 번째 활동을 보존할 수 있다면, 하나의 활동에서 다른 것으로 이동해 갈 수 있다. 이러한 결과로, 숙련되게 복수의 과제들을 수행할 줄 아는 사람은 비서의 간섭을 받기 바로 전에 말하려고 했던 내용을 기억하는 데 문제가 없다.

작업기억의 결손은 주의결손/과잉활동 장애ADHD를 가지고 있는 사람들이, 아동은 물론이고 성인들도, 주의산만하고 학업성적이 부진한 기초적인 이유이다. 독서문제도 작업기억의 문제에서 생긴다: 한 문장의 앞 부분에 있던 단어들이 그 독자가 그 문장의 끝에 도달하는 시간에 재생해 낼 수가 없게 되면 독서이해는 불가능하다.

많은 고전적인 기억 연습memory exercises들은 실제로는 작업기억을 연습하는 것이다. 내가 환자의 작업기억을 테스트하기 위하여 내 사무실에서 사용하고 있는 한 가지의 보기를 들어 본다: 다음의 네 개의 항목들을 외워 보라: 사과, 관용, 존슨 씨Mr. Johnson, 터널. 초시계나 기타의 시간 측정기에다 5분을 설정하고 나서 이전에 읽고 있던 어떤 것으로 되돌아가서 독서하라. 초인종 소리가 들리면 이제 이들 네 개의 항목들을 소리 내어 암송해 보라. 이렇게 하기 위해서는 움직이는 애니메이션animation을 정지시켜 놓은 것처럼 이들 항목들을 보존해야 한다: 재생할 수 있게 가용해야 하지만 그러나 항목들을 재생해 낼 것을 신호해 주는 초인종 소리가 나기 전에 읽었던 페이지를 이해하는 능력을 방해하지 않을 정도로만 "마음 속에" 가지고 있어야 한다.

작업기억을 기억일반과 구분하기 위하여 다음과 같이 생각해 보라: 위의 보기에서처럼 당신이 다른 어떤 것에 주의집중하는 동안 어떤 항목을 "마음 속에" 붙잡고 있어야 한다면 당신은 작업기억을 사용하고 있는 것이다. 단순히 과거의 어떤 것을 재생해 내어야 한다면 ("미국의 16대 대통령은 누구인가?"), 그것은 일반기억을 테스트하는 것이다. 우리가 정보를 정신적으로 조작할 때는 언제나 작업기억이 요구된다. 예컨대, 다음의 숫자들을 기억해 보라: 238538392. 이제 하나의 연습활동으로, 어떤 것도 쓰기 하지 않고 가장 낮은데서 가장 높은 것의 시퀀스로 이들을 재배열해 보라(223335889).

일반기억과 작업기억을 구분하는 또 다른 보기로 Harry Truman 대통령 다음에 있는 대통령들의 이름을 모두 차례대로 재생해 보라. 이것은 일반기억을 요구하는 것이다. 이제는 이 리스트를 마음 속에 확실하게 가지고 있으면서 연필이나 종이를 사용하지 아니하고 이들 이름을 알파벳 순서로 재배열해 보라(Bush, Bush, Carter, Clinton, Eisenhower, Ford, Johnson, Kennedy, Nixon, Reagan, Truman). 이 보기에서 당신은 재배열하는 것을 정신적으로 수행하기 위하여 작업기억을 사용해야 한다.

물론이지만 일반기억과 작업기억을 언제나 분명하게 구분할 수 있는 것은 아니다. 이들 두 가지 기억을 동시에 사용해야 할 때도 있다. 예컨대, 브리지 카드놀이bridge를 하면서 게임에 있는 모든 카드들을 의식하고 있다면 당신은 작업기억을 사용하고 있는 것이다. 만약에 당신이 몇 달 전에 했던 카드놀이에서 현재 당신이 가지고 있는 것과 비슷한 카드를 들었을 때 판이 어떻게 되었는지를 생각하고 있다면 당신은 일반기억을 사용하고 있다.

작업기억과 일반기억은 거기에 수반하는 뇌통로가 다르다. 일반기억에 저장되어 있는 정보는 시초에는 해마에서 부호화되어 나중에 측두엽과 두 개의 반구에 있는 기타의 부위로 배포된다. 일반적 기억은 뇌의 전체에 배포되기 때문에 — "감각 중추"memory center 안에서 부호화되지 아니하고 — 망각은 갑작스런 과정이 아니라 점차적이다.

예컨대, 당신은 대학을 졸업할 때 있었던 모든 세부내용들을 갑자기 망각하지 않는다. 그 보다는 한 해 한 해 세월이 가면서 당신의 일반기억은 덜 정확해지고 덜 신뢰로워진다. 그것은 대학을 졸업할 때의 기억은 어떤 특정한 부위에 국한되어 있지 않고 뇌 전체에 광범위하게 배포되어 있기 때문이다. 이렇게 일반기억은 광범위하게 배포되어 있기 때문에 심리학자들은 일반기억을 레이저laser로 생산해 낸 삼차원 이미지인 '홀로그램'hologram에 비교하고 있다.

홀로그램은 전체의 이미지를 홀로그램의 부분들을 가지고 재구성해 낼 수 있다는 성질 때문에 통상적인 사진과는 다르다. 만약에 홀로그램을 두 개나 그 이상의 조각으로 나누면 이들 부분들에서 나타나는 이미지는 덜 분명해지게 된다. 그러나 원래의 사진을 여러 번 나누어도 완전히 사진이 사라지지는 않는다. 일반기억도 뇌 전체에 광범위하게 배포되어 있기 때문에 이것과 비슷하다.

반면에 작업기억은 정보의 흐름에서 보아 뒤의 지점에서 형성된다. 해마에서 부호화되고 뇌 전체로(주로 두 개의 반구로) 광범위하게 배포된 다음, 작업기억은 전두엽에서, 특히 등쪽 측면에 있는 배외측 전전두엽dorsolateral prefrontal cortex에서 활성화된 상태로 유지된다. 작업기억이 향상되면 포도당의 신진대사율은 감소한다. 그러면 이렇게 감소하는 것을 어떻게 설명할 수 있을까?

뇌의 수행이 향상되면 뇌 활성화가 감소한다는 것은 우리의 뇌는 연습을 하면 수행을 향상시키기 위하여 보다 열심히 일하지 않아도 된다는 것을 의미한다. 이러한 과정은 자동차 운전을 배우는 것에 비교해 볼 수도 있다. 운전의 경험이 많아질수록 의식적으로 주의집중하는 것을 덜 해도 된다. 이전의 운전 경험에 기초하여 별로 의식적으로 생각하지 않고서도 옆에 오는 자동차에 반응하고 운전을 조정할 수 있다. 당신이 운전할 때의 뇌를 fMRI로 촬영한 것을 보면 당신의 운전 기능이 증가하면 전전두엽에서의 활동이 감소됨을 보여주고 있다. 뇌 활성화는 피험자들이 컴퓨터 게임하기를 배우고 있는 실험에서도 이와 유사하게 감소하였다. 시초에는 그들의 전전두엽의 신진대사율이 높았지만, 그러나 이들이 게임에 익숙해지자 이 부위에서의 포도당 신진대사율은 유의하게 낮아졌다.

작업기억은 주로 전두엽에서 실행되고 그리고 이들은 나이가 들면 사용하지 않아서 기능이 쉽게 위축될 수 있기 때문에 작업기억의 기능을 향상시키기 위하여 할 수 있는 모든 것을 하는 것이 중요하다. 작업기억 활동을 연습하면 두 가지의 이득을 얻을 수 있다: 이러한 연습을 하면 전두엽이 퇴화하는 것을 막고, 이것은 다시 당신의 작업기억 기능을 향상시킬 수 있다.

이처럼 작업기억은 뇌기능을 최적으로 수행하는 데 중요하므로 아래에서는 작업기억을 강대화시킬 수 있는 일련의 활동을 제시해 보고자 한다.

10원, 50원, 100원 및 500원짜리 동전들을 한 웅큼 잡아서 당신 앞에 있는 책상이나 탁자 위에 던져보라. 그러나 미리 동전의 수를 계산해 보면 안 된다. 바람직한 동전의 숫자는 각 종류의 열 개와 열다섯 개 사이의 어떤 것이지만 거기에 어떤 특별한 순서가 있는 것은 아니다. 이제 한 번에 한 개씩 집고, 그래서 각 종류의 동전의 총수를 계산해 보라. 당신은 이것을 어떻게 하였는가?

당신의 작업기억이 고도로 발달되어 있지 않는 한 한 번에 한 가지 종류의 동전을 집어 그것의 총수를 계산하고, 그런 다음 다른 종류의 동전으로 넘어가게 될 것이다. 그러나 동전들을 닥치는 대로 아무것이나 집어 각 종류에 대한 총수를 별도로 정신적으로 계산했다가 끝에 가서 모든 종류에 대하여 각기의 총수를 계산할 가능성은 없을 것이다. 여러 종류의 것들을 모두 동시적으로 계산해 가려면 정신적 노력이 훨씬 더 많이 요구되기 때문이다. 한 가지 종류의 동전들을 한 번에 계산하면 작업기억의 요구가 적기 때문에 훨씬 더 쉽다. 예컨대 10원짜리 동전의 개수를 계산하여 총수를 작업기억에 저장하고, 그런 다음 다른 종류의 동전으로 당신의 주의를 이동해 가는 것이다.

당신의 작업기억을 증가시키기 위하여, 10원짜리 동전과 50원짜리 동전들을 순서 없이 집어 계산해 보라(예컨대, 두 가지를 교대로 하지 아니하고). 이렇게 하려면 계산을 하는 동안 당신은 각 종류의 동전의 현재의 총수를 작업기억 속에 유지하고 있어야 한다. 빠르게 하고 그리고 각기의 동전을 계산을 하고 나면 옆으로 밀쳐 두라. 끝이 나면 당신이 가지고 있는 총수를 기록하고, 그런 다음 각 종류의 동전들을 각기 계산하여 그것이 정확한지를 체크해 보라. 동전의 종류가 두 가지이면 많이 훈련을 하지 않아도 할 수 있을 것이다.

다음으로 같은 방식으로 세 가지 종류를(10원, 50원, 100원) 계산하고, 그리고 다음으로 네 개 종류를 가지고 계산해 보라. 만약에 당신이 네 개를 그렇게 할 수 있으면 당신은 이제 심리학자들이 최대치라 생각하고 있는 것을 성취하고 있다. 네 개 항목이 한계임을 보여주는 실험을 수행했던 시라큐스Syracuse 대학교의 심리학자인 Paul Verhaeghen에 의하면, "네 개의 항목이 한계인 것 같이 보인다. 이것은 인간의 작업기억이 가지고 있는 기본적인 특징이다"(그가 이것을 어떻게 발견했는지를 상세하게 알고 싶으면 2004년의 *Journal of Experimental Psychology: Learning, Memory and Cognition*, Vol. 30(16)에서 발표힌 논문을 참조할 수 있다. 논문의 제목은 "A Working Memory Workout: How to Expand the Focus of Serial Attention from One to Four Items in 10 Hours or Less"이다).

작업기억을 향상시킬 수 있는 기타 몇 가지의 활동을 제시해 본다: 1분 동안 동물의 이름을 할 수 있는 대로 많이 말해 보라. 자신이 시간을 정해서 각기의 단어를 말할 때마다 계수 표시('탤리' 표시, tally)를 하고 시간이 끝나면 계수 표시한 수를 계산한다. 각 동물의 이름을 한 번밖에 사용할 수 없기 때문에 중복을 방지하기 위하여 당신이 하는 반응을 녹음하라. 더 나은 방법은 당신이 단어를 말할 때마다 다른 사람 누군가에게 거기에 대하여 계수 표시를 해 달라 하는 것이다. 다음으로 과일, 채소, 운동경기, 영화배우 등을 가지고서도 해 보라. 잠재적인 선택의 수가 광범위한 것이면 어떠한 범주라도 사용할 수 있는데, 심리학자들은 어의(범주) 유창성을 테스트할 때 이것을 사용하고 있다. 하나의 범주를 마치면 계속하여 1분 시간으로 다른 것으로 옮겨가 보라. 예컨대, 과일을 한 다음 '도시'라는 범주로 이동해 본다. 모든 범주들을 표준화한 것이 아니라서, 예컨대 영화배우라는 범주에서 상한계나 하한계가 정해져 있지는 않다. 그러나 1분의 한계 속에서 각 범주에 대하여 20에서 30 항목의 범위 내의 어디에다 목표를 두라.

다음으로, 어휘(철자) 유창성 검사lexical fluency로 1분 내에 철자 'c'로 시작하는 단어들을 가능한 대로 많이 암송해 보라. 그런 다음 철자 'f'로 시작하는 단어, 다음으로 철자 'n'으로 시작하는 것들을 가능한 대로 많이 말해 보라. 말하는 단어는 사람, 장소 또는 숫자 등의 이름이어서는 안 되고 그리고 동일한 단어를 어미 변화한 것도 안 된다(예컨대, 작업하다, 작업한, 작업하고 있는).

범주나 철자 생성 유창성 검사letter-generating fluency tests의 두 가지 모두가 언어에 의존하고 있음을 주목해 보라. 이들은 또한 왼쪽 전두엽을 활성화시킨다. 만약 당신이 왼쪽 전두엽에 "불을 켜고" 당신의 작업기억 능력을 향상시키고 싶다면 앞서 언급해 둔 연습들을 해 보면 그렇게 할 수가 있다. 하나의 단서가 있다: 이러한 활동들을 연습할 때 이전의 시퀀스들을 반복하는데서 시작할 수 있다. 범주를 제한하거나 이동시켜 할 수도 있다(농장동물 또는 밀림동물 또는 우기 숲속이나 사바나에 있는 동물들). 이러한 활동은 당신의 작업기억뿐 아니라 일반기억까지도 작동하게 만든다.

작업기억을 위한 두 번째 활동에는 단어가 아니라 디자인design을 사용하는 것이다. 이 활동은 뇌의 완전히 다른 부분을 활성화시킨다: 오른쪽 반구, 특히 오른쪽 전두엽과 두정엽. 4분 이내에 추상적인 새로운 디자인을 할 수 있는 대로 많이 그려 보라. 그린 그림은 이름을

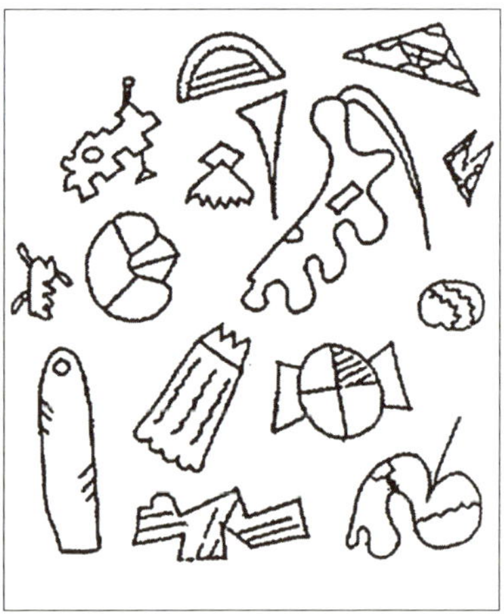

보기: 건강한 수행, 신기성 점수=15

보기: 건강한 수행, 신기성 점수=15

붙일 수 없는 것이어야 하며(삼각형, 사각형), 그리고 같은 그림은 한 번만 그릴 수 있다. 앞에서 이러한 새로운 디자인의 그림 15개를 보여주고 있다('신기성 점수'란 새로운 디자인의 개수를 말한다).

다음에서는 디자인 유창성design fluency을 테스트하는 또 다른 검사를 알아본다. 아래의 그림에는 격자 속에 35개의 사각형이 있고 각기의 사각형 안에는 5개 점이 배열되어 있다. 각 사각형 안에 있는 점들의 배치는 동일하다. 이 페이지를 복사하면 여러 경우에서 이 검사를 받아 볼 수 있다. 4개의 직선만을 사용하여 사각형 안에 있는 점들을 연결하여 각기 다른 디자인을 만들어 보라. 각 직선은 하나의 점에서 적어도 다른 한 개의 직선과 서로 닿아야 한다. 5개 그림의 보기가 있다. 4개의 직선에 모든 점들이 포함될 필요는 없다. 그러나 각기의 배열은 독창적인 것이어야 한다 — 단어 유창성 검사에서 반복되는 단어는 계산하지 않듯이, 반복되는 것은 계산하지 않는다. 처음에는 8개에서 10개 정도의 독창적인 디자인을 만들 수 있을 것이다. 그러나 추가적으로 연습을 하면 두 배 정도로 많이 그릴 수 있을 것이다.

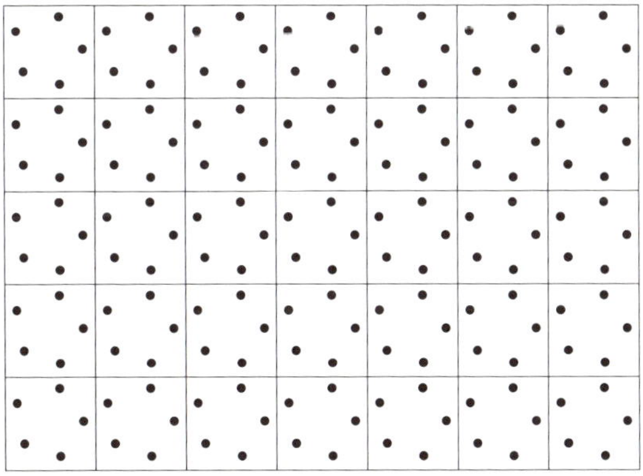

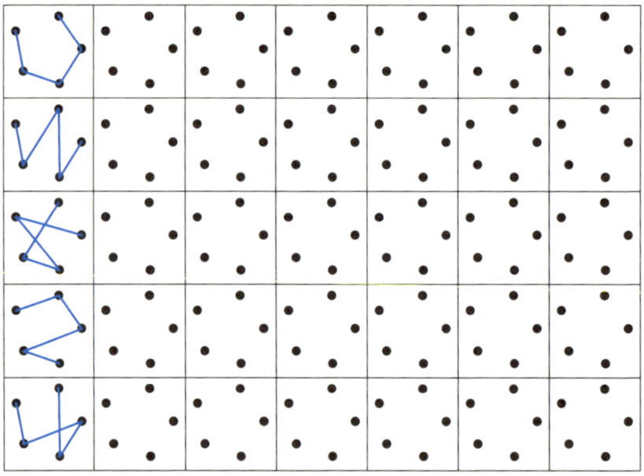

그리고 아래에 있는 그림들을 들여다 보라. 거기에는 35개의 사각형이 있고 각기에는 비워져 있는 5개의 점과 채워져 있는 5개의 점이 들어 있다. 4개의 직선만을 사용하여 독창적인 것으로 반복되지 아니하는 디자인을 만들되 비워져 있는 점과 채워져 있는 점이 서로 교대되게 하라. 출발할 때는 비워져 있는 점이나 채워져 있는 점의 어느 것에서 시작해도 좋지만 이들이 반드시 서로 교대되게 해야 한다. 5개의 보기가 제시되어 있다. 새로운 디자인을 만들면서 이전에 만들

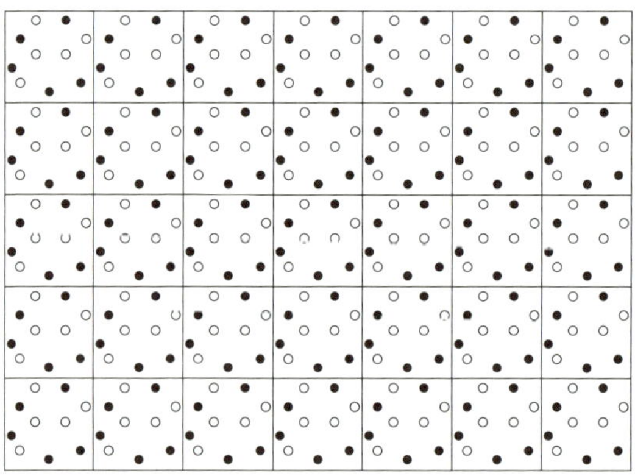

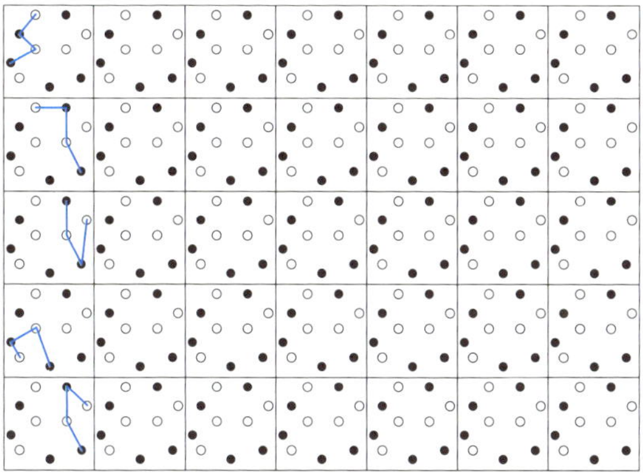

었던 디자인을 보려고 하지 말라. 끝에 가서는 반복된 것은 없는지 또는 4개가 아니라 5개의 직선을 사용한 것은 아닌지를 조심스럽게 체크하라.

당신의 비언어적 작업기억nonverbal working memory을 확인해 보려면 자(척도)나 연필을 가지고 앞에서 살펴본 바와 같이 35개의 비워져 있는 사각형을 격자 속에 들어가게 디자인해 보라. 그리고 각기의 사각형에 들어갈 점들의 형태 배열은 당신 자신이 만들어 사용할 수 있다.

이러한 유창성 검사를 하는 목적은 전두엽의 실행회로executive circuits를 활성화시키기 위한 것이다(주로 후배측의 전전두엽에 위치해 있다). 앞에서 제시해 둔 활동들은 모두 다 이런 목적을 달성하는 데 도움이 된다. 언어적 연습뿐 아니라 비언어적 연습도 꼭 해 보는 것이 좋다.

당신의 일상의 활동에서 작업기억 연습을 같이 할 수 있는 기회를 찾아보라. 예컨대, 어떤 활동을 몇 개의 조각이나 부분으로 나눌 수 있을 때는 이들을 동시적으로 하도록 노력해 보라—앞에서 몇 가지 종류의 동전들을 동시적으로 각기의 총수를 계산해 가듯이. 신문을 읽을 때는 1면에 있는 3개의 기사를 선택하여 1면에서 이들 세 가지 기사들을 모두 읽고 난 다음, 이들 각기의 기사가 다음의 면에서 계속되고 있는 것을 읽어 보라. 이렇게 하면 1면에서 세 가지 기사 가운데 하나를 읽고 있는 동안에 당신은 다른 두 가지 기사의 내용을 마음 속으로 작업기억에 보존토록 해야 한다. 그러려면 당신의 전두엽이 활성화되고 도전을 받게 된다. 마치고 나면 각기의 이야기에 있는 구체적인 이름과 사실들을 얼마나 기억하는지 당신의 능력을 테스트해 보라.

도미노domino와 브리지 카드 놀이 같은 오락 게임은 작업기억을 끌어 올리는 데 특별히 효과적이다. 연령이 55세와 91세 사이의 연령인 사람을 브리지 카드 게임을 하는 사람과 그러한 놀이를 하지 아니하는 사람으로 나누어 비교한 한 연구에 의하면 이러한 게임을 하는 사람이 하지 아니하는 사람보다 작업기억과 추리력 검사에서 일관성 있게 더 잘 수행하였다. 블랙잭black-jack이나 포커poker도 마찬가지로 효과적일 것인데, 카드의 수를 제한하여 놀이하면 특히 효과적이다. 만약 당신이 당신의 작업기억을 진정으로 향상시키기를 원한다면 트럼프 놀이하는 것을 배워라. 카드 한 벌만을 사용하면 그렇게 어렵지 않다(카지노에 있는 블랙잭 딜러들이blackjack dealers 여러 벌의 카드를 사용하는 이유가 여기에 있다).

작업기억을 향상시키는 프로그램을 무료로 제공하고 있는 웹사이트는 www.memorise.org/memoryGym.htm에서 찾아볼 수 있다.

당신이 가지고 있는 어휘를 확대시켜라

철학자들 그리고 가장 최근에는 인지 심리학자들이 사고(생각)가 단어나 언어 없이 존재할 수 있는지에 대하여 계속하여 논쟁하고 있다. 그러나 단어가 일상의 물건이나 경험을 새롭게 그리고 뉘앙스를 달리하여 들여다 보게 한다는 데는 아무도 이의를 달지 않는다.

새로운 단어를 학습하면 세상에 대한 자신의 이해를 심화시킬 뿐 아니라 몇 가지의 뇌기능 또한 향상된다. 당신이 어떤 새로운 단어를 접하게 되면 당신은 주로 좌반구에 위치해 있는 언어중추에 관여하게 된다. 다음으로 단어는 전전두엽에서 작업이 이루어지고 작업기억에서 유지된다. 그러한 단어에 대하여 계속하여 공부하고 사고하고 나면, 그 단어는 당신의 연속적인 어휘의 한 부분이 되어 장기기억에서 저장된다.

당신의 뇌기능을 향상시키기 위한 노력의 한 부분으로 매일 한 개의 새로운 단어를 학습하라. 배운 단어를 당신의 단어 일지에다 기록하고 새로운 단어들을 계속하여 기록해 가라. 나는 아버지가 해 주신 흥미롭고 매력적인 제안을 받아들여 열두 살 때부터 이런 연습을 시작하였다. 아버지는 어느 날에는 사전의 앞 커버 페이지 안에 1달러를 넣어 두겠다고 말씀하셨다. 그러나 돈을 어느 날 넣어 놓을지를 확실히 알 수가 없기 때문에 매일 사전을 체크해 보고, 그리고 돈이 있든 없든 간에 매일 새로운 단어 한 개씩을 학습해 보라고 아버지는 말씀하셨다. “매일 새로운 단어 하나를 학습하는 것은 너에게 보상이 될 것이고, 그리고 어떤 날에는 이중으로 더욱 보상을 받게 될 것이다"라고 아버지는 말씀하셨다. 그리하여 시작한 습관이 이제는 거의 반 세기 동안이나 계속되고 있다(불행히도, 아버지의 달러 뇌물을 찾아내는 흥분이 이제는 없어지고 말았지만).

하나의 단어를 익히고 나면 그 단어를 쓰기 하고, 정확한 철자와 발음, 여러 가지의 의미, 파생어, 그리고 그 단어에 대한 관련의 역사, 그리고 거기에다 그 단어에 대한 개인적인 반응이나 관찰 등도 같이 적어 보고 싶은 마음이 생기게 될 것이다. 마지막으로, 새롭게 배운 새로운 단어가 포함되어 있는 문장 하나를 작문해 보고 싶어 할 것이다. 하나의 보기로 Norman W. Schur의 *2000 Most Challenging and Obscure Words*에 있는 뇌 관련 단어 하나를 예시해 본다:

Cerebrate(SER uh brate, 뇌를 쓰다) 동사. 뇌를 쓴다는 것은 마음을 사용하고, 사고하고 또는 무엇에 대하여 사고하는 것. Cerebration(ser uh BRAY shuhn, 뇌사용)은 뇌가 작업하는 것. Unconscious cerebration(무의식적 뇌사용)은 의식적인 사고 없이 어떤 정신적인 결과에 도달하는 것을 기술하기 위하여 심리학에서 사용하고 있는 용어. 미국의 소설가 Henry James(1843~1915)는 *The American*이란 소설에서 "무의식적 뇌사용의 깊은 우물"에 대하여 쓰고 있다. 이들 동사와 명사는 모두가 라틴어 'cerebrum'(뇌)에서 유래한 것인데 영어에서는(SER uh brum; suh REE bruhm) 뇌의 앞 부분을 의미하는 것이 되었는데 이 부분에서는 수의적 동작을 통제하고 정신적 활동을 조정한다." 미국의 역사학자 Jame Harvey Robinson(1863~1936)은 그의 *The Human Comedy*에서 이렇게 적고 있다: "정치적인 캠페인에서는 의도적으로 정서적인 탐닉에 빠지게 하여 관련되어 있는 실제적인 이슈에서 주의를 흐트러지게 하며 그리고 조금만 '뇌를 사용'하여도 정상적으로는 집중해 볼 수 있는 것을 보지 못하게 실질적으로 마비시켜 버리고 있다." Robinson의 사망일자는 텔레비전이 이러한 상황을 더욱 악화시키기 시작하기 훨씬 전임을 주목하라.

누구라도 사전과 인터넷만 있으면 새롭고 그리고 지적으로 자극적인 사실들을 쉽게 찾아볼 수 있다. 예컨대 잠시 시간을 내어 "Cerebrate definition"이라 쳐서 인터넷에서 빠르게 검색해 보라. 그러면 'cerebralism'이나 또는 'cerebralist'를 확인하는 방법도 알게 될 것이며, 또한 이들은 인간의 뇌에 관한 질문에 어떠한 반응을 할 것 같은지도 예상해 볼 수 있을 것이다. 그리고 당신이 cerebricity를 만나면 이들을 알아보는 방법을 배우게 될 것이다. 또한 당신은 StarCraft의 과학 픽션의 서적과 비디오 게임 시리즈에서 cerebrates, 즉 강력한 Psychics(영혼)(또한 'zerg cerebrates'라 부르기도 한다)에 대하여서도 배우게 될 것이다. 이러한 참고자료들을 활용하면 당신이 새로 배운 단어에 대하여 코멘트를 하거나 새로운 단어에 대하여 반응할 때 사용할 수 있는 재료들을 제공받게 될 것이다.

단어를 학습한 다음 그것을 사용하여 정신적으로 문장을 만들어 보라. 다른 대안으로는 그 단어를 그날 다른 어느 때 어떤 문장에서 사용해 보라. 물론 이렇게 하는 것이 항시 실제적인 것은 아니다. 예컨대, 'scrutator'(검사자)란 단어를 생각해 보자. "그는 'scrutator(검사자)의 질문에 대답하였다"라는 문장은 대부분의 회화에서 하고 있는 것과 같이 "그는 investigator(조사자)의 질문에 대답하였다"라는 문장에서처럼 부드럽게 어울리지 않는다. 이러한 경우는 그날 중의 어느 때 하나의 문장 속에서 그것을 사용하지 말고 필기문장 속에서 그것을 그냥 같이 써 보라.

단어 연습은 일 주일 동안 배웠던 단어들을 가능한 대로 많이 사용하여 짧은 이야기 글로 작문해 보면 보다 더 매력적인 것이 된다. 선택한 단어들이 공통적인 주제를 가지고 있으면 훨씬 더 쉽다. 이러한 방법을 확실히 할 수 있는 한 가지 방법은 www.wordsmith.org에 구독 예약하는 것이다(무료임). 이 웹사이트에서는 예약 구독자에게 매일 새로운 단어 한 개씩을 이메일해 주고 있다. 이 사이트는 주별 주제를 참조하여 2주 동안의 단어들을 선택한다. 이 사이트를 이용하면 2주 동안에 학습한 모든 단어 또는 적어도 이들 단어의 대부분을 하나의 짧은 문단 속에 포함시키기가 보다 더 쉬워질 것이다. 새롭게 학습한 단어들을 하나의 이야기 글 속에 통합해 넣으려고 하면 상상력과 관련이 있는 뇌부위들을 사용하게 되는데 — 이들 부위는 광범위하고 상호관련되어 있는 네트워크로 되어 있어 서로 사이에 단단한 경계 같은 것을 만들지 못하게 한다.

단어 일지에다 새로운 단어를 수집하고 기록하기를 몇 달 동안 하고 나면 어떤 순간에는 단어 리스트 같은 것을 생각하고 그리고 당신이 관리할 수 있는 많은 단어를 포함하는 문장이나 이야기를 정신적으로 작문할 수 있게 될 것이다. 새로운 단어를 찾아 학습하는 일은 사전이나 컴퓨터가 있으면 언제, 어디서든 할 수가 있다. 이렇게 하는 것이 특별히 좋은 점은 당신이 그 단어에 대하여 학습한 모든 것이 장기기억에 들어가게 된다는 것이다. 단어 일지의 페이지를 넘기면서 당신의 단어 리스트를 훑어 볼 때마다 리스트에 있는 이들 단어에 대한 기억은 더욱 더 강대화될 것이다.

보다 도전적인 단어의 철자를 말해 보라/써 보라

새로운 단어를 배우려면 단어의 철자를 정확하게 말하거나 써 볼 필요가 있다. 컴퓨터가 철자를 체크해 주는 시대에서는 철자를 익혀 깔끔하게 쓸 수 있는 기능은 이전 시대보다는 덜 중요하다고 보는 사람도 있는 것 같다. 그러나 컴퓨터가 항시 있는 것도 아니기 때문에 거기에 의존하는 것을 줄여야 한다는 것 이상으로 여기에는 훨씬 더 중요한 이유들이 있다. 철자를 말하거나 쓰기하면 언어 관련의 몇 개의 뇌부위 및 회로를 사용하게 되고 그리고 이들을 자극시킨다. 그리고 철자를 말하거나 쓰기하면 그 단어를 말하거나 쓰기하기 전에 미리 거기에 집중하고 그 단어를 정신적으로 “볼 수가” 있다. 마지막으로 새로운 단어를 학습하면 그러한 단어의 철자를 말할 때 포함되어 있는 난이도에 따라서도 뇌에서 변화가 생긴다. 난이도가 높을수록 뇌는 더 열심히 작업하며 뇌 활성화는 더 커진다.

‘전국 철자 경연대회’National Spelling Bee에서 경쟁하고 있는 참가자들을 보면, 발음을 들어서는 철자를 정확하게 알기가 어려운 단어의 철자를 말해야 할 때는 얼굴이 긴장하면서 애쓰는 모습을 관찰할 수 있다. 예컨대 아일랜드, 스코틀랜드 및 대서양 연안 캐나다에 있는 게일Gaelic 사람들의 사교댄스를 의미하는 'céilidh'(KAY lee라고 발음) 같은 단어는 발음을 듣고 철자를 바르게 말하기는 어렵다. 이러한 단어들은 어려운데, 그것은 불규칙한 단어의 철자를 정확하게 말하기 위해서는 뇌의 다른 부위를 작동시켜야 하기 때문이다. 규칙적인 단어에서는 발음이 철자의 배열과 아주 대응되고 있다. céilidh와 yacht 같이 발음이 철자와 밀접하게 배합되지 아니하는 단어는 단어의 의미를 처리하는 뇌의 다른 부위를 활성화해야 한다. 이들은 인쇄 텍스트를 처리하는 전두엽과 두정엽이다. 이와는 달리 규칙적인 단어는 측두엽의 상부를 선택적으로 활성화시키는데, 이 부위는 발음과 철자가 거의 일치하는 단어의 철자를 관리하고 있다.

전국 철자 경연대회의 결승에 참여했던 한 사람의 부모인 Jeffrey Blitz가 만든 다큐멘터리 영화 '스펠 바운드'Spellbound에서는 규칙적인 단어나 불규칙적인 단어의 철자를 정확하게 말할 수 있는 공식을 다음과 같이 제시하고 있다: "단어의 의미, 어원 및 어근을 학습하는데서 시작하라. 그 단어를 문장에서 사용하고, 다시 발음해 보고 그리고 단어의 의미를 복습해 보라. 그런 다음 단어의 철자를 당신 자신에게 발음해 보고, 그것을 말할 때 당신이 하게 되는 소리와 같이 배합시켜 보라. 그 단어의 발음을 당신의 머릿속에서 마지막으로 다시 한 번 발음해 본 다음 천천히 소리 내어 철자를 발음해 보라."

'스펠 바운드'와 Myla Goldberg의 2001년의 소설인 『경연대회 시즌』Bee Season은 철자 시합에 대하여 커다란 관심을 불러 일으켰다. ABC 방송에서는 2006, 2007 및 2008년에 '스크립스 전국 철자대회'(Scripps National Spelling Bee의 최종 라운드를 황금시간대에서 다룬 바 있다. 철자에 대한 이러한 높은 관심의 결과 성인들도 재미로 또는 경쟁해 보기 위하여 대회에 참가하기를 원하고 있다. '전국 성인 철자대회'(National Adult Spelling Bee)는 캘리포니아 주의 롱 비치Long Beach에서 매년 열리고 있다. 참가자들의 연령 말고는 모든 규칙이 '스크립스 대회'와 동일하다. 16세 이상의 사람은 누구나 참가비 10달러를 내면 참가하여 겨루어 볼 수 있다.

나는 '전국 성인 철자대회'의 2006 및 2007년도 우승자의 배경이 궁금하여 이들에게 접촉을 해 보았다. 이들의 실력은 아동기 때 시작한 것일까? 아니면 그 이후에? 대부분의 철자 전문가들은 아동기에서 전문적인 철자 지식을 쌓기 시작했지만, 전국 성인 철자대회의 2007년도 우승자인 Hal Prince는 그의 나이 50대 초반이 될 때까지도 단어나 철자에 대하여 특별한 관심을 가지지 아니하였다. 이러한 형태는 매우 특이하기 때문에 나는 그에게 어떤 방법을 사용했는지를 물어 보았다.

"첫째, 나는 철자대회에서 추천하고 있는 사전을 한 페이지씩 꼼꼼하게 복습하였다. 연습을 하기 위하여 단어들의 데이터 베이스를 만들었고 또한 통근하거나 달리기할 때 들을 수 있도록 테이프도 만들었습니다. 내가 찾을 수 있었던 단어에 관한 책은 모두 빌리거나 구입하여 꼼꼼히 뒤적이면서 흥미로운 단어들을 찾아내었습니다."

나는 그에게 그의 성공은 철자에 대하여 타고난 '재능' 덕분이냐고 물어 보았다. "나는 단어와 철자에 대한 재주가 있다는 생각은 하고 있지만 그것은 상위 0.1퍼센트가 아니라 상위 10퍼센트 정도라 생각한다. 대개 보아 그것은 단어에 흥미를 가지고 그것을 공부하는 데 보낸 시간의 문제이다."

그의 생각은 심리학자 K. Anders Ericsson의 발견과 매우 일치하고 있다: Ericsson은 2006년도 전국 철자대회 결승에 참가한 사람들에게 우편 설문을 보내어 다음과 같은 결론을 얻고 있다: "주요 발견은 철자대회에서의 성공을 가장 잘 예측할 수 있는 것은 고독하게 보낸 공부의 양이란 것이다."

단어를 학습하고 철자를 말할 수 있는 기능을 개발하기 위하여 당신이 이러한 철자대회에 참가할 필요는 없지만, 이러한 철자대회가 학습에 대한 구조를 제공해 주고 동기를 형성시켜 줄 수는 있다. 만약에 성인 철자대회에 관심이 있다면 전국 성인철자 대회의 창시자이고 조직자인 Justin Rudd에게 접촉할 수 있다(Justin Rudd@aol.com 또는 www.adultspellingbee.com). 아주 높은 수준에 참가하기 전에 지역대회에 참가하여 자신의 실력을 가늠해 볼 수도 있다. 지역 철자대회는 전국의 여러 곳에 있는 커피 숍, 바 또는 공연 센터 등에서 열리고 있다. 개인적으로 할 수도 있지만 팀으로 참가할 수도 있는데, 대개의 경우 팀은 3명으로 구성된다.

성격이 내성적이라서 공개적인 경쟁을 하기 전에 개인적으로 당신의 실력을 체크해 보려면 브랜디스Brandeis 대학교가 운영하고 있는 사이트를 이용할 수 있다(www.spellbee.org). 여기서 당신은 익명의 파트너를 상대로 당신이 실력을 겨루어 볼 수 있다.

당신이 어떤 것을 선호하든 간에 만약 당신이 철자를 말하거나 쓰기하는 것을 통하여 뇌기능을 향상시키는 데 집중하기를 원한다면 (관련 인터넷의 개수가 증가하고 철자대회에 대한 인기도 상승한 덕분에) 그러한 기회를 찾기란 전혀 어렵지 아니할 것이다.

숙고적으로 연습하는 습관을 가져라

감각기억, 일반기억, 작업기억, 단어 그리고 철자 말하기를 강대화하기 위한 활동을 하고 난 지금 시점에서 이들 모두를 같이 하기 위하여 우리가 다음으로 할 수 있는 것은 무엇일까? 이러한 질문에 대한 대답을 찾아보기 위하여 나는 플로리다Florida 주립대학교의 심리학 교수인 K. Anders Ericsson 교수와 이야기를 나누어 보았다. Ericsson 교수는 우수한 수행에 대하여 연구하는 데 평생을 바쳤다. 그는 우리들 대부분이 뇌가 보다 야심차게 수행토록 하는 데 실패하는 것은 재능이 결여해서가 아니라 우리의 뇌가 한계까지 반응할 수 있는 능력을 제대로 이용하지 못하기 때문임을 확신하고 있었다.

카네기멜론Carnegie Mellon 대학교에 있을 때 Ericsson과 그의 스승인 Bill Chase는 연습이 숫자 기억에 미치는 효과를 연구하였다. 이들의 첫 번째 실험 대상자였던 S.F.는 대개 보아 일곱 숫자를 나중에 재생하여 기억해 낼 수 있었는데, 이 수치는 전형적인 전화번호의 개수이다. 그런 다음 Ericsson은 기억할 숫자의 범위를 조직적으로 증가시켜 갔나. "어떤 구체적인 길이의 숫자 리스트를 정확하게 기억하면, 우리는 다음으로 한 숫자 더 긴 리스트를 제시해 주었다"라고 그는 말하였다.

일 주일에 두세 번 한 시간 동안 연습한 다음 S.F.는 열 개 숫자 이상의 시퀀스를 재생해 낼 수 있었다. 추가로 연습을 했더니 S.F.의 숫자 기억은 더 많이 증가하였다. 몇 시간을 더 연습했더니 S.F.는 80개 이상의 숫자 리스트를 1초당 한 개 숫자의 속도로 오류 없이 기억해 낼 수 있었다. 이에 대한 느낌을 가져보기 위하여, 당신은 다음과 같은 숫자 스트링string을 읽은 다음 눈을 감고, 할 수 있는 대로 많은 숫자들을 암송해 보라.

65134952722275004546802087134565537006781921
65234456807561450359492340096067659087

이전에 숫자 기억 연습을 해 본적이 없다면 당신은 아마도 일곱 개 숫자 정도를 암송해 낼 수 있을 것이다. 이 숫자는 S.F.가 시초에 최대로 노력하여 기억할 수 있었던 개수와 같은 것이다. 그러나 S.F.는, 할 수 있을 때는 언제나, 숫자를 여러 가지의 육상 기록과 결합시켜 숫자에 대한 기억 범위를 증가시킬 수 있었다. 크로스컨트리 달리기를 좋아하는 S.F.는 4분보다 조금 짧은 3분 58초라는 가장 빠른 마일당 시간으로 358을 부호화하여 기억하였다. 숫자 시퀀스가 3에서 시작하여 4개의 숫자를 포함하고 있을 때는(예컨대, 3493), 그는 이것을 3분 49.3초로 부호화하였다.

"신중하고 숙고하여 연습한 다음, 평균적인 학생의 S.F.는 누구보다도, 심지어는 '사진술적 기억'photographic memory을 가지고 있다고 생각되던 사람들보다도, 더 긴 숫자 리스트를 기억할 수 있었다"라고 Ericsson은 내게 말하였다. "S.F.가 보여준 이러한 결과는 — 다른 자원하는 학생들을 대상으로 우리는 반복하여 발견할 수 있었던 것이지만 — '평범한' 성인들이 가지고 있는 잠재력은 놀라운 것이며 그리고 숙고적으로 연습을 하면 놀라울 정도로 변화시킬 수 있다는 것을 우리들에게 보여주고 있다."

'숙고적인 연습'deliberate practice이 의미하는 바를 예시해 보이기 위하여 Ericsson은 전문 골퍼와 아마추어 골퍼의 연습 방법을 대비해 보고 있다. "대부분의 아마추어들은 거의 대부분 다른 사람들과 함께 즐기려는 목적으로 레크리에이션 플레이를 한다. 이들은 '연습'을 할 때 자신이 편안하고 최소의 통제로 할 수 있는 것을 하는 경향이 있다. 예컨대 한 버킷의 골프공을 가까운 드라이브 거리에서 휙휙 쉽게 쳐 버리듯이 말이다. 이와는 달리 전문 골퍼들은 자신이 하는 수행의 특정한 측면을 향상시키기 위하여 보다 완전하게 주의집중할 것을 요구하는 그러한 활동을 연습한다. 더욱이 그들은 자신이 가지고 있는 어떤 특정의 약점을 향상시키기 위하여 처음에는 어려움을 경험하게 되는 그러한 연습 루틴practice routines을 자발적으로 선택한다."

자신의 약점을 개선하려고 노력함으로써만 비로소 전문 골퍼는 자신의 수행을 계속하여 향상시킬 수 있다. "사소한 차이라도 이를 지각하고 공의 궤적을 통제할 수 있는 전문 골퍼의 능력은 자연스럽게 그냥 나타나는 것이 아니라, 어떤 수행에서 요구되는 동작에 포함되어 있는 여러 가지의 근육들을 지각하고, 점검하고, 그리고 그것들을 통제하기 위한 정교한 정신적 표상을 습득하는 과정을 통하여 비로소 습득할 수 있다."

Ericsson은 다음과 같이 말한다: "어떤 분야에서든 우수하게 수행하는 사람의 목표는 같은 것을 다시 또 다시 반복하는 데 있지 아니하고, 자신이 하고 있는 수행의 모든 면에서 더 높은 수준의 통제를 성취하는 데 있다. 이러한 이유 때문에 이들은 연습이 지겹지 아니하다. 연습할 때마다 이들은 지난번에 했던 것보다 무엇인가를 더 잘하려고 노력한다. 치열하게 고독한 연습을 숙고하면서 하는 것은 내가 지난 사십여 년 동안 연구해 본 모든 경쟁적인 분야에서 우수한 성적을 거둔 우수한 성취자들이 보여주고 있는 특징이다."

Ericsson은 숙고적인 연습에는 두 가지의 필요조건이 있다고 말한다: "완전한 자각 그리고 자동화된 수행을 회피하는 것이다. 완전하게 자각하는 것과 자동화된 수행을 비교하는 보기로 당신이 처음으로 자동차 운전을 배우던 때로 되돌아가 생각해 보라. 처음 몇 달 동안은 기본적인 것을 학습하는 데 완전하게 주의를 집중한다. 그러나 당신이 보다 더 운전에 익숙해지게 되면 더 이상 운전에만 배타적으로 집중할 필요가 없고 라디오 방송을 듣거나 같이 있는 승객과 이야기하는 것과 같은 기타의 활동에 관여할 수 있다. 이제는, 위급상황이나 비상상황을 제외하고는 운전하는 것이 자동화된다." 이제는 운전에 포함되어 있는 여러 가지 요소들을 의식적으로 자각하지 아니하고 그리고 힘들이지 않고 운전을 하게 된다.

이러한 당신의 경험을 자동차 카레이스 경주를 하고 있는 운전자가 겪는 경험과 대비해 보라. 경쟁을 하려면 운전자는 수많은 변수에 정신을 바짝 차리고 온 신경을 집중해야 한다. 그의 목표는 개인적으로 상처를 입거나 자동차가 파손되지 않고 자기 자신과 자동차가 가장 바깥쪽으로 운전해 가게 하는 데 있다. 경쟁하는 운진자로서의 그의 성공은 급속하게 변화하는 조건에 대응하여 자신의 운전 수행을 계속적으로 수정할 수 있는 능력에 달려 있다.

카레이스의 운전자는 계속적으로 주의집중하고 운전경험의 각 요소들을 점검한다는 점에서 일반 운전자와 차이가 있다. 이것이 바로 K. Anders Ericsson이 강조하는 숙고적 연습의 핵심이다. 모든 운전경험이 다른 어떤 운전경험과 별로 구분되지 아니하는 일반 운전자와는 달리, 카레이스하는 운전자는 각 경기마다의 순간순간의 기술을 아주 상세하게 해 낼 수 있어야 한다. 심리학자들은 이것을 '융통성 있는 기억 표상'flexible memory representation이라 부르고 있다. 이와 비슷하게 주의를 기울여 자각하고, 그리고 융통성 있게 기억하는 것은 피아니스트 Angela Hewitt와 같은 전문 음악가들 가운데서도 찾아볼 수 있다. 그는 자신의 경험을 이렇게 적고 있다:

"나는 녹음을 할 때 어떤 작품을 끊임없이 반복한다고 해서 향상이 되는 것이 아니라 이전에 녹음했던 것을 치열하게 경청하고 어떻게 하면 그것을 더 낫게 할 수 있는지를 생각하는데서 향상이 이루어진다는 것을 알게 되었다. 그러면 편집 과정은 그 자체가 하나의 예술이 되며, 거기에는 지적이고 음악적인 결정이 요구된다."

지속적인 연습의 이득을 보여주는 하나의 실험이 있다. 이 연구에서는 한 집단의 숙련된 음악가들에게 음악 한 곡을 기억하라고 한 다음, 예기치 않게, 조건을 바꾸어 같은 템포로 그것을 재생해 보게 하였다: 바뀐 조건이란 모든 음표를 연주하거나 또는 한 손만으로 음표를 연주하거나 또는 다른 장단의 조로 조옮김을 하게 한 것이다. 경험이 많은 전문 음악인은 이러한 특별한 요구를 충족시키는 데 별로 어려움이 없었지만 경험이 적은 음악인은 흔히 그렇게 할 수가 없었다. 이러한 차이가 생기는 것은 숙련된 음악인은 몇 년 간에 걸친 연습과 수행 경험의 결과로 그 음악에 대한 정신적 표상을 빠르게 수정하여 새로운 장면의 요구들을 충족시킬 수 있었기 때문이다.

숙고적 연습은 '재미'가 아니며, 쉽게 되는 것을 그대로 하는 것이 아니며, 그래서 높은 수준의 동기형성을 요구한다. "숙고적인 연습이 분별 없고 통상적인 것과 다른 것은 수행을 향상시키기 위한 집중이 요구된다는 데 있다"라고 Ericsson은 말한다. 그는 숙고적인 연습의 힘을 보여주는 또 다른 보기로 전문 바이올린 연주자를 예시하고 있다. 여기에서 그는 음악 선생님이 주 단위로 정해 놓은 구체적인 목표를 달성하기 위한 고독한 연습을 이야기하고 있다. "개발을 하는 동안 축적되는 고독한 음악 연습의 양이 더 많을수록 음악 공연의 수준이 더 높았다."

숙고적인 연습에서 요구되는 치열한 집중은 얼마 되지 않아 비범한 성취자의 뇌에 변화를 일으킨다. 비범한 능력의 사람은 평균적인 사람들과는 다르게 자신의 뇌를 사용하는 것을 배운다는 것이 밝혀지고 있다. 예컨대 체스 게임의 대가들을 생각해 보라.

체스 게임을 하는 동안의 뇌활동을 측정해 보면 이들 대가들은 자신의 전두엽과 두정엽의 피질부를 활성화시키고 있는데, 이들 두 가지 뇌부위는 장기기억에 관여하고 있는 것으로 알려져 있다. 이와는 대조적으로 숙련된 아마추어는 중간 측두엽을 활성화시키고 있는데, 이곳은 새로운 정보를 부호화하는 데 관여하는 부위이다. 평생동안 수천 가지의 동작들을 기억하고 있는 대가의 경우 전두엽이 활성화된다는 것은 위치와 문제를 인식하고 해결책을 인출해 내는 데 장기기억을 사용하고 있음을 암시해 주고 있다. 이와는 대조적으로 아마추어는 내측 측두엽을 사용하는 것은, 이전에 봉착해 본 적이 없는 동작이나 위치에 대하여 최선의 반응을 하기 위하여, 봉착하는 개별적인 사례에 따라 분석을 하는 덜 효과적인 전략을 사용하고 있음을 의미한다.

달리 말하면, 대가들이 가지고 있는 전문지식에는 전두엽에서 광범위한 양의 체스 정보를 저장하고 있는 것도 포함이 된다. 이렇게 되려면 긴 시간과 수없이 많이 노력을 해야 한다. 체스 대가들은 그들의 뇌에 대략 보아 수십만 개 또는 그 이상의 체스 정보를 축적하고 있는데, 그럴 수 있으려면 전형적으로 보아 최소 10년이 걸린다(시작하는 첫 수 두기, 전략, 종반 게임). 이러한 풍부한 기억 저장고 덕분에 대가는 어떤 구체적인 말의 움직임이 어떻게 적절하며 그리고 잠재적인 결과는 어떤지를 — 여러 수 앞서서 — 재빨리 사정해 볼 수 있다. 이러한 능력은 대가가 훌륭한 아마추어와 대결하면, 특히 제한된 시간에 말을 빨리 움직여야 할 때는 언제나 이기는 이유 가운데 하나이다. 이런 경우는 말의 움직임 하나하나를 상세하게 그리고 시간 걸려 분석할 시간이 없다.

그렇다면 아마추어 경기자가 말의 움직임을 더 많이 학습하고 체스에 대한 지식을 쉽게 하면 대가가 될 수 있을까? 대가의 재능은 장기기억에 저장되어 있는 체스 정보의 양에만 달려 있는 것이 아니고, 이러한 기억이 어떻게 조직화되어 있으며, 그리고 어떻게 효과적으로 인출할 수 있는지에도 달려 있다. 본질적으로 보면, 대가는 장기기억을 단기로 쉽게 사용할 수 있게 만든다. 런던London 에 있는 '인지 신경과학 연구소'Institute for Cognitive Neuroscience 의 Brain Butterworth는 이렇게 말하고 있다: "전문가들은 일종의 장기적 작업기억LTWM, Longterm Working Memory 같은 것을 갖게 되는데, 그러나 이것은 자신의 관심 영역에 특수한 그런 것이다."

전문가란 숙고적인 연습을 여러 해 동안 해 온 결과로 장기기억이 증가한 다음에 이렇게 축적된 정보 저장고를 LTWM(장기적 작업기억)으로 통합해 넣는 사람이라 정의할 수 있다. 자신의 주제에 대한 정보를 보다 더 쉽게 접근할 수 있을수록 그의 전문지식과 통제는 더욱 커지게 된다. 숙고적인 연습과 경험을 여러 해 동안 하고 난 다음에 — 10년이 최소 시간이라 생각하고 있지만 — 비로소 우리는 전문가의 수행을 할 수가 있다.

자신의 흥미나 직업에 관련한 정보들을 임시로 많이 저장할 줄 아는 일상의 전문가들도 많이 있다. 경험 많은 웨이터는 통상적인 7개 항목에 제한되지 아니하고 20명까지의 정확한 순서를 쓰기하지 아니하고 작업기억에 보존할 수 있다. 배우는 한 번만 읽어보고도 자신이 해야 하는 대사를 기억해 낼 수 있다. 우리들 모두는 20개 단어나 그 이상으로 되어 있는 문장을 별 힘 들이지 아니하고 이해하고 기억할 수 있는데 — 이것은 무선적으로 나열한 단어(7개 단어) 또는 외국어에 있는 단어(3개 단어)의 범위보다 훨씬 넘어서는 것이다.

천재는 광범위한 양의 정보를 장기기억에 저장했다가 나중에 상황이 요구하면 그것을 인출해 낼 수 있다. 천재와 신동들을 PET 스캔으로 연구한 결과는 전두엽의 활동이 증가하고 있음을 확인해 주고 있다. 예컨대, 한 연구에서는 독일의 천재적인 수학자 Rudiger Gamm의 PET 스캔을 특별한 계산능력을 갖고 있지 아니한 사람의 스캔과 비교해 보았다. 정신적으로 산수를 할 때 Gamm의 뇌는 장기기억에 관여하고 있는 전두부위에서 활동을 보였지만 특별한 계산능력이 없는 사람의 뇌에서는 그러한 활동을 보이지 아니하였다. 이것은 Gamm은 자신의 장기기억을 활용하여 얼마 후에 정신적 계산을 완성하는 데 필요할 수 있는 작업 결과들을 저장하고 있는 것으로 보인다. 그리하여 정신적 계산을 재빨리 수행할 때, 그는 자신의 위치를 잃을 가능성이 별로 없다. 그는 마치 자신이 계산한 모든 단계들을 나중에 다시 읽을 수 있도록 노트패드notepad에 적고 있는 것 같이 보인다. 그리고 만약에 기억이란 것이 노트패드와 같다면 — 이것은 계산에 관한 천재들을 연구한 과학자들로부터 내가 빌려온 유추이지만 — Rudiger Gamm의 기억은 노트패드의 도서관 같은 것이며 거기에 포함되어 있는 LTWM에는 그가 수행해 온 모든 계산을 즉시적으로 인출해 낼 수 있게 저장하고 있을 것이다.

2005년, 나는 숙고적인 훈련의 힘을 개인적으로 확인하였다. 나는 캘리포니아의 La Jolla에서 피아니스트 Gustavo Romero가 Mozart 축제에서 연주를 하기 바로 전에 음악과 뇌에 관한 강연을 할 예정이었다. Mozart의 피아노 소나타 몇 곡을 다룬 연주회가 끝난 다음 Romero는 나를 저녁 식사에 초대하였다. 그날 저녁 대화를 나누던 중 나는 그에게 매일 연습을 몇 시간 정도 하느냐고 물어 보았다. 그는 이렇게 대답하였다: "내가 한 연주회에서 다른 연주회로 이동할 때 말고는 매일 네 시간에서 여섯 시간 정도로 연습을 합니다. 연주회가 열리는 곳에 도착하면 그 다음 며칠 동안은 연습시간을 늘려서 잃어버린 시간을 보충합니다. 나는 이렇게 하는 연습 스타일을 여덟 살 때 피아노 연주를 시작한 이후 계속하고 있습니다."

다른 대가들과 마찬가지로 Romero는 그의 모든 특수한 지식들을 전두엽 속에 저장하고 있는데, 이 경우 같으면 특수한 지식이란 Mozart의 여러 작품들을 말하게 된다. 그러면 그는 단순히 우연하게 수천 시간을 연습한 천재인 것일까? 아니면 그의 천재성은 그렇게 많은 시간들을 쏟아 부으려는 의지로 이루어져 있는 것일까?

환언하면 다른 정상인보다 더 큰 장기기억을 형성해 내는 능력도 유전적인 특성일까? 아니면 그것은 개인의 노력에 달려 있는 것일까? 이러한 질문에 대한 대답에서 우리는 중요한 함의를 찾아볼 수 있다.

만약에 천재가 전적으로 유전적인 것이라면, 일반 사람이 최고 수준의 성공을 성취하지 못하는 것은 당연할 것이다. 만약에 유전자가 환경보다 더 중요하다면 대부분의 사람은 영원히 평범한 수준에 머물게 될 것이다. 그러나 숙고적 연습에 관한 K. Anders Ericsson의 연구나 지능 연구가인 James Flynn의 Flynn 효과가 보여주는 바와 같이, 개인의 노력으로 뇌의 구조와 기능을 향상시킬 수 있다고 한다면 대부분의 사람은 다른 대부분의 경쟁자들과 구분되는 수준의 수행을 성취할 수 있을지도 모른다. 사실로, 뛰어난 수행을 하는 사람도 때로는 그들의 성취는 천재나 유전적인 소여보다는 열심히 노력하여 얻은 것임을 인정하고 있다.

Larry King과의 유명한 인터뷰에서, Marlon Brando는 적절히게 훈련만 받으면 누구나 배우가 될 수 있다고 말하였다. Graham Greene은 자신이 시詩를 쓰는 재능에 대한 질문을 받고 이와 비슷한 이야기를 다음과 같이 하고 있다: "특별한 재능을 가진 사람은 없다.

나는 재능이 없다. 그것은 얼마나 노력하느냐, 얼마나 기꺼이 시간을 투자하려고 하느냐의 문제이다."

내가 보기로는 유전 대 개발의 질문보다는 K. Anders Ericsson이 말하는 노력을 얼마나 투자하느냐가 더 중요해 보인다. 마찬가지로 Brando와 Greene도 전문가 능력을 가진 뛰어난 사람과 다소간의 일반 수준의 성취를 거두고 있는 사람을 차별짓는 것은 타고난 특별한 능력이 아님을 확신하고 있다. 핵심적인 요인은 "당신 자신을 한계까지 스트레칭stretching하고 수행에 대한 당신의 통제를 증가시키는 것"이라고 그는 말한다.

이러한 사실을 증명하기 위하여 Ericsson은 유명한 독일의 '음악아카데미'Music Academy에서 한 가지의 연구를 수행하였다. 이 아카데미의 교사가 콘서트로 직업을 가지게 될 것으로 판단한 '우수한' 학생들은 주당 평균 24시간의 연습시간을 가지고 있는 반면, 콘서트 연주자보다는 교사가 될 것으로 생각한 '평범한' 학생들은 주당 평균 9시간 동안 연습하는 것을 발견하였다. Ericsson은 우수한 육상 선수, 체스 선수, 수학자 및 기억의 거장들 속에서도 이와 비슷한 격렬하면서도 고독한 숙고적 연습의 형태를 발견하였다.

옥스퍼드Oxford 대학교에서 수행했던 체스 선수들에 관한 2007년도의 한 연구는 Ericsson이 숙고적인 연습의 파워를 강조하고 있는 것을 확인해 주고 있다. 연구자들은 57명의 초등 및 중등학교 체스 선수들을 대상으로 체스 문제와 IQ 검사를 실시했을 뿐 아니라 그들이 매일 체스 연습을 하는 시간을 기록해 보았다. IQ와 경험의 햇수도 체스 능력과 관계가 있었지만 가장 높은 상관을 보인 것은 연구에 참가한 학생이 체스 게임을 하거나 고전적인 체스 게임을 연구하는 데 하루에 보낸 시간 수였다. 그리고 상위 23명의 경우 체스 능력과 IQ 간의 상관은 완전히 사라져 버렸다. 최고의 IQ를 가지고 있는 집단에서 보면 체스 능력은 IQ 점수보다는 연습한 시간 수에 비례하였다.

특별히 기억을 잘하는 사람은 "타고난 것이 아니라, 만들어진 것"이란 Ericsson의 주장은 2003년 '세계 기억 챔피언 대회'World Memory Championships에 참가한 세계 일류의 기억 전문가들을, 지능과 공간 능력은 동일하지만, 기억은 평범한 10명의 사람들과 맞붙어 대결해 보게 했을 때도 확인할 수 있었다. 첫 번째 단계로 기억 전문가와 통제집단의 평범한 사람들 모두에게 뇌의 구조적 MRI 영상 촬영을 해 보았다. 그러나 거기에는 아무런 차이가 없었다. 그런 다음 이들 두 집단의 사람들에게 숫자, 흑백의 얼굴사진, 또는 눈처럼 흰 크리스탈의 형태들을 기억하게 하고 이때 그들의 뇌활동을 기록해 보았다.

놀라운 일도 아니겠지만, 숫자를 기억할 때는 기억 전문가들은 통제집단보다 훨씬 더 잘 수행하였다. 그러나 크리스탈 형태를 기억할 때는(이것은 특이하며 말로써 표현하기가 어렵다) 두 집단 간에 차이가 없었다. 얼굴을 기억할 때는 기억 전문가들이 더 많이 기억했지만 두 집단 간의 차이는 크지 아니하였다.

다음으로, 모든 참가자들에게 자신들이 가지고 있는 기억 요령에 대하여 질문해 보았다. 기억 전문가들 가운데 9명은 기억하려는 항목들을 자신의 거실과 같은 어떤 상징적인 장소에다 정신적으로 가져다 놓은 것과 같은 기억조성기법을 사용하였지만 통제집단에서는 이러한 기법을 아무도 사용하지 아니하였다(이 기억조성법을 '장소법'

method of loci이라 하며, BC 477년부터 시작한 이 기법에 대하여서는 '3부'에서 논의한다).

실험의 마지막 단계로 연구에 참가한 모든 사람들에게 기억을 하는 동안 fMRI 촬영을 하였다. 두 집단 간에 한 가지의 아주 드라마틱한 차이가 나타났다: 우수한 기억력을 가지고 있는 사람은 공간 기억에 결정적으로 중요한 뇌부위를 사용하고 있다는 것이다.

"요약하면 우리는 우수한 기억은 뛰어난 지적 능력이나 구조적인 뇌의 차이 때문에 생기는 것이 아니다"라고 이 연구의 책임자인 Eleanor Maguire는 결론을 내리고 있다. 오히려 우수한 기억가는 공간학습 전략을 사용하며 그리고 공간 기억에 결정적인 뇌부위를 사용하고 있다."

Ericsson에 의하면 Maguire의 발견은 "평범한 사람이라 하더라도 숙고적 연습의 방법을 사용하고 그리고 새로운 전략들을 개발함으로써 여러 영역에서의 수행을 극적으로 향상시킬 수 있다는 확고한 증거를" 제공해 주고 있다.

역사는 또한 유전인자가 아니라 개인의 노력이라는 것을 추가적으로 뒷받침해 주고 있다. 예컨대 운동 선수들을 생각해 보라. 마라톤이나 수영을 보면 오늘날 활동하고 있는 많은 성실한 아마추어들은 20세기 초 올림픽 경기에서 금메달을 수상했던 선수의 기록을 쉽게 넘어설 수 있다. 더욱이 지금은 매우 통상적인 것으로 생각하고 있는 수행들도(예컨대, 이중 공중회전 다이빙) 한때는 불가능하거나 너무 위험하다고 생각하였다.

1908년 제4회 근대올림픽이 끝난 다음 올림픽 위원회에서는 이

중 공중회전 다이빙이 통제 불가능하다고 해서 금지시켰다. 오늘날은, 숙고적 연습의 결과로 서로 경쟁하고 있는 수영선수들은 이중 공중회전보다 훨씬 더 복잡한 다이빙도 일상적으로 수행하고 있다. 달리기 선수인 Roger Bannister와 John Landy는 또 다른 보기를 보여주고 있다. 이들 두 사람 모두가 1954년에 1마일에 4분이란 기록을 깨뜨리자 이들의 수행은 대단한 것이라 생각하였다. 그러나 오늘날에는 1마일을 4분 이내로 달릴 수 있는 능력이 있다고 해도 큰 대회에서는 승리를 보장할 수 없다. 이러한 경쟁적인 스포츠의 보기에서 보듯이, 신장이나 신체의 덩치를 제외하고, 우리의 신체와 신경계는 광범위하게 수정 가능하다.

실제적인 용어로 말하면, 특별하게 수행할 줄 아는 사람이라 하여 '우수한' 두뇌를 타고난 것이 아니다. 오히려 이들의 뇌는, 가소성의 덕분으로, 숙고적 연습과 혁신적인 전략을 사용하여 수정할 수 있다. 숙고적 연습과 혁신적 전략의 사용이라는 두 가지를 조합한다면 당신은 당신이 선택하는 영역에서 보다 높은 수준의 수행을 성취할 수 있을 것이다 — 만약에 당신이 완전 습득하는 데 요구되는 노력을 기꺼이 투자하려고만 한다면 말이다.

Ⅳ부

보다 강력한 뇌 만들기 위한 테크놀로지 활용하기

비디오 게임을 경험하면 나이가 들면서 일반적으로 일어나는
지각, 운동 및 인지능력의 감퇴를 늦추고, 멈추고, 또는 역전시킬 수 있다. …
그러나 비디오 게임은 … 중독성이 있기 때문에 … 한 번에 한 시간 정도,
일 주일에 두세 시간 이상은 하지 않는 것이 바람직하다.

만약에 당신이 40세 이상이라면 비디오 게임에 그렇게 친숙하지 않을지도 모른다. 그러나 만약에 당신의 뇌의 수행을 향상시키는 데 관심이 있다면 비디오 게임video game에 대하여 무엇인가를 해 볼 필요가 있다. 그것을 현명하게 사용하기만 하면 비디오 게임, 특히 액션 비디오 게임action - video game을 해 보면 당신이 더 많이 지각하고, 더 낫게 집중하고, 보다 빨리 반응하고, 그리고 당신의 일반적인 IQ의 여러 부분들을 향상시키는 데 도움이 될 수 있기 때문이다.

기본적으로 보면 적합하게 설계된 비디오 게임은 행위관련의 뇌 부위에서 보다 효과적인 활동 형태가 일어나게 한다. 비디오 게임은 뇌활동을 재조직화함으로써 게임에서 필요한 '눈-손 간의 협응'을 증가시킴은 물론이고 지각 속도와 운동 속도도 증가시키기 때문이다.

규칙적으로 비디오 게임을 하는 것이 미치는 효과는 연주회 피아니스트의 뇌에서 일어나고 있는 것에 비교해 볼 수 있다. 수많은 시간 동안 연습한 결과로 피아니스트의 뇌는 보조 운동피질부supplementary motor cortex에 있는 뉴런 네트워크들을 보다 더 효과적이게 만든다. 그런데 이 부위는 어떤 곡목을 연주할 때 요구되는 손 동작을 계획하는 데 관여하고 있다. 경험과 연습을 쌓아 가면 음악을 연주할 때 숫자는 더 적지만, 그러나 보다 더 효과적인 네트워크들이 작동하게 된다.

비디오 게임 시뮬레이션simulation에서 얻게 되는 주된 이득은 현실 세계에서 사용할 수 있는 매우 영역구체적인 기능을 습득하게 된다는 것이다. 아마도 이에 대한 가장 친근한 보기는 항공 비행 또는 항공 교통 시뮬레이터(모의 조종장치)일 것이다. 비행기 조종사와 항공교통 통제사들은 대개가 자신들의 기능을 연마하기 위하여 시뮬레이터에서 수백 시간을 보낸다. 불행히도 이들이 비행관련의 장면을 다루는 데 익숙해진 기능이 다른 생활 장면으로 전이하지는 아니한다: 만약에 당신이 군중 속에서 한 친구를 찾고 있다면 항공 교통 통제사나 파일럿pilot의 도움을 받는다 해도 친구를 더 빨리 찾지는 못할 것이다. 그것은 이들이 하는 비디오 게임은 매우 특수적인domain specific 것이기 때문이다. 그러한 결과로 '일반적인' 주의집중의 경우는 통제사나 비행기 조종사라 해도 우리들보다 조금도 더 뛰어나지 아니하다.

로체스터Rochester 대학교의 '시각과학 센터'Center for Visual Science의 회원이고 뇌 및 인지과학의 부교수인 Daphne Bavelier의 연구에 의하면, 만약에 당신이 열렬한 액션 비디오 게임머gamer의 도움을 받는다면 당신은 군중 속에 있는 당신의 친구를 더 빨리 찾아 낼 수 있을 것이다.

Bavelier(자신도 비디오 게임에 푹빠져 있는 게임머였다)는 자신이 가르치고 있는 한 학생인 C. Shawn Greene을 대상으로 연구를 진행하는 동안 액션 비디오 게임을 하는 게임머의 시각적 탐색 기능이 향상되는 것을 발견하였다. 이들은 액션 비디오 게임을 하는 학생을 그러한 게임을 전혀 하지 아니하는 학생과 비교해 보았다. 비디오 게임을 하는 게임머 학생들은 그냥 게임을 하는 정도가 아니라 지난 6개월 동안 일 주일에 적어도 3일 간 '카운터 스트라이크'Counter－Strike와 같은 비디오 게임을 할 정도의 '골수' 게임머들이었다(역자 주: 이 장에서 등장하는 대부분의 비디오 게임은 인터넷에서 접근하여 사용해 볼 수 있다.)

연구자는 이 실험에서 모든 참가자들에게 턱을 받치고 컴퓨터 스크린을 정면으로 응시하게 하였다. 스크린 위에 있는 24개의 가능한 장소 가운데 하나에서 하나의 표적이(하나의 삼각형 모양이고 그 안에 원이 들어 있는) 무선적으로 번쩍인다. 그런 다음 즉시로 스크린에는 약 1초 동안 원, 사각형 및 선線들이 어지럽게 넘쳐난다. 마지막으로 스크린은 지워지고 참가자는 그 표적이 원래 스크린의 어디에서 나타났었는지를 기억해 보게 하였다. 규칙적으로 비디오 게임을 하는 사람은 그것을 80% 정확하게 기억했지만, 그런 게임을 하지 아니하는 사람은 정확도가 30%밖에 되지 아니하였다.

"이러한 차이는 대상 선정이 잘못되어 생긴 것일지도 모른다. 왜냐하면 시각적 주의집중이 우수한 사람이 자연스럽게 비디오 게임을 하게 되었을지도 모른다"라고 당신은 생각할 수도 있을 것이다. 이러한 가능성을 극복하기 위하여 Bavelier와 Greene은 캠퍼스를 돌아다니며 상당한 노력을 하고서야 비디오 게임을 하지 아니하는 32명의 학생들을 찾아 낼 수 있었다. 이들의 반수의 학생들에게는 '테트리스'Tetris라는 수수께끼 게임을 하게 하고, 나머지 반수의 학생에게는 '언리얼 토너먼트'Unreal Tournament라는 액션 게임을 하도록 하였다. 이들 모두는 자기에게 배정받은 게임을 약 30일에 걸쳐 30시간 동안 하였다.

'언리얼 토너먼트'가 친근하지 아니한 경우를 위하여 간단히 말하면, 이 게임은 스크린의 모든 방향에서 적과 위험들이 몰려오는 것을 다루고 있다. 몇 밀리세컨드(milliseconds, 1초의 1/1,000) 동안 당신은 정신이 없어지고 … 전기가 꺼진다. 반면에 벽돌이 떨어지는 고전적인 수수께끼 게임인 테트리스는 시각적으로 훨씬 덜 요구적이다. 퍼즐puzzle의 벽돌은 항시 스크린의 위쪽에서부터 떨어지기 때문에 다른 곳을 주사走査해 볼 필요가 없다.

실험이 끝이 난 다음의 결과를 보면 언리얼 토너먼트 게임을 했던 학생들은 시각적인 주의산만을 무시할 줄 아는 능력이 15%에서 20% 정도 더 향상하였다. 그러나 테트리스 게임을 했던 학생들은 전혀 향상을 보이지 아니하였다.

Bavelier에 의하면, 연습을 하면, "비디오 게임을 하는 사람은 그렇지 아니한 사람보다 시각적 정보를 보다 빠르게 처리하고 그리고 컴퓨터 스크린에 있는 대상들을 더 많이 추적할 수 있다." 스크린에서 대상을 추적해 갈 때 이러한 능력을 제한시키는 요소에는 두 가지의 과정이 있다.

첫째는 '주의집중 깜박임attentional blink이라 부르는 것인데, 이것은 표적들이 시퀀스sequence로 빠르게 번쩍이는 동안 제2의 표적을 탐지하기 위하여 요구되는 1초의 반 정도의 회복 시간을 말한다. 예컨대, 만약에 내가 당신에게 컴퓨터 스크린에서 일련의 검은 색의 철자들이 흐르고 있는 어느 지점에서 흰색의 철자가 나타나는 것을 주의 깊게 살펴보라고 요구한다면, 이 과제를 하는 데 당신은 별로 어려움이 없을 것이다. 그러나 만약에 내가 당신에게 흰색 철자 바로 다음에 또는 여덟 개까지의 철자들이 나타난 다음의 한 지점에서 흰색 철자 다음에 나타나는 X를 찾아보라고 요구한다면 일은 훨씬 더 복잡해질 것이다.

만약에 X가 세 개 또는 그 이상의 철자 다음에 나온다면 별로 문제가 없다. 그러나 X가 흰색 철자와 매우 가까운 시간에 나타난다면 아마도 당신은 그것을 놓치게 될 것이다. 그것은 당신의 뇌가 흰색 철자를 찾느라 '바쁜' 시간 동안에 다른 어떤 것을 처리하는 것은 '주의집중 깜박임' 때문에 불가능하기 때문이다. 그러나 만약에 규칙적으로 일 주일에 몇 시간을 액션 비디오 게임을 하는 데 보낸다면 주의집중 깜박임이라는 짧지만 결정적인 시간의 간격을 좁힐 수 있다. 기본적으로 보면 액션 비디오 게임을 하면 주의집중 깜박임 시간을 줄이고 그리하여 스크린의 주변에서 예기치 못하게 튀어나오는 위협적인 표적들을 보다 쉽게 지각하고 반응할 수 있다.

둘째의 과정은 '순간적인 전체 계산'subitizing인데, 이것은 배열되어 있는 대상들을 보고 이들을 하나하나 세지 아니하고 즉시적으로 그리고 정확하게 전체를 계산할 줄 아는 능력을 말한다. 예컨대, 마트Mart에서 계산대 앞에 늘어서 있는 여러 줄들을 재빨리 슬쩍 보고 사람 수를 하나하나 계산하지 아니하고도 가장 짧은 줄을 순간에 자동적으로 선택하는 것과 같은 것이다. 이때 당신은 '순간적인 전체 계산'을 하고 있는 것이다. 대부분의 사람은 대상이 네 개까지일 때는 그러한 계산을 쉽게 할 수가 있다. 그러나 네 개라는 순간적인 전체 계산의 한계를 넘어서면 하나씩 계산을 해야 하고 각기의 추가적인 항목당 250 내지 300밀리세컨드라는 추가의 시간이 걸린다. 그러나 액션 비디오 게임을 하는 사람은 순간적으로 전체를 계산하는 한계가 50% 향상된다. 더욱이 '메달 어브 오너'Medal of Honor와 같은 정서적으로 강력한 사격 게임과 같은 액션 비디오 게임을 10일 간 하루 한 시간 정도만 연습해도 시각적 주의집중과 정보처리 시간을 충분히 향상시킬 수 있다. Bavelier와 Greene은 테트리스나 기타의 비액션 비디오 게임non – action – video game을 하는 사람에게는 이들 두 가지 요인의 어디에서도 향상이 되지 않음을 발견하였다.

아직은 어떠한 사람도 이러한 차이를 완전히 만족스럽게 설명하고 있지는 못하지만, '메달 어브 오너'와 같은 게임을 하는 사람은 그들이 경험하는 위협과 공포의 수준이 증가하기 때문이라 나는 생각한다. 이러한 게임에서는, 테트리스에서처럼, 단순히 수수께끼를 풀 수 있느냐 없느냐가 아니라 "목숨"을 잃을 수도 있다.

위협을 지각하면서 이에 대하여 반응하는 공포와 공격이 증가한다는 것도 폭력적인 비디오 게임이 왜 일부 게임머의 경우 폭력적인 행동을 야기시키는지를 부분적으로 설명해 줄 수 있다. 대뇌 피질부의 아래에 있는 아몬드 모양의 핵인 편도체amygdala는 위협적이거나 무서운 얼굴에 대하여 반응하는데, 편도체는 게임에서 일어나는 사상事象과 "실제 생활"에서 일어나는 같은 것을 구분하지 못한다.

"액션 비디오 게임을 하면 시각체제가 가지고 있는 기본적인 특징을 변화시킬 수 있다"라고 Bavelier는 말한다. 실제로 비디오 게임은 뇌를 변화시킬 수 있는 편리하고, 쉽게 접근 가능한 그러한 수단이 될 수 있다. 시각적 주의집중을 보다 자세히 조정할 수 있게 되면 동시적으로 일어나는 여러 사상들을 더 많이 볼 수 있고 그리고 보다 빨리 그리고 보다 더 정확하게 반응할 수 있게 된다.

인지적 대 물리적인 복제

디지털 게임 기반의 학습digital – based learning이 뇌향상을 위한 훈련

도구로서 가질 수 있는 가치를 이해하기 위하여 소위 인지적 대 물리적 복제cognitive vs physical fidelity라 부르는 것을 구분해 보면 도움이 된다. 물리적 복제란 훈련 프로그램이 실제 생활 장면을 성실하게 복제(재생)하는 것을 의미한다. 예컨대, 초기 버전의 항공 시뮬레이터air - flight simulator는 실제 비행기의 앞의 정면을 컴퓨터 디스플레이computer displays에 접속시켜 놓은 것이었다. 그 속에 들어가 앉아 있으면 당신은 실제 비행기의 조종실 안에 있는지, 아니면 시뮬레이터 안에 있는지를 구분하여 말할 수 없다.

몇 년 전 나는 물리적 복제에 기초하여 마련한 디지털 가상 학습-비행 시뮬레이션digital virtual learning - flight simulation의 효과를 직접 경험하였다. 비행기 조종사인 나의 친구는 최근에 뇌 상처에서 회복한 다음 FAA(미국 연방 항공국)로부터 시뮬레이터 검사를 받으라는 지시를 받았다. 이러한 평가의 한 부분으로서 FAA는 내가 이 검사에 그와 함께 동행하여 그가 머리 상처 때문에 간질발작을 일으킬 위험성이 있는지를 인터뷰해 달라고 요구하였다. 시뮬레이터에 있는 동안 나의 친구인 이 환자는 수행을 아주 잘해서 검사를 반 시간이나 일찍 마칠 수 있었다. 검사 비용을 지불한 시간이 아직도 30분이나 남아 있었기 때문에 거기에 있던 평가자들은 내가 이 시뮬레이터에서 검사를 한번 받아 보겠느냐고 물어왔다. 나는 이 검사에서 경험하게 될 것은 비디오 게임에서 하는 것과 별로 다르지 않을 것으로 예상하고 이에 쉽게 동의하였다.

몇 분 후에 나는 의자에 묶여서, 한때는 실제 747 비행기의 조종실이었지만 지금은 시뮬레이션한 검사 장비의 한 부분으로 사용하고 있는 것들을 직접 통제를 하게 되었다. 이때 경험했던 것 가운데 두 가지가 특히 기억이 난다: 창을 통해 보면서 내가 조종간을 움직일 때마다 풍경이 어떻게 변화해 가는지를 관찰할 때 처음으로 느꼈던 스릴; 그리고 몇 분 동안의 즐거운 비행을 하고 난 다음 교관이 "이제 비행기가 착륙할 시간입니다. 내가 하는 지시를 잘 경청하십시오. 준비되었지요. 그러면 당신이 어떻게 해야 할지를 말해 드리겠습니다"라고 지시할 때 내가 즉시적으로 경험했던 불안. 물론 나는 이 시뮬레이션 비행은 "실제"가 아니라고 나 자신에게 수없이 다짐했지만, 그러나 나는 내 마음을 진정시킬 수가 없었다.

내가 "비행기"를 포장 활주로에 서둘러 착륙시켰을 때 요란하게 흔들리고 덜컹거릴 때 내가 느끼는 공포는 더욱 심해졌다. 이때 손은 떨리기 시작했고, 그것은 5분 후에 교관이 차를 마시면서 무엇이 잘못되었는지를 설명할 때까지도 계속되었다. 마지막에 나는 너무나 떨려서 그의 지시를 바르게 처리할 수가 없었고 그리하여 비행기의 기수를 끌어 올리지 못하고 밑으로 돌려 버리게 되었다. 그러한 결과로 쾅쾅 소리를 내고 요란스럽게 진동하면서 비행기는 착륙을 하게 되었다. 이것이 실제 장면이라면 나는 비행기의 기수를 멋대로 조작하여 통제불능으로 착륙하는 것이 된다.

이때의 경험을 되돌아보면, 지금 나는 나의 갈등과 불안은 나의 뇌가 진행되고 있는 것에 대한 두 개의 갈등적인 해석을 어떻게든 조정하여 일치시켜 보려는 것에서 결과한 것이라 생각된다. 그 비행은 "실제가" 아니며 그리고 내가 어떠한 불행도 당하게 되지 않는다는 것을 나는 알고 있었다. 그러나 실제와 꼭 같은 비행기 조종실, 내가 통제하는 동작에 따라 변화하는 비디오 이미지, 그리고 나의 미숙한 착륙시도에 따라오는 흔들림과 요동치는 것들은 모두가 내가 정말로 비행기를 착륙시키고 있다는 강력한 착각을 불러일으키게 만들었다.

나중에 사후 브리핑을 받는 동안 그 평가자는 — 내가 생각하기로는 내 기분을 더 좋게 하려고 — 심지어는 베테랑 조종사들 가운데도 그와 유사한 불안을 경험할 수 있다고 말하였다. 그는 말하였다: "우리가 시뮬레이터를 사용하기 시작하면, 모든 사람에게 우리는 그 사람의 한계에 이르기까지 압박합니다. 다시 말하면 이륙하는 데 엔진이 꺼져 버리는 것, 번개에 맞는 것, 갑작스러운 돌풍 때문에 최종 목적지에 대한 위도를 상실하는 것, 수압이 떨어져 비행기의 조종간을 움직일 수 없는 것, 또는 착륙기어 하나가 접혀 나오지 아니하는 것 등과 같은 도전들을 계속하여 추가시킵니다. 우리는 비행기가 산산조각이 날 때까지 조종사를 계속하여 밀어붙입니다. 그러나 현재는 이런 것들을 더 이상 하지 않습니다. 비행기가 산산조각이 나는 것은 — 비록 가상적인 것이지만 — 조종사에게 엄청난 불안감을 가지게 해서 이것을 극복하는 데 상당히 많은 사후 설명을 해야 할 때도 있습니다."

오늘날은 훈련 프로그램의 강조는 물리적 복제에서 인지적인 복제로 이동하였다. 실제 장면에 있는 일부의 요소들을 사용하는 물리적 복제와는 달리 인지적 복제에서는 적절한 정신적 처리만을 성실하게 복제하여 사용하고 있다.

예컨대, '스페이스 포트리스'Space Fortress란 프로그램은 이 게임 자체는 파일럿 훈련과는 특별한 관계가 없지만 이것은 파일럿의 수행을 향상시키는 것을 목적으로 하는 주의집중 향상 도구로 사용되고 있다. 시뮬레이션한 비행기 조종실이나 기타 이 검사가 비행기의 비행과 어떤 관계가 있다는 것을 암시해 줄 수 있는 것은 아무 것도 없다. "훈련의 성공의 핵심은 훈련할 때의 인지적 요구가 실제생활 과제의 요구와 유사하도록 만드는 데 있다"고 Daniel Gopher 교수는 말한다. 그는 인지훈련 분야의 세계적인 지도자 가운데 한 사람이며『컴퓨터게임 훈련에서 비행으로의 기술의 전이』*Transfer of Skill from a Computer Game Trainer to Flight*란 저서의 저자이다.

"스페이스 포트리스" 프로그램을 가지고 10시간 훈련시키면 비행 후보 훈련생들의 수행이 30% 향상되었다. 상당히 정교화되어 있고, 시각적이며, 그리고 높은 수준의 그래픽으로 물리적으로 복제하여 시뮬레이션한 '블랙호크 헬리콥터'Blackhawk helicopter와 '스페이스 포트리스'를 비교해 보았더니 '스페이스 포트리스'는 훈련생들의 수행을 성공적으로 향상시켰지만 NASA가 후원한 기타의 프로그램들은 그렇지 못하였다.

인지적 복제 훈련 프로그램의 이득은 비행기 조종사에 제한되지 않는다. 비디오 게임(디지털 게임 중심의 학습)은 수질 오염원을 찾아내는 것에서(MIT의 환경 탐지기) 독일어를 배우는 것까지 해병대를 훈련시키는 것까지(MAK's MAGTF-XXI) 생물 테러 리스트의 공격을 처리하는 것까지(카네기 멜론의 Biohazard/Hazmat) 고지공포, 사회적 공포증, 중독 및 이라크 전쟁 참전 장병들의 사후 외상적 스트레스 장애PTSD에 이르기까지 현재는 거의 모든 곳에서 사용되고 있다. 액션 비디오 게임이 진실 같은 것임을 보여주는 하나의 예시는 PTSD 시뮬레이션이다. 이 시뮬레이션은 '풀 스펙트럼 워리어'Full Spectrum Warrior라는 엑스 박스Xbox 게임을 수정한 것이다.

"경험 많은 비디오 게임머에서는 복합적인 기능을 수행해 가는 고유한 뇌 메커니즘이 아주 다르다"라고 토론토Tronto에 있는 요크York 대학교의 '시각 연구 센터'Centre for Vision Research의 Joshua A. Granek은 말하고 있다. "비디오 게임 훈련을 하면 뇌활동을 재조직화하게 되며 그리고 비디오 게임하는 것 이외의 숙련된 동작들을 보다 효과적으로 그리고 효율적으로 통제할 수 있게 된다."

매주 3시간 이상 비디오 게임을 하는 외과 의사들은 비디오 게임을 하지 않는 외과 의사보다 수술실에서 실수하는 비율이 37% 정도 줄고, 복강경 수술 기능이 27% 더 빠르고(수술 부위에 설치해 둔 작은 카메라가 전달하는 이미지에 따라 수술 도구를 작동시키는 수술), 그리고 수술 봉합을 33% 더 빨리 하였다.

비디오 게임과 장노년의 뇌

비디오 게임을 사용하여 노인의 뇌를 놀라울 정도로 향상시켰다는 보고도 있다. 어느 한 초기 연구에 의하면 노인 피험자들이(74세에서 78세 사이) 주당 한 시간 동안 비디오 게임을 하였더니 언어 지능과 비언어 지능 검사의 점수가 모두 향상되었다. 시애틀Seattle에 있는 팝캡 게임 회사Pop Cap Games에서 실시한 설문조사에 의하면, 이 회사의 게임 프로그램을 사용하고 있는 사람들의 70% 이상이 40세 이상이며,

이들의 거의 절반은 50세 이상이었다. 더욱이 노인일수록 젊은이들보다 게임을 한 번 할 때마다 시간을 더 많이 소비하는 경향이 있었다.

비디오 게임을 하면 치매를 방지하거나 발병을 지연시킬 수 있다고 확실하게 보여줄 수 있는 사람은 아직은 아무도 없다. 그러나 비디오 게임을 하면 단기기억과 반응시간의 속도가 향상된다는 데는 일반적으로 의견을 같이하고 있다. 이처럼 반응시간이 감소한다는 것은 우리에게 특별히 호기심을 불러일으킬 만큼 흥미롭지만, 그러나 아직은 우리가 대답을 제대로 하지 못하고 있는 질문도 동시에 제기하게 만든다: 반응시간이 향상됨에 따라 IQ도 증가하는가?

많은 지능검사들은 보다 빠른 처리속도를 강조하고 있기 때문에 IQ는 이들 검사에서의 수행과 높게 상관되어 있다. 일반적으로 보아 반응시간 검사에서 가장 빠른 사람은 평균 이상의 IQ를 가지고 있는 경향이 있다. 그러나 다른 요인들도 반응시간에 영향을 미칠 수 있다: 어떤 사람은 너무 조심성이 있고, 자신감이 결여되어 있고, 또는 쉽게 주의산만하다. 어떻든 처리 속도와 IQ 사이의 상관이 완전히 증명된 것은 아니지만 비디오 게임을 하면 선택을 보다 빠르게 하는 능력이 향상된다. 이러한 능력이 IQ에 미치는 효과가 어떠한 것이든 간에 말이다.

Shawn Greene에 의하면 “이러한 연구의 결과는 비디오 게임을 경험하는 것은 나이가 들면 정규적으로 일어나는 지각, 운동 및 인지 능력의 감퇴를 늦추고, 멈추고 또는 역전시킬 수 있다는 하나의 상력한 도구일 수 있음을 시사해 주고 있다.”

비디오 게임은 장노년들의 뇌의 인지기능을 향상시킬 수 있는 유일한 방법은 아니다. 브리지bridge, 체스chess 또는 퍼즐puzzle에서처럼 인지적으로 도전적인 것들을 추구하는 것도 연령과 더불어 쇠퇴해 가는 인지기능과 싸움해 가는 데 비슷한 이득을 줄 수 있다. 그러나 브리지 등이 처리 속도를 향상시키기를 기대할 수는 없다. 이런 점에서는 비디오 게임이 특별하다. 그러나 비디오 게임에 대하여 주의해야 할 것은 없는가? 꼭 두 가지가 있다.

첫째, 일부의 잠정적인 증거들은 비디오 게임은 습관 형성적이며, 심지어는 중독성이 있음을 보여주고 있다. 이것은 고강도의 '몰입'을 요구하는 게임에서 특히 진실하다. 이러한 게임에서는 비디오 게임에 완전히 빠져 식사를 거르고, 직장에서 돌아오면 집안에서만 머물고, 그리고 가족의 책임을 회피하게 할 수 있다. 특히 걱정되는 것은 소위 '장면적 몰입'situated immersion이라 부르는 것인데, 이런 경우는 단순히 게임을 하는 것이 아니라 자신이 실제로 게임 세상 속에서 존재하고 있다는 착각을 가지게 된다. 비디오 게임이 강도強度, 선명도 및 비디오 그래픽 등의 질이 향상될수록, 게임하는 게임머가 게임 속에서 성취할 수 있는 통제의 수준이 증가할수록, 그리고 게임이 일상생활에 대하여 재미있는 대안을 제시해 주는 정도가 증가할수록, '장면적 몰입'은 증가한다. 이러한 세 가지 요소들은 현재 매우 빠른 속도로 증가하여 최신의 게임들은 거의 완전한 몰입으로 게임머를 몰아 넣고 있다. 이것은 다른 사람에 대하여 불안을 경험하는 사람에게는 — 소위, 사회적 공포증을 앓고 있는 사람에게는 — 특히 위험하다.

심리치료 전문가인 Shauvan Scott은 이렇게 말한다: "게임은 실제 생활보다 훨씬 더 자극적이고 아름다운 가상의 세계를 제시해 주고 있다." "우리는 실제 생활에서는 성취하지 못할 수도 있는 성공과 권력감을 게임에서는 성취할 수 있다." 이전에는 "강박적인 게임머"였던 Scott은 "비디오 게임에 의존하는 것은 심신을 쇠약케 한다"라고 경고하고 있다.

몰입의 위험을 회피하기 위해서는 비디오 게임을 하는 시간의 양을 제한하여 주당 두세 시간 이상을 보내지 않아야 한다. 또한 한 번의 시간을 최대 한 시간으로 제한하라. 만약 당신이 비디오 게임에 더 많은 시간을 보내면, 주의결손/과잉활동 장애ADHD 등의 증상에 빠질 위험성이 커진다. 특히 이러한 과잉활동 증상이 주관적 초조감과 함께 "끊임없이" 게임을 하려는 것으로 나타나기 쉽다. 특히 이러한 증상은 보다 발광적인 게임에서 일어날 가능성이 크다.

비디오 게임이 주의집중에는 어떠한 효과를 미치는 것일까? 내가 수집해 본 전문가들의 대체적인 의견은 비디오 게임이 주의력을 악화시키지는 않는다고 보고 있다. 적어도 비디오 게임을 하고 있는 동안에는 게임은 주의집중을 향상시킨다. 당신 자신이 가지고 있는 지속적인 주의집중력을 점검해 보기 위하여 소위 내가 "헨리 제임스 검사"the Henry James test라 부르고 있는 것을 한번 해 보라. 비디오 게임을 해 본 다음에 『레이디의 자화상』*Portrait of a Lady*이나 『황금 사발』*Golden Bowl*의 한 장을 읽으면서 에너지 수준을 내려 보라. 만약 이때 당신 자신이 초조해지거나 그 다음의 이야기는 어떻게 될까를 앞질러 생각하게 된다면, 당신은 비디오 게임에 너무 많은 시간을 보내고 있는 것을 의미한다.

둘째 주의사항(보다 사소한 것이지만): 불필요한 폭력을 지나치게 강조하고 있는 맨헌트Manhunt, 그랜드 셉트 오토Grand Theft Auto, 또는 테이크 투Take - Two와 같은 게임은 회피하라. 또한 '콜럼바인'Columbine이나 '버지니아 테크'Virginia Tech와 같은 실제적인 대규모의 발작적 광포성이나 대량 학살이 들어 있는 게임을 회피하라. 이러한 비디오 게임이 실제 생활에서 사람들을 난폭하게 행동하게 만든다는 것을 증명하긴 어렵지만, 그러나 이러한 게임이 불건전한 정신 상태를 야기시킬 수 있고, 그리고 일부의 사람에게는, 반사회적인 성격 영향을 불러일으킬 수 있다는 증거는 충분히 있다. 이러한 게임은 많은 사람에게서 불안과 기타 불편한 정서 상태를 조성할 수 있다(내 개인적인 경험과 게임을 하고 있는 사람들을 관찰하거나 이야기해 본 바에 따르면). 왜 이런 것들이 일어날까? 그것을 설명할 수 있는 뇌 속의 기제는 무엇일까?

설명 가운데 일부는 디스플레이의 사실주의realism와 관련이 있다. 예컨대, 현실적인 환경에서 현실적인 인간의 손을 디스플레이해 주고 있는 비디오를 보면 거기에 따라 뇌의 운동부위가 활성화된다. 그러나 손을 기하학적으로 또는 만화로 표현한 것은 우리의 운동부위를 활성화시키지 아니한다. 동작을 어떻게 묘사하느냐도 중요하다. 비디오 게임을 하는 플레이어player가 비디오 게임 등장인물에 대하여 가지게 되는 감정이입 관계를 전문적으로 연구하고 있는 전문가인 India Morrison은 이렇게 말한다: "표면적으로 보아 인간과 별로 유사하지 아니해도(외계인), 만약에 그것이 인간처럼 움직인다면, 우리는 그것이 인간과 같다고 해석하기 쉽다." 이러한 선택적인 반응형태는 뇌의 전두엽 부위에 자리하고 있는 '거울 뉴런'mirror neurons의 활성화와 관련되어 있다.

거울 뉴런은 몇 년 전에 짧은 꼬리의 마카크 원숭이macaque monkeys를 대상으로 한 연구결과 때문에 주목을 받게 되었다. 연구자들은 이들 원숭이의 전전두엽 피질부에 있는 한 덩어리의 세포들이 원숭이가 땅콩을 집을 때와 다른 원숭이가 그것을 집는 것을 볼 때 마찬가지로 흥분하여 점화firing하는 것을 관찰하였다. 다시 말하면 다른 원숭이가 줍는 행위를 수행하는 것을 그냥 보고 있을 때도 거울 뉴런이 활성화되었다. 그러나 로봇이나 기타의 기계 장치가 땅콩을 줍는 것을 관찰할 때는 거울 뉴런은 활성화되지 아니하였다.

우리들 자신의 뇌에도 이와 비슷하게 다른 사람의 행위를 관찰할 때 거울 뉴런이 활성화된다. 이러한 활성화는 고도로 개별화되어 있고 그리고 실제의 생활 경험에 기초하고 있기 때문에 이러한 결과로 인하여 뇌는 매우 특수한 방식으로 조각彫刻이 된다. 예컨대 피아니스트는 어떤 사람이 피아노를 치고 있는 것을 보는 동안에 거울 뉴런이 활성화되지만, 피아노 훈련을 받지 못한 사람의 뇌에서는 같은 경험을 하더라도 거울 뉴런에 활성화가 일어나지 아니한다.

그러나 일상의 경험에서는 거울 뉴런의 활성화 형태는 이 사람과 저 사람이 아주 비슷하다. 예컨대 어떤 사람이 음식을 먹거나 마시는 것을 보면, 자기 자신이 실제로 음식을 먹거나 마실 때 활성화되는 것과 비슷한 뉴런들이 활성화된다. 아주 기본적인 수준에서 보면 거울 뉴런은 우리가 다른 사람과 동일시할 수 있는 기세를 제공해 주고 있다.

이렇게 다른 사람과 동일시하는 것이 비디오 게임의 주인공에게까지 확대될 수 있는가? 그렇다고 믿을 좋은 이유들이 있다. 실제생활에서는 운동 행동뿐 아니라 우리가 다른 사람과 사회적 상호작용을 하는 동안의 정서적 행동도 '거울'처럼 마찬가지로 활성화된다. 이것은 대부분의 우리가 끊임없이 부정적이거나 비참한 정서를 표현하는 사람을 회피하려고 하는 이유를 설명하는 데 도움이 된다. 이런 사람과 몇 분 만이라도 같이 있으면, 우리의 뇌는 그들의 얼굴 표정, 목소리 및 신체적인 동작들을 읽은 것을 기초하여(무의식 수준에서) 우리들 자신이 그와 비슷한 부정적인 정서를 느끼기 시작한다. 심리학자들은 이러한 과정을 '시각-정의적 작도'visuoaffective mapping라 부르고 있다. 혐오, 고통 또는 공포를 나타내는 얼굴 표정은 우리가 그러한 얼굴 표정을 관찰할 때 우리들 속에서 그와 유사한 정서 상태를 유발시키는 데 특별히 효과적이다. 얼굴 표정과 이에 수반하는 정서들은 거울처럼 반영되어 우리는 그것들을 무의식적으로 받아들인다.

비슷한 장면이 '세컨드 라이프'Second Life와 같은 비디오 게임의 세계에서도 존재한다. 여기에서 아바타avatars는(인터넷 세계에서 게임하는 사람이 자기표상을 할 수 있게 해 주는 삼차원 입체로 보는 모델) 컴퓨터 그래픽의 발날에 힘입어 지난 10년 동안 보다 더 실물처럼 발전하였다. 피부, 머리카락 그리고 의복이 이제는 거의 완전하게 실제와 비슷하다. 그러나 보다 더 중요한 발전은 아바타의 얼굴 형태, 시선의 방향, 걸음걸이 등의 사회적 표현이 보다 더 실제와 비슷해졌다는 것이다. 이러한 결과로 사용자들은 아바타의 행동과 외모에서 성격특성을 보다 더 쉽게 추론해 낼 수 있다.

앞으로 더욱 발전하면 비디오 시뮬레이션에다 인간의 정서를 귀

속시키는 것이 증가할 것이다. "몇 년 내에 그의 행동을 인간의 행동과 구분할 수 없는 그러한 아바타가 나타날 것이다"라고 MIT의 '미디어 연구소'Media Lab의 Judity Donath는 말하고 있다.

비디오 게임과 정서적 경험 간의 상관도 특별한 관심사인데 왜냐하면, 워싱턴 포스트의 Mike Musgrove가 지적한 바와 같이, "계속 성장하고 있는 컴퓨터와 비디오 게임 시장의 문턱을 두드리고 있는 전자공학 제품 제조업자들은 게임머들이 자기가 좋아하는 그러한 가상의 세계 속에 있는 것처럼 느끼게 할 수 있는 새롭고 신기한 방법을 계속하여 찾고 있기 때문이다"(우리가 어떤 종류의 가상 세계에 있고 싶어 하는지를 조심스럽게 생각해 보아야 할 좋은 이유가 되겠지만).

그러나 해악을 가져다 줄 잠재성이 있음에도 불구하고 나는 비디오 게임은 여전히 우리에게 제공해 줄 수 있는 것이 많이 있다고 믿고 있다. 새롭고 보다 정교한 게임이 시장에 나오면 뇌기능을 향상시킬 수 있는 추가적인 잠재력이 보다 더 널리 가용하게 될 것이다. Shawn Greene은 이렇게 말한다: "이런 저런 특정한 특성을 향상시킬 수 있는 새로운 비디오 게임의 개발이 가져올 파장과 영향은 아마도 이 분야에서 우리가 볼 수 있는 최고 수준의 흥분일 것이다." "비디오 게임 연구는 뇌와 행동을 경험에 따라 재조형시킬 수 있는 엄청난 가능성의 세계로 매력적인 창문을 열어가고 있다."

요약하면, 만약에 당신이 — 비록 가끔씩이라도 — 비디오 게임을 한다면 당신은 다음과 같은 이득을 기대할 수 있다: 전반적인 반응시간의 감소, 눈과 손의 협응의 증가 및 손 움직임의 민첩성, 그리고 공간 시각화 기능과 삼차원 속에서 정신적으로 작업하는 능력을 향상시킬 수 있을 것이다. 마지막으로, 당신이 시각적으로 동시적인 주의집중하는 것을 보다 더 잘 배분하고 전환시킬 수도 있을 것이다.

'브레인 짐' 프로그램의 활용

인터넷에 기반을 두고 있는 '브레인 짐'Brain Gyms은 뇌향상을 위한 과학기술적 접근법으로 현재 인기가 늘어나고 있는 또 다른 접근법이다. 이러한 컴퓨터 기반의 프로그램들은 일종의 "아인슈타인 할아버지"Grandpa Einstein와 같은 역할을 함으로써 연령과 더불어 기억과 일반적인 정신건강이 쇠퇴하는 것을 보충하거나 심지어는 그것을 역전시킬 수 있다고 주장하고 있다. 그러나 아직까지는 이러한 프로그램들의 가치가 증명되지는 못하고 있다. 왜냐하면 액션 비디오 게임의 인지적 효과에 관한 Bavelier와 Greene의 연구처럼 정말로 그럴 듯한 연구가 아직도 수행되지 못하고 있기 때문이다. 이와 같이 평가하는 것은 상이한 프로그램들 간에 광범위한 차이가 있기 때문에 다소간에 혼란스럽기도 하다: 이들 프로그램들 가운데 어떤 것은 경청하는 연습을 강조하고 있는 반면, 다른 것들은 보다 더 시각적인 접근법을 취하고 있고, 어떤 것들은 컴퓨터 마우스를 움직이는 것 이상의 아무것도 요구하지 않는 반면 또 다른 어떤 것은 신체적 활동을 상당히 많이 요구하고 있다. 그럼에도 불구하고 '마인드피트'MindFit를 제조하고 있는 회사에서는 사내에서 실시한 비교 연구를 바탕하여 자신들의 제품을 규칙적으로 사용하면 비디오 게임을 하는 사람들보다 단기기억과 주의집중이 더 증진된다고 주장하고 있다.

나는 개인적으로 '브레인 짐' 프로그램들을 여러 번 사용해 보았는데, 이것 보다는 도전적인 비디오 게임이 뇌향상을 가져올 가능성이 더 높다고 생각한다. 무엇보다도 비디오 게임은 여러 가지의 뇌건강 프로그램에서 반복적으로 하고 있는 "정신적 트레이닝"보다 훨씬 더 즐겁다. 컴퓨터 스크린에서 공을 추적해 가는 것은 보다 정교하게 구성한 액션 게임 정도만큼 사람들의 흥미를 성공적으로 붙잡기 어렵다. 이 장면은 브레인 짐에 있는 회전식 벨트 위를 달리는 운동기구에서 운동하는 것을 마찬가지의 거리를 해변을 따라 달리기하는 것에 비유하는 것과 같다.

그러나 만약에 '브레인 짐'이 액션 비디오 게임이 가지고 있는 몇몇 측면들을 받아들여 통합할 수만 있다면 브레인 짐도 미래에는 크게 개선될 수가 있을 것이다. 그러나 현재로는 브레인 짐의 접근이 당신에게 맞는지를 결정하는 최선의 방법은 이들 프로그램들 가운데 하나를 개인적으로 시험해 보는 것이다. 무상으로 제공하는 것이나 시간제한하여 무상으로 시험용으로 제공하고 있는 것을 가지고 시작하는 것이 좋을 것 같다. 몇 번 시험해 본 다음에 비디오 게임으로 바꾸어 두 가지의 경험을 비교해 보라. 그러면 브레인 짐에 있는 정신적 운동을 통해서보다는 도전적인 비디오 게임을 통해서 기억과 주의집중이 보다 더 쉽게 향상된다는 것을 발견하게 될 것으로 나는 생각하고 있다. 브레인 짐에서 하고 있는 정신적 운동은 몇 번만 하고 나면 바로 불편해지고, 그래서 권태로운 교실을 연상하게 만들 것이다.

V부

창의적인 뇌 만들기

창의력은 발산적 사고의 연습을 통하여 향상시킬 수 있다.

만약에 당신이 앞의 여러 장에서 제시하고 있는 방법을 사용한다면 당신의 뇌의 수행이 개선되고 향상된다는 것을 느낄 수 있을 것이다. 당신의 일반적인 기억과 작업기억은 강대화될 것이고, 주의의 집중 범위는 증가할 것이고, 철자 말하기나 어휘는 향상될 것이고 그리고 시각적 기능은 개선될 것이다. 이들 모두를 같이 하여 이들이 향상되면 그러면 이에 따라 창의력(성)도 더 커지게 될 것이다.

뇌와 창의력을 논의하기 위한 서론으로 문제해결 일반에 대하여 몇 마디 해 보는 것이 도움이 될 것 같다. 통상적으로 우리는 일련의 뚜렷한 단계를 통하여 문제를 해결하고 있다. 다음 쪽에 있는 문제, 즉 "다음의 시퀀스에 있는 그림에서 다음에 올 그림에는 점이 몇 개나 있을까요?"라는 문제를 생각해 보라. 이 질문에 대답하기 위하여, 먼저 우리는 그것을 읽고 생각하여 문제에 있는 요소에 친근해져야 한다. 어떤 작업 가능한 해결책을 성취해 내려고 하면 여러 가지의 잡다한 뇌회로들이 활성화된다. 예컨대 이 문제에서는 첫 번째 그림은 12개의 점으로 되어 있고, 두 번째 그림은 20개의 점, 그리고 세 번째 그림은 28개의 점으로 이루어져 있음을 알 수 있다. 첫 번째 그림에서 세 번째 그림으로 진행해 가면서 각기의 그림에는 8개의 점들이 추가되고 있는데, 이것은 네 번째 그림은 36개의 점을 가지게 될 것임을 시사해 주는 것처럼 보인다. 이것은 너무 쉽다 — 여기에는 무슨 속임수가 있는 것 같다. 그러나 그것이 무엇일까?

문제해결의 두 번째 단계에서는 그렇게 자명한 것이 아닌 해결책을 찾게 되는데 — 이 과정에서는 추가적인 뇌회로가 작동한다. 여기에서의 핵심적인 요소는 주의를 집중하고, 문제에 초점을 맞추고 그리고 부적절한 뇌과정들을 제지시키는 것이다. 그래도 해결책이 떠오르지 아니하면 산소 공급을 증가시켜 뇌를 더욱 각성시키거나(심호흡을 하거나, 엎드려 팔굽혀 펴기나 짧은 거리를 빠르게 달리기), 또는 음악을 들으면서 지금까지의 단어와 논리에 연상(결합)되어 있는 회로로부터 뇌의 활성화 형태를 이동시킬 수도 있을 것이다.

마지막으로, 그래도 해결책이 떠오르지 아니하면 우리는 얼마간 그 문제를 "마음의 밖"out of mind으로 밀어 내밀 수도 있다. 휴식, 이완, 수면 등은 — 특히 깊은 수면 — 창의적 문제해결에 필요한 혁신적인 연상(결합, association)을 부화해 내는 데 도움이 될 수 있다(이 문제에 대한 해답은 이 장의 마지막 페이지에 있다).

점들의 행렬: 아래의 시퀀스에 있는 그림에서
그 다음에 올 그림에는 점이 몇 개나 있을까요?

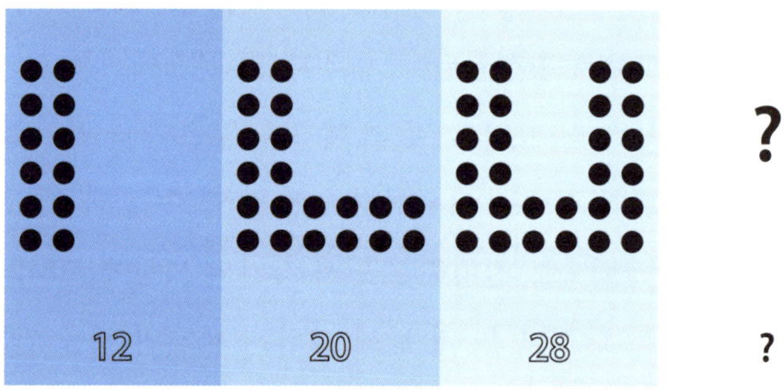

힌트: 마지막의 그림을 시각화하고 빠져 있는 점들을 계산해 보라.

창의력을 끌어올리는 데 수면을 활용하라

하버드 대학교의 떠오르는 젊은 수면 연구자인 Jessica Payne에 의하면 "그것 위에서 수면을 하고 나면"sleeping on it 학습했던 것들을 더 잘 기억할 뿐 아니라 보다 창의적이게 된다. Payne과의 대화 도중 그녀는 내게 이것을 증명하는 한 가지 실험에 대하여 말해 주었다. 이 실험에서 자원자들은 서로 관련 있는 단어들의 리스트를 학습하였다(예컨대, 실, 핀, 눈, 봉제, 날카로운, 바늘, 건초가리). 이들 리스트를 학습한 다음 피험자들에게 12시간이 지나서 이들 단어들을 할 수 있는 대로 많이 재생하도록 요구하였다. 그들의 수행은 그 시간 동안에 수면을 취했는가 취하지 않았느냐에 달려 있음이 드러났다. 피험자의 절반은 오전 9시에 리스트를 학습하고 정상적인 낮 시간을 보낸 다음 오후 9시에 검사를 받았다. 나머지 절반의 피험자들은 오후 9시에 리스트를 학습한 다음 그 이튿날 아침 9시에 검사를 받았다.

수면을 취한 집단이 리스트를 더 잘 기억했을 뿐 아니라, 두 검사 시간 사이에 잠을 잤던 사람은 새롭거나 창의적인 단어들을 두 배 또는 세 배 더 많이 재생해 내었다.

"수면은 기억한 리스트에 있는 단어들 간의 창의적인 결합(연상)을 향상시키고, 그리하여 새롭고 유의미한 연결을 발견하도록 격려한다는 것을 발견하였다"라고 Payne은 열정적으로 소리쳤다.

Payne이 그녀 자신의 연구를 설명하고 있는 동안 나는 수면 연구가인 William Dement가 여러 해 전에 수행한 한 유명한 실험에 대하여 생각해 보았다. 그는 자신의 학생들에게 H, I, J, K, L, M, N, O

와 같은 철자 시퀀스를 보여준 다음 이러한 시퀀스가 시사하고 있는 하나의 단어를 말해 보게 하였다. 학생들은 이 특별한 철자 스트링과 관련한 많은 단어들을 떠 올려야 했다. '철자 시퀀스'나 '알파벳'과 같은 반응은 인정하지 아니하였다.

아무도 정확한 대답을 하지 못하자 Dement는 그들에게 "그것 위에서 수면을 하게 하고", 그러면 그들이 해결책을 말하는지를 살펴보았다. 다음날 아침 몇몇 학생들이 돌아와서 지난 밤 자신들이 꾼 꿈을 보고하였다.

한 학생은 여러 개의 꿈을 보고하였다. 하나의 꿈에서 그는 스킨다이빙을 하는 동안 창꼬치 고기barracuda를 만났다. 다른 꿈에서 그는 악어를 사냥하고 있었고, 세 번째 꿈에서는 바람 속으로 항해를 하고 있었다. 이러한 꿈들을 살펴보면, 이 학생은 하의식 수준에서는 이미 해답을 알고 있으며 이들을 꿈의 이미지로 반복하여 표상하고 있다고 결론 내려도 무방해 보인다 — 비록 해답을 의식 밖으로 떠올리지는 못하고 있지만(철자들은 H에서 O로 시퀀스로 진행되고 있다. 예컨대, H_2O). 드디어 이 학생은 '물'이 공통의 요소였던 꿈 이미지를 통하여 해결책에 바르게 이르게 되었다. 이 퍼즐을 가지고 그 위에서 '잠'을 자지 아니했던 학생들은 아무도 이와 비슷한 암시적인 이미지를 떠올리지 못하였다.

Dement의 퍼즐을 푸는데, 꿈이 중요한 부분으로 작용했지만 Payne의 발견에 따르면 꿈이 꼭 필요한 것은 아니다. 수면만으로도 기억을 향상시키고 그것을 공고하게 통합시킨다. 여기에는 두 개의 독특한 이득이 있다: 우리는 더 많이 기억하며, 그리고 그녀의 실험에서 시사해 주고 있는 바와 같이, 그래서 우리의 기억은 보다 더 창의적이게 된다. "수면은 새롭고 유의미한 연결을 발견할 수 있게 격려하는 방식으로 기억을 변화시킨다"라고 Payne은 말한다.

『올해는 당신이 당신의 소설을 쓴다』This Year You Write Your Novel란 저서에서 Walter Mosley는 수면이 어떻게 하여 창의력을 향상시키는지에 대하여 이렇게 말하고 있다: "수면을 하는 동안 산들은 당신의 영혼 속으로 깊게 움직여 들어간다. 이제 잠이 깨어 다시 책을 읽게 되면 당신은 어제 당신이 중지했던 곳보다 더 멀리 가 있다는 것을 발견하고 스스로 놀라게 될 것이다."

REM 수면은 창의력을 증진시키는 데 특별히 효과적이다. 이미 언급한 바 있지만 REM 수면은 꿈을 꾸는 단계의 수면이다. REM 동안 약한 정신적 결합들은 강대화되고 융통성 있는 창의적인 처리가 향상된다. 수면과 창의력에 관련한 가장 유명한 보기는 August Kekulé가 벤젠benzene ring의 구조를 발견한 것이다.

학생일 때 Kekulé는 그의 이웃 사람 한 명이 갑자기 의문사한 것을 조사하고 있는 대배심원단 비슷한 사람들 앞에서 증언을 한 적이 있다. 죽은 이가 가지고 있던 물건들 가운데는 서로의 꼬리를 물고 있는 두 마리 뱀의 모양을 한 금반지가 있었는데 — 이것은 단결과 변이성을 상징하는 것이다. 증언을 마치고 난 다음 Kekulé는 이들 뱀에 대하여 두 번 다시 의식적으로 생각해 본 적이 없었다.

여러 해가 지나고 난 어느 날 밤, 벤젠의 6개 탄소와 6개 수소 원자가 어떻게 화학적으로 배열되어 있는지를 고민했지만 성공하지 못하고, Kekulé는 "의자를 돌려 잠시 겉잠을" 자게 되었다. 그는 원자들이 소용돌이처럼 춤추고, 같이 모였다가 뱀 같은 형태의 동작으로 분해되는 꿈을 꾸었다. 그 순간, Kekulé 자신의 말로 하면, "뱀 한 마리가 자기 자신의 꼬리를 물었고 그리고 이렇게 하여 형성된 고리가 나의 눈 앞에서 성난 듯이 빙빙 돌았다. 나는 바로 잠이 깨어 나의 가설이 가지고 있는 논리적인 결과들을 찾아보면서 밤을 보냈다."

잠이 깨고 나서 Kekulé는 팔찌의 장식물처럼 탄소 원자와 수소 원자가 서로 매달려 있는 여섯 개 층으로 된 벤젠 분자를 마음 속에서 그려볼 수 있었다. 도장이 새겨진 반지에 대한 무의식적인 기억이 꿈속에 다시 나타나 벤젠 구조를 발견하는 데 필요한 창의적인 심상을 자극하게 된 셈이다.

오늘날은 신경 과학이 발전하여 우리가 "활력이 떨어져"power down 있는 동안 창의적인 뇌에서 무엇이 일어나고 있는지를 여러 가지로 시사해 주고 있다(휴식, 이완, 수면, 특히 깊은 수면). 이들은 모두가 공통된 기제를 가지고 있는데, 그것은 뇌의 신경전도 물질 체제에 변화가 일어난다는 것이다.

"창의적인 사람은 노르에피네프린 체제norepinephrine system, 특히 이 체제와 전두엽과의 관계를 조정하는 특별한 능력을 가지고 있다. 창의적인 혁신을 하는 동안 노르에피네프린의 대뇌 수준은 감소하고 그리하여 새로운 질서정연한 관계를 발견하게 된다"라고 플로리다Florida 의과대학의 신경학 석좌 교수인 Kenneth Heilman은 말한다.

스틸테 안경을 쓰고 나비 넥타이를 매고 다니는 학자풍의 사람인 Heilman은 이 나라 최고의 행동신경학자의 한 사람으로서 지난 반세기 동안 매우 창의적인 일생을 살아오면서 창의력에 대한 생각을 많이 하였다. 우리가 회화를 나누는 동안 Heilman은 전두엽의 중요성과 이들의 기능을 어떻게 향상시킬 수 있는지를 강조하였다.

"전두엽은 대뇌피질부 가운데 창의력에 가장 중요한 부위이다. 이들은 발산적(확산적) 사고 — 믿어야 한다고 배운 것에서 빗나가나는 능력 — 그리고 대안적인 해결책들을 떠 올리는 능력에 결정적인 역할을 한다."

Heilman이 지적하고 있는 것을 예시해 보기 위하여 앞에서 알아 본 '점 시퀀스의 퍼즐'를 다시 들여다 보라. 점들만을 집중하여 보면 틀린 대답에 이르게 된다(36개는 오답이다). 그러면 어떤 다른 방법으로 문제를 접근할 수 있을까? 힌트: 엄격하게 점들만을 가지고 생각하는 대신에 점진적으로 변화하여 진화하고 있는 '기하학'을 시각화하여 머릿속에서 떠올려 보라. 8개 점들을 두 번 더하기 하면(12+8=20+8=28). 이제 그림은 사각형 형태를 가지기 시작한다. 그러나 그것은 완전한 사각형은 아니다. 그러면 사각형을 완성하려면 몇 개의 점이 더 요구될까? 정확한 해답은(전체 32개의 점을 만들기 위하여 4개의 점을 더하기해야 한다) 당신이 마음 속에서 강조하는 것을 점에서 하나의 전체로시의 그림으로 이동할 때 비로소 해답이 떠오를 수 있다. 당신의 사고를 이렇게 이동시킬 때 당신은 퍼즐을 해결할 수 있다. 당신의 주의집중을 점들을 계산하는 것에서 점들이 만들어 내고 있는 기하학적인 형태(사각형)에 따라 사고하는 것으로 방향 전환을 해야 한다. 발산적 사고는 퍼즐을 해결하는 데 핵심적인 통찰을 제공해 주고 있다.

점의 시퀀스에 관한 문제에서 아마도 당신은 세 가지의 반응 가운데 하나를 경험했을 것이다. 첫째, 해결책이 당신에게 즉시적으로 자명하였다(그러했다면, 미안하지만). 둘째, 퍼즐에 대하여 생각해 보고 그리고 천천히 한 단계씩의 추리를 통하여 정답에 이르렀을지도 모른다. "'자명한 해답'은 정답이 아닌 것이 분명하다. 이것은 더하기 해야 할 점의 수는 8개보다 적은 것을 의미하지만 그러나 점은 몇 개? 그림이 완성되게 폐쇄시키고 그렇게 하는 데 필요한 점들을 계산해 보자." 세 번째 반응은 처음에는 해결하는 데 실패하고, 문제에 대하여 더욱더 생각해 보고, 그리고 그런 다음, 거의 순간적으로 통찰적인 해결에 이르렀을지도 모르겠다 — '아하' 하는 경험을 Aha experience 말이다.

'아하'는 갑작스러운 통찰과 창의력으로 문제를 해결할 때 수반되는 감정을 간결하게 표현한 것이다. 이 반응의 원형은 희랍의 철학자-과학자였던 Archimedes에서 찾는다. 전설에 따르면, 시라큐스 Syracuse의 폭군 Hiero는 Archimedes에게 해답을 발견해야 하는 매우 특별한 딜레마를 경험토록 하였다. Hiero는 기술공들이 자신의 왕관을 만들면서 순수한 금이어야 하는데도 거기에다 은을 혼합하여 자신을 속였다고 의심하였다. Archimedes는 왕의 의심을 풀어주거나 또는 그의 의심을 확인해 주는 검사를 생각해 보라는 명령을 받았다. 그러나 그러한 검사를 하기 위하여 왕관을 손상시킬 수 있는 일은 어떠한 것도 할 수 없었다. 이러한 요구 때문에 순금과 혼합물이 있는 금을 구분할 수 있는 보통의 화학적 검사는 할 수가 없었다.

해답은 Archimedes가 욕탕에 있을 때 생겨났다. 물 속에서 늘어져 있는 동안 그는 물이 올라올 뿐 아니라 자신의 체중이 감소한다는 것도 주목하였다. 이 순간 — 유레카Eureka 또는 '아하' 순간 — Archimedes는 같은 무게의 대상들이라도 물 속에 넣으면 이에 따라 밀어내어 대치되는 물의 부피는 다르다는 것을 — 밀도가 동일하지 않는 한 — 알게 되었다. 은은 금보다 밀도가 낮기 때문에 금과 은을 합금하여 만든 가짜는 순금으로 만든 왕관보다 밀어내어 대치되는 물의 양은 같지 아니할 것이다.

오늘날 우리는 Archimedes가 그의 통찰을 성취해 낼 때 그의 뇌에서 일어났을 것 같은 과정을 밝혀낼 수 있다(지금은 Archimedes의 원리라고 알려진 것). fMRI나 EEG 기술을 사용한 연구들은 문제를 갑작스런 통찰로 해결할 때와 단계적인 논리적인 귀납으로 해결할 때의 반응이 다르다는 것을 확인하고 있다. '아하' 하는 순간의 이전 약 300 밀리세컨드(1초의 300분의 1)에 우반구에서 특히 측두엽 앞부분인 전측두엽에서 활동이 갑작스럽게 폭발하였다. fMRI 연구를 수행하는 과학자의 해석에 의하면 이 우반구의 활동은 간접적인 결합을 만드는 것을 자극한다: "멀리 관련되어 있는 정보들을 관련시켜 이전까지는 몰랐던 연결들을 볼 수 있게 만든다."

우반구의 자극을 받아 그에 대한 반응으로 일어나는 것들은 다음과 같다: 통상적으로 우리의 좌반구는 일상의 언어적-추리 과정을 관리하며 창의적인 해결을 요구하지 아니하는/문제를 해결하는 데 사용되고 있다. 그러나 이러한 단계적인 접근으로 해결을 할 수 없을 때는 — 특히 창의적인 해결이 요구될 때 — 우반구의 높은 활동의 폭발은 좌반구로 투입되고 거기에서 새로운 회로를 활성화시키고, 그리하여 '아하' 해결의 밑바탕에 놓여 있는 새로운 결합적 연쇄를 형성시키게 된다.

창의력에서 우반구가 중요하다는 것은 매우 영리한 실험을 통하여 처음으로 발견하였다. 문제 해결자에게 정확한 해답을 시사해 주는 서면 힌트를 주었다. 힌트는 스크린에다 붙여 두고 좌반구나 우반구를 사용하여 선택적으로 읽도록 하였다. 좌반구는 읽기와 언어를 전문으로 하고 있기 때문에 이들 힌트가 거기에 전달될 때보다 효과적일 것으로 전제하는 것은 합리적인 것 같이 보인다. 그러나 실험이 발견한 것은 그것이 아니었다. 힌트를 우반구로 읽으면 보다 더 도움이 되었다. 얼른 보면 이것은 놀라운 것이지만 그러나 자세히 숙고해 보면 이것은 아주 그럴 듯해 보인다: 문제를 통찰적으로 해결하려면 새로운 결합을 창조하는 것이 필요하다. 이런 것을 전문하는 것이 우반구이다.

좌반구가 노력해도 잘 되지 않던 것을 우반구가 해결해 주고 있는 보기 하나를 들어보면 다음과 같다. "소나무pine, 게crab 및 소스sauce를 가지고 친근한 합성어나 합성구를 만들 수 있는 하나의 단어는 무엇일까?"

만약 당신이 바로 대답을 떠올릴 수 있다면(apple, 이 단어는 pineapple, crab apple 및 applesauce 등을 만들 수 있다), 당신의 좌반구가 대부분의 작업을 하고 있을 것이다. 그러나 만약에 당신이 몇 분 동안이나 끙끙거리다가 '아하' 경험을 통하여 갑자기 해답을 '보게'see 된다면 당신의 우반구가 선택적으로 활성화되었을 것이다. 노스웨스턴Northwestern 대학교의 신경과학자들은 이러한 것을 보여주는 fMRI 연구를 수행하였다.

환언하면, '아하' 경험을 통하여 문제를 해결하는 것은 통상적으로 좌반구의 지시에 따라 문제 해결하는 방법과는 질적으로 다르다. 창의력은 좌반구 처리에서 우반구 처리로 뇌활동이 이동하는 것을 수반한다. 이렇게 하면 새로운 결합이 형성될 수 있게 한다. 우리가 통상적으로 하고 있는 좌반구 지배적인 뇌처리에서 우반구로 이동하는 것이 바로 — 우반구의 새로운 형태와 회로와 함께 — 우리가 어떤 문제나 퍼즐에서 창의적인 해결 대안에 이르게 될 때 경험하게 되는 쾌감의 기반이다.

그러므로 만약에 창의적인 결합을 신장시키고 싶으면 뇌의 활동 형태를 우반구 처리로 이동시키는 것이 도움이 된다. 또한 창의력은 휴식, 이완, 수면 및 특히 꿈꾸며 자는 수면 등과 같은 "힘을 내려놓은" 상태에 의해서도 향상된다. 이러한 힘을 내려놓은 상태들은 공통적인 기제를 가지고 있다: 이들은 모두 뇌의 신경 전도물질 체제상의 비율에 변화를 일으킨다.

창의적인 사람의 뇌를 살펴본 기타의 연구들은 측두엽의 중요성을 강조하고 있다. 뉴멕시코New Mexico 대학교의 심리학자인 R. E. Jung은 창의력은 측두엽과 선두엽에 영향을 미치고 있는 특정의 퇴행성 질병과 관련시켜 보고 있다. 전형적으로 보아 전두-측두엽 치매를 앓기 이전에는 별로 창의적이지 아니했던 노인인데도, 그림 그리기를 시작하여 교육을 전혀 받지 않거나 아주 적게 받고 난 다음, 아주 독창적인 그림을 생산해 낼 수가 있었다. 아직까지는 뇌 질환이, 특히 일반적인 뇌의 수행을 감소시키는 뇌의 질환이, 어떻게 하여 창의력의 증진을 가져오는지를 아무도 제대로 설명하지 못하고 있다.

하나의 이론은 창의적인 충동은 우리들 모두에게 존재하지만 그러나 습관과 사회적 행동규칙 때문에 이들이 약화된다고 주장하고 있다. 이 이론은 형식적 학교교육은 창의력을 증진시키는 것이 아니라 제지시키고 있다는 불란서 철학자 Jean–Jacques Rousseau의 주장의 하나의 변형이라 말할 수도 있다. 이 견해에 따르면 주로 전두엽에서 시작하는 이러한 제지적인 힘이 전두–측두엽 치매frontotemporal dementia에서는 감소되고 있다. 그러한 결과로 주로 측두엽 내에서 시작하는 창의력이 흘러나오게 된다는 것이다.

이 가설을 검증하기 위하여 Jung은 자기가 소속해 있는 대학에서 학생들을 모집하여 창의적인 과정에서 중요한 역할을 하는 요소들을 측정해 보았다. 이러한 요소들 중 하나는 벽돌과 같은 흔한 물건들을 가지고 일련의 색다른 용도를 찾아내는 능력이었다(변기의 물 절약을 위하여 그 속에 넣기, 책 페이지 고정시켜 주는 서진 등). 이 검사를 자유롭게 그림 그리게 하고(학생들에게는 제한된 시간 내에 할 수 있는 대로 많은 그림을 그리도록 요구하였다), 다음으로 제한적인 그림 그리는 연습을 하였다(몇 개의 선만으로 그림을 그리도록 제한). 이들 두 가지 연습은 모두가 독창적인 그림을 그리게 하는 데 목적이 있었다. 그리고 이들 검사들을 모두 계산하여 종합 창의력 점수를 산출하였다.

창의력의 순위가 높은 학생의 뇌를 fMRI 검사한 결과 두 개 부위의 활동이 다른 사람보다 더 크다는 것을 보여주었다. 특히 활성화가 크게 일어난 것은 왼쪽 측두엽 부위였고(사회적 개념들을 사정하는 데 결정적인), 그리고 이보다는 좀 정도가 적은 것으로는, 후부에 있는 대상회전posterior cingulate 부위였다(복합적인 관계를 확인해 내는 데 중요한).

같이 토론하면서 Jung이 인정했듯이, 이 연구는 아직은 예비적인 것일 뿐이다(2007년 후반의). 앞으로 몇 년에 걸쳐 Jung은 창의력과 뇌와의 관계를 더 잘 설명해 줄 수 있는 추가적인 연구를 계획하고 있다.

창의력에 관한 뇌연구가 아직은 진행형의 시험적인 성질의 것임에도 불구하고 다음과 같은 실제적인 결론을 내리는 것은 정당하다고 나는 믿는다: 창의력은 발산적 사고 연습을 통하여 향상시킬 수 있다.

시각적 사고의 힘

창의력과 발산적 사고의 관계에 대한 보다 분명한 아이디어를 얻기 위하여(일반적으로 "상자 밖의" 사고라 부르고 있다. thinking "outside the box"), 나는 턱손Tucson에서 열린 뇌 컨퍼런스에서 Temple Grandin을 만났다. 그는 『그림 속의 사고』*Thinking in Pictures*의 저자인데, 1995년에 출판된 본서는 과학자와 자폐증 사람이라는 이중적인 시각에서 사신의 인생을 기술하고 있다. 그런데 이제 Grandin은 그의 시간을 두 개로 나누어 살고 있다. 하나는 콜로라도Colorado 주립대학교의 동물과학 학과의 교수로서 가축의 행동과 취급요령을 전공하고 있고, 다른 하나는 수요가 매우 많은 아스퍼거 증후군Asperger's syndrome의 강사로 일하는 것이다. Grandin은 보다 인도적인 가축용 도구들을 창의적으로 디자인한 것으로 가축 사육자들에게 유명하고, 그리고 보다 더 많은 대중들에게는 자폐증을 앓고 있는 사람의 생활에 관한 많은 논문과 몇 권의 저술로 유명하다. 그날 모임이 있기 전 조금 이른 시간에 나는 그가 하는 창의력에 관한 강의에 참석하였는데, 청중들은 주로 정신의학자와 신경학자들이었다.

서구식 셔츠와 부츠를 신고, 검은 바지에 줄무늬 넥타이를 한 Grandin은 손으로 쓴 단 한 장의 노트를 손에 들고 무대 위로 자신 있게 걸어 왔지만 그녀는 그 노트를 거의 보지 아니하였다. 그는 신경정신의학자들 앞에서 사람들은 세 개의 "사고 형태"thinking patterns, 다시 말하면 세 개의 "전문가" 뇌 가운데 하나를 소유하고 있다고 말하였다.

첫째는 그리고 우리들 문화에서 가장 흔히 있는 것은 어문적-언어적 뇌verbal - language brain이다. 전형적으로 여기에는 작가, 번역가, 그리고 시각화visualization를 강조하지 아니하는 기타의 전문직들이 포함된다. 일반적으로 이 뇌가 전문화되어 있는 사람은 수학을 잘하지 못한다. 둘째는 음악과 수학 뇌music and math brain인데, 이것은 설명이 필요없을 것이다. 이러한 사람들은 당신의 음악가, 당신의 컴퓨터 광, 당신의 수학 천재들이다. Grandin은 자기 자신은 세 번째 범주에 포함시켰는데, 그것은 시각적 사고visual thinking를 전문적으로 하는 것이다.

Temple Grandin에게는 단어란 "이차적인 언어"second language일 뿐이라서 그녀는 자신에게 말하는 것은 무엇이든지 "총천연색, 완전한 음으로 변환되어 나의 머릿속에서 하나의 VCR 테이프처럼 돌아간다." 어떤 구체적인 기억을 재생해 내는 것은 그것이 마치 "CD-ROM 디스크에 있던 것처럼" 그 경험을 재생해 내는 것과 같다. 그런 다음 그녀는 시각적 기억으로부터의 이미지를 사용하여 가축 활송 장치, 트럭 짐싣기 및 분류 시설 등을 위한 디자인 문제를 해결하였다.

창의적인 과정에서 이미지image가 제일 중요하다는 Grandin이 말하는 핵심의 한 가지 보기를 들어본다. 다음에 있는 문단을 읽고 세부 내용들을 할 수 있는 대로 많이 재생해 낸 다음 그것을 기초로 하여 짧은 이야기 글을 써 보라.

"만약에 풍선이 펑 터진다 해도 그 소리는 전달되지 못할 것이다. 왜냐하면 모든 것은 그 층에서 너무 멀리 떨어져 있기 때문이다. 창문이 닫혀 있으면 이것 역시 소리가 전달되는 것을 방지할 것이다. 왜냐하면 대부분의 건물들은 방음장치가 잘 되어 있기 때문이다. 전체의 조작은 전기가 안정되게 흐르는 것에 달려 있기 때문에 전선이 중간에서 끊어져도 문제가 생길 것이다. 물론이지만 그 녀석이 고함을 칠 수도 있지만 인간의 목소리는 그렇게까지 멀리 전달될 정도로 크지 아니하다. 또 다른 문제는 악기의 줄이 끊어지는 것이다. 그러면 메시지가 전달되지 못할 것이다. 최선의 상황은 거리가 멀지 아니한 것이다. 그러면 가능한 문제들이 보다 적을 것이다. 얼굴을 맞대어 접촉하면 잘못될 일이 가장 적을 것이다."

대부분의 사람들은 이 문단에 포함되어 있는 정보의 약 20% 정도만 기억할 수 있다. 그것은 문장 하나하나는 의미가 완전하더라도 문단의 전체적인 의미는 여전히 모호하기 때문이다. 무엇을 기술하고 있는가? 이 질문에 대한 대답이 없으면 당신은 독창적인 이야기 글을 생성해 내기 위하여 창의력을 이용할 수 없다. 그러나 만약에 당신이 다음에 있는 풍자화 그림을 아주 순간적으로라도 들여다 본다면 전체의 문단은 완전하게 의미가 통할 것이고, 당신은 짧은 이야기 글을 만드는 데 별로 어려움이 없을 것이다. 이 사례는 고전적인 러브 스토리의 한 장면이다.

예술가, 발명가 그리고 과학적인 혁신자들은 더러 자신에게 영감을 준 이미지에 대하여 이야기하고 있다. Einstein은 어떤 한 열차에 있는 사람의 동작이 그것과 평행하여 달리고 있는 두 번째 열차에

있는 관찰자에게는 어떻게 보일지를 이미지로 생각해 보고 상대성 이론에 도달하였다. 이미 앞에서 우리는 Kekulé가 화학적 벤젠을 발견한 것에 대하여 기술한 바 있다. 그것은 사물의 통일과 변이에 대한 연금술적 상징의 형태로 만들어진—두 마리의 뱀이 서로 뒤엉켜 자신들의 꼬리를 물고 있는—금반지에 대한 기억에서 진화한 것이다. 이들 각 사례의 경우, 생생한 이미지는 언어가 우리의 시각적 사고능력에 가하는 제지적인 효과를 잠정적으로 상쇄시켜 주기 때문에 창의적인 사고를 할 수 있는 재료를 제공해 주게 된다.

모듈식 디자인modular design에서는, 그것이 소설을 쓰는 것에서든 또는 영화 감독을 하는 것에서든 간에, 창작자는 처음부터 끝까지 직선적인 방식으로 이야기를 말하는 것이 아니라 플레시백(flashback, 과거의 회상 장면으로의 전환)과 기타의 이야기식 도구들을 사용한다. "모듈식 디자인은 원인과 결과의 시퀀스에 따라 생성된 것이 아닌 사건들 또는 사람들 또는 모티브motifs 또는 주제들 간의 관계를 보여주는 효과적인 방법이며 그리고 그렇기 때문에 다소간 시간에 영향받지 않고, 심지어는 무시간적인 것이다"라고 소설가 Madison Smartt Bell은 밀하고 있다.

어떻게 하면 우리의 마음의 균형을 연대기적인chronological 디자인에서 모듈식 디자인으로 이동시킬 수 있을까? William Gibson이나 Michael Ondaatje와 같은 소설가 그리고 Christopher Nolan과 같은 영화 제작자들은 이런 일을 항시 하고 있다. 이들 예술가들은 과거에서 현재로 미래로 이야기하는 식으로 전개하면서 작업하는 대신에 글라스glass와 타일 조각들을 조립하여, 멀리서 보면 하나의 응집적인 형태로 보이는 것을 만들고 있는 모자이크 장인들이 하는 그러한 방법을 모방하고 있다. 모듈식 디자인은 작가나 영화 제작자들로 하여금 직선적 디자인linear design의 제한으로부터 자유롭게 만든다. 직선적 디자인에서는 이야기의 전체적인 전개가 시작에서 끝마침까지 차례대로 이루어지는 것을 강조한다.

우리들 모두는 정례적으로 모듈식 디자인을 사용한다. 예컨대, 만약에 내가 당신이 오랫동안 알고 지내는 어떤 사람에 대한 의견을 묻는다면 당신은 지난 세월 동안 당신이 그 사람에 대하여 경험했던 것들의 직선적인 연대에 따라 배열된 어떤 이미지 비디오를 마음 속에서 재검토해 보고 대답하지는 아니할 것이다. 이 보다는 그 사람에 대한 당신의 인상, 관찰과 경험들을 연결하고 있는 단편적이고, 짧은, 그러나 생생한 이미지에 따라 — 영화 용어를 사용한다면, 점프샷jump shots — 대답을 할 것이다. 그 사람에 대한 당신의 마지막 '센스'sense, 당신의 결론은 이러한 단편적인 조각들과 마찬가지로 단편적인 그러한 사실들을 당신이 어떻게 배치하고 재배치하느냐에 달려 있을 것이다. 이것을 하기 위하여 당신은 "모듈식 이야기 디자인"modular narrative design을 만들어야 하는데 여기서는, Madison Smartt Bell이 기술하고 있는 바와 같이, "형태가 대칭적인 기하학적 도형을 취하듯이 또는 무게가 저울에서 균형을 취하듯이 이야기 요소들이 대칭 속에서 균형을 이룬다."

내가 창의력 도구의 하나로 모듈식 디자인을 사용하는 한 가지 방법은 어떤 특정한 사람이나 사건에 대하여 떠오르는 모든 것을 큰 도화지 위에 빠르게 그리고 무비판적으로 적어 두는 것이다. 그런 다음 이들 독립적인 관찰들을 무선적인 차례로 돌려 이동시켜 보고 거기에서 어떤 구조가 나타는지를 살펴보는 것이다. 만약에 내가 컴퓨터에 가깝게 있다면 '영감: 시각적 사고의 도구'Inspiration: The Visual Thinking Tool 라는 혁신적인 프로그램을 사용하기를 선호한다. 이 프로그램은 무심코 들여다 볼 때는 드러나지 아니하는 그러한 관계를 지각하는 데 도움이 되며 그리하여 창의적인 아이디어가 떠오르게 할 수도 있다.

창의력 증진을 위한 4단계

최근의 연구들은 창의력을 증진시키기 위하여 취할 수 있는 네 개의 실제적인 단계를 시사해 주고 있다.

1. 이해하는 데 필요한 만큼 오랫동안 문제에 집중하라.
2. 당신이 암묵적으로 가지고 있는 가정들assumptions을 단어로 정신적으로 표현해 보라. 문제에 대하여 이해한 것을 요약하여 적어 보라.
3. 해결에 이르기 위하여 당신이 해야 할 일이 무엇인지를 분명하게 이해하라.
4. "나는 이 문제를 또 다른 어떤 방식으로 상상하여 그려볼 수 있는가?"라고 스스로에게 물어라.

해답이 나타나지 아니할 때는 그것을 당신의 마음 밖으로 밀어 내 놓고 휴식, 이완, 수면, 그리고 특히, 꿈을 꾸는 수면 등의 '힘을 내려놓는' 상태들 가운데 하나에 몰두하라.

만약에 당신이 이들 단계를 취한다면 당신은 발산적 사고의 네 개의 주요 특징들을 적용하고 있는 것이 된다. 네 개의 주요 특징들이란 1950년대에 심리학자 Joy Paul Guilford가 확인해 낸 것으로 다음과 같다: 유창성fluency, 문제에 대한 가능한 여러 가지의 해결 대안들을 빠르게 생성해 내는 것; 정교성elaboration, 어떤 아이디어의 세부적인 내용들을 생각하는 것; 융통성flexibility, 문제에 대한 다중적인 접근법들을 동시적으로 생각하는 것; 그리고 독창성originality, 대부분의 다른 사람들에게는 생각나지 아니하는 아이디어들을 떠 올리는 것.

아래에 창의적 사고의 보기가 되는 퍼즐 하나가 있다. 나는 이것을 퍼즐 개발 전문가인 Dave Youngs로부터 알게 된 것인데, 이것은 발산적 사고를 함으로써만 해결할 수 있는 것이다.

6개의 물 잔이 한 줄로 배열되어 있다. 앞에 있는 3개의 물 잔에는 물이 채워져 있지만 뒤에 있는 세 개는 비워져 있다. 어떻게 하면 한 개의 물 잔만 움직여서 물이 채워져 있는 것과 비워져 있는 물 잔이 교대적으로 되게 할 수 있을까? 당신의 마음 속에 물 잔들을 배열해 보거나 또는 실제로 물 잔을 가져다 놓고 이 문제의 해답을 찾아볼 수도 있을 것이다. 정말이지만 단 한 개의 물 잔만을 움직여 물이 채워져 있는 것과 비워져 있는 물 잔이 교대로 나타나게 할 수가 있다. 그러나 그러려면 당신은 발산적으로 사고해야 한다.

이 퍼즐을 해결한 어떤 사람이 사용했던 추리의 과정은 다음과 같다: "한 개의 물 잔을 완전히 제거해 버릴 수 있겠지[그는 그렇게 해 본다] … 이래서는 안 되는 군. 한 개의 물 잔을 움직이고 그런 다음 그것을 원래의 위치로 되가져 올 수 있겠지 … 그러나 이것도 안 되는 군. … 한 개 물 잔을 움직일 수 없는 한 … 아하!"

이 퍼즐을 바르게 해결하려면 당신에게 제한을 가하고 있는 두 개의 가정들을 극복해야 한다: 첫째, '움직인다'는 단어는 반드시 물 잔을 재배치하는 것을 의미한다. 둘째, 물 잔 하나를 움직이는 것은 수평적인 평면에서만 수행되어야 한다. 이들 두 가지 가정의 어느 하나라도 설정하면 퍼즐에 대한 성공적인 해결을 할 수가 없다: 평평한 테이블 평면에서 한 개의 물 잔을 다른 위치로 단순히 밀어 넣어서 물이 채워져 있는 것과 비워져 있는 물 잔을 교대적인 것으로 줄을 세울 수는 없다. 그러나 두 번째 물 잔을 수직으로 '들어 올려' 그 속에 있는 내용물을 다섯 번째 물 잔에 부어넣은 다음 그것을 원래의 두 번째 위치로 되가져 오면, 채워진 물 잔과 빈 물 잔을 교대적으로 배열하는 것이 가능해진다.

여기에 있는 정확한 해답에는 앞에서 내가 언급한 바 있는 네 개의 모든 단계와 Joy Paul Guilford의 발산적 사고의 네 개의 특징들이 모두 포함되이 있음을 주목하라. 가장 중요한 것은 단계 4이다: "이 문제를 또 다른 어떤 방식으로 상상하여 그려 볼 수 있는가?"(이것은 Guilford의 독창성, 즉 대부분의 사람에게는 일어나지 아니하는 아이디어를 떠 올리는 것에 해당된다).

아래에는 또 다른 퍼즐이 있는데 만약에 당신이 이것을 이전에 접해 본 적이 없다면 쉽게 해결할 수 없을 것이다. 이것은 하나의 아주 구체적인 제한적 가정을 단호하게 수정하지 않으면 해결할 수 없다.

“하나에는 50센트가 들고, 1달러로 12를 살 수 있고 그리고 1달러 50센트로는 312를 살 수 있다. 지금 사고 있는 물건은 무엇인가?”

해결책에는 어떤 ‘대상’이 필요하다는 것을 유념하라. 그러므로 당신은 시간 단위가 포함되는 해결책은 어떤 것이라도 해 볼 수 있다(핸드폰의 시분 분할로 계획 등). 이것은 물 잔 퍼즐보다 훨씬 더 어려운 퍼즐이기 때문에 해결을 위한 힌트를 소비자 *Ned*와 전문용품의 주인인 *Susie* 간의 대화의 형식으로 제시해 보면 다음과 같다.

Ned: “나는 이들의 얼마를 사고 싶은 마음이 있다. 1개에 얼마죠?”

Susie: “1개에 50센트입니다.”

Ned: “내가 12를 산다면요?”

Susie: “12는 1달러입니다.”

Ned: “알겠어요, 312가 좋겠어요.”

Susie: “그러면 합계가 1달러 50센트입니다.”

이 퍼즐이 어려운 것은 상거래의 규칙에 의하면 이러한 변칙적인 가격은 말이 안 된다는 사실에서 생긴다. 만약에 1개에 50센트이고 그리고 12의 가격이 50센트 더 많을 뿐이라면 소비자는 각기 50센트에 팔 수 있는 것을 11개 더 획득하는 것이다. 더욱이 312를 단돈 $1.50에 구입할 수 있다는 상황은 터무니가 없다. 이러한 시나리오는 대상의 품목을 통상적인 의미로 사용해서는 가능하지 아니하다. 어떤 종류의 ‘품목’이 1개에 50센트, 12에 1달러, 그리고 312에 $1.50라는 단위로 판매될 수 있을까? 해답이 떠오르는가? 그렇지 않다면, 여기에 마지막 힌트가 있다.

*Ned*는 새로운 주택개발 지구로 이사를 했으며 그리고 집들이에 오는 손님들이 아직도 채 완성되지 아니한 자신의 집을 찾을 수 있게 하는 품목을 구입하고 있다. 이제 알겠는가? *Ned*는 지금 철물상에서 자기 집의 주택 번호에 쓰일 숫자 1, 2와 3을 구입하여 그것을 자신의 새집 대문에 붙여 놓으려 한다.

위에서 알아본 두 개의 퍼즐에서 해답을 하려면 '상자 밖에서 사고'할 것을 요구하고 있다 — 이것은 발산적 사고를 비형식적인 회화의 용어로 표현한 것이다. 다음에 있는 아홉 개 점 퍼즐Nine Dot Puzzle은 정말이지, 문자 그대로, 상자 밖에서 사고해야 해결할 수 있는 것이다.

종이 위에다 아래에 있는 것과 같은 아홉 개의 점을 그려 보라. 이제 네 개의 직선을 가지고 모든 점들을 연결시켜 보라. 각기의 점은 한 번, 반드시 한 번만 가로질러 교차해야 한다. 일단 출발하면 연필을 종이에서 들어 올리면 안 된다.

몇 번이고 해 보고 성공하지 못했다면 아마도 당신은 아홉 개의

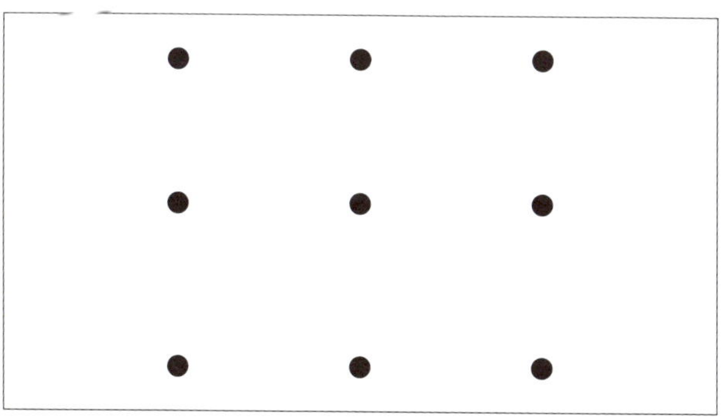

점들을 모두 포함할 수 있으려면 적어도 다섯 개의 직선은 되어야 한다고 결론 내릴 수도 있을 것이다. 창의력을 증진시키기 위한 공식의 두 번째와 네 번째 단계를 되새기면서 지시를 다시 읽어 보라: "암묵적으로 가지고 있는 가정들을 단어로 정신적으로 표현해 보라"와 "나는 이 문제를 또 어떤 다른 방식으로 상상하여 그려 볼 수 있는가?"

외현적으로 나타나 있는 요구들은 (1) 일단 시작하면 연필을 종이에서 들어 올리지 않는 것과 (2) 각기의 점은 한 번 이상 교차하지 않는다는 것이다. 그러나 지시에는 퍼즐을 해결하기 위하여 선이 점들의 배열을 넘어 확대할 수 없다는 진술은 없다. 만약에 당신이 이러한 부당한 가정을 하지 않고 문제를 떠 올려 본다면 여러 가지 해결책들 가운데 하나를 떠올리게 될 것이다(이 장의 마지막 부분에 이 퍼즐의 해결책 하나를 보여주고 있다. 속설에 의하면 이것 때문에 '상자 밖의 사고'란 말이 생기게 되었다고 한다).

또 다른 퍼즐로는 Dave Youngs가 만든 '수축하는 사각형 도전'

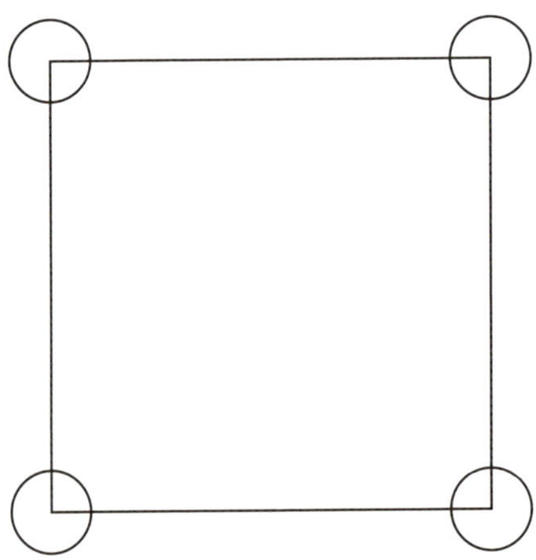

Shrinking Square Challenge이다. 앞에서 그려놓은 사각형의 모서리에 네 개의 동전을 놓아 보라. 이들 동전의 두 개만을 움직여 원래의 사각형보다 더 작은 사각형을 만들어 보라. 이 퍼즐의 해답도 본 장의 마지막 부분에 있다.

창의적인 상자 밖 사고의 마지막 보기로 다음에 있는 다이어그램diagram을 들여다 보라. 이것은 영국의 Hampton Court에 있는 유명한 야외 미로를 그린 것이다. 종이 위에 그려 놓은 이 미로는 실제의 여러 도전들을 모두 제시하고 있지는 못하지만 — 그냥 연필로 자신이 갈 길을 그어 보면 된다 — 실제의 여행자들은 일단 미로 속에 들어가면 방향을 잃는다. 첫째로, 돌아가기를 몇 번 하고 나면 사람은 자신이 지금 어디에 있고 어느 방향으로 향해 있는지를 알기가 어려워진다. 둘째로, 일단 미로에 들어가고 나면 이들은 높고 큰 울타리 때문에 다음 통로 이상으로 더 멀리 볼 수가 없다. 이러한 결과로 당황해 하는 패닉과 방향 상실감이 가속화된다. 어리둥절해 하는 여행

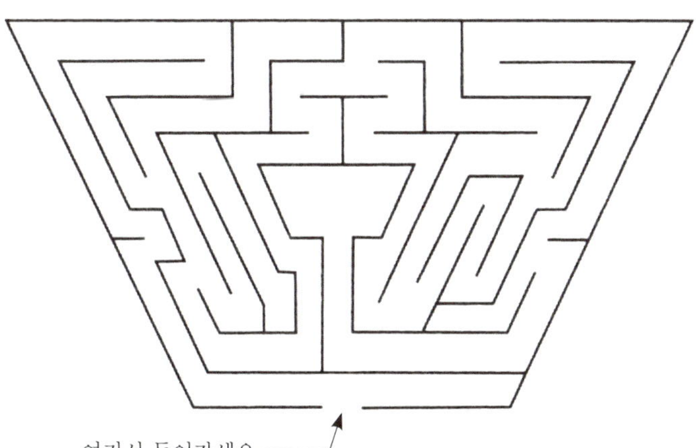

자들은 처음 미로에 들어갈 때 눈을 감고 들어가면 더 낫게 할 수 있다는 것을 알게 되면 놀랄 것이다.

Hampton Court 미로는 들어갈 때 오른쪽 손을 뻗쳐 오른쪽에 있는 울타리를 만지고 가면 통과할 수 있다. 미로를 걸어가면서 계속하여 그렇게 만져 접촉하는 것을 유지한다면 사실 당신은 아주 크고 불규칙적인 모양을 하고 있는 방의 벽들을 따라 걸어가는 것이다. 결국에 당신은 미로의 중앙에 도달할 것이며, 그런 다음 출발지점으로 되돌아 올 수 있을 것이다. 미로 과제를 성공적으로 처리하는 데 '시각'視覺은 전혀 관계가 없음에 주목하라: 사실 당신이 시각에 더 많이 의존할수록 길을 잃을 가능성은 더 커진다.

마지막 한 가지 사항. 우리들 가운데 어떤 사람은 선천적으로 문제나 퍼즐 해결을 잘하지 못한다. 흔히 이들은 작업이나 기타의 보다 '중요한' 것을 추구해 가는 데 적용할 수 있으려면 많은 시간이 요구되는 것은 사실이지만, 이들도 작업이나 여가추구에서는 잘하지 아니하는 방식으로 연습을 해 보면 뇌기능을 향상시킬 수 있다. 이들도 문제를 곰곰이 생각하는 습관을 개발하고, 틈틈이 그것에 대하여 생각해 보고, 그리고 수면에 들어가기 바로 전에 의식이 약해지는 순간에 그것에 대하여 깊이 생각해 봄으로써 주의집중을 강대화시킬 수 있다. 가장 '중요한 것'은 그렇게 하면 우반구와 좌반구가 하나로 결합하여 뇌기능이 통합된다는 것이다. 과제를 해결하려면 자신의 정신적 시각이 기본적으로 이동해야 하며 — 이것은 우반구의 활성화에서 생긴다 — 그것은 즐거울 뿐 아니라 뇌기능을 향상시킨다. 만약에 당신이 아홉 개 점 퍼즐이나 축소하는 사각형 도전과 같은 퍼즐을 푸는 연습을 한다면, 당신은 시초의 가정을 의문하고, 문제를 재진술하거나 재구조화하고, 그리고 오른쪽 및 왼쪽 반구의 측두엽 활동을 증가시킬 수 있을 것이다. 그렇게 하면 창의적 해결에 이를 수 있는 능력이 크게 향상될 것이다.

퍼즐에 대한 해답

그 다음의 그림에는 32개의 점이 있다. 각 단계에서 사각형에 새로운 한 면이 추가되고 있다. 마지막 면을 완성하는 데는 8개가 아니라 4개의 점만 더 있으면 된다.

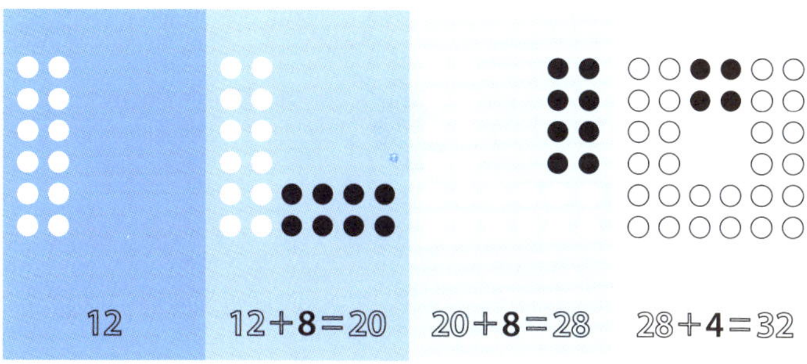

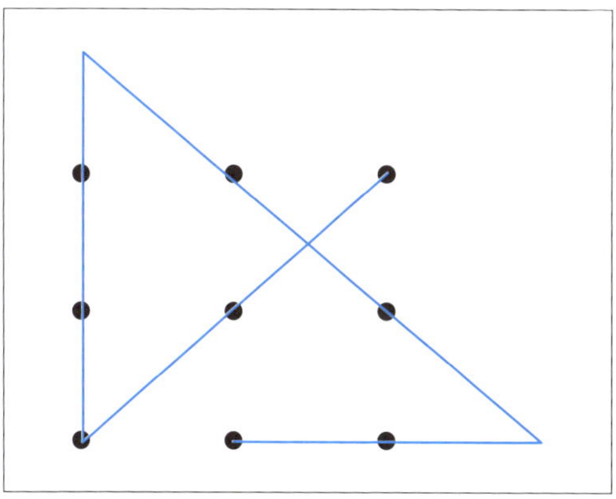

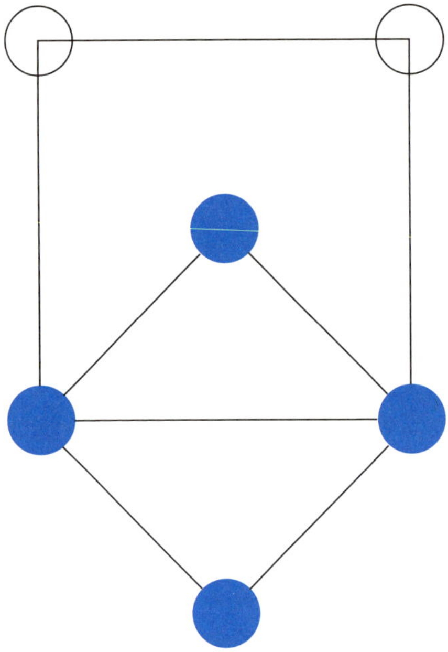

VI부

최적의 뇌기능에 장애되는 것, 그리고 이들을 어떻게 보충할 수 있는가?

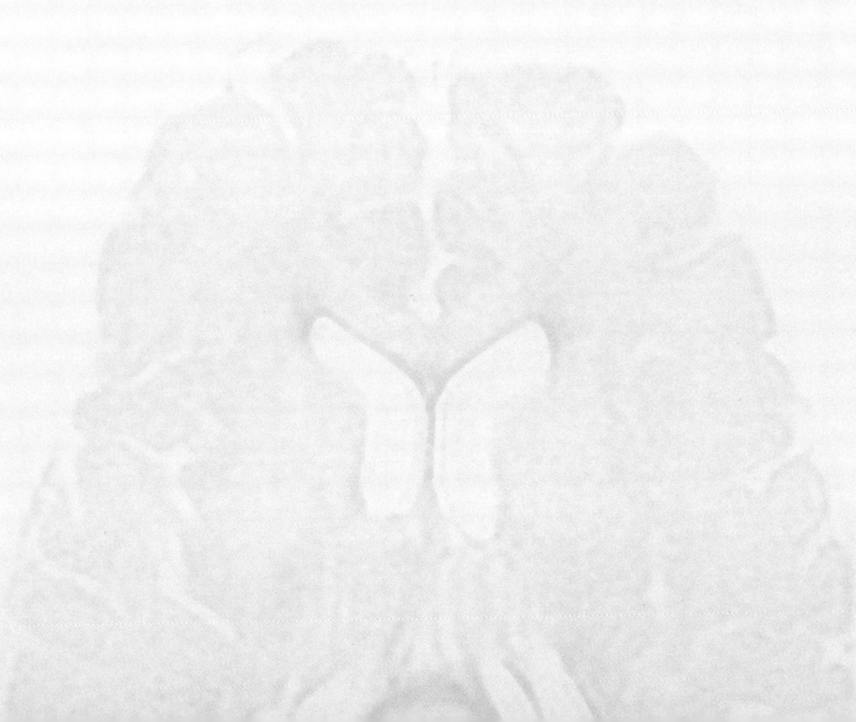

뇌가 노화해 가는 속도는 사람에 따라 다르고
또한 뇌의 일반적인 쇠퇴가 연령에 따라 불가피하게 일어나는 것도 아니다. …
이러한 이유로 오래 살면서 연령에 따른 뇌변화가 있음에도 불구하고
사람에 따라서는 여전히 긍정적인 생활을 하고, 계속하여 공부하고 일할 수도 있다.

우리의 뇌는 인상적인 수준의 처리능력을 갖고 있음에도 불구하고 한 번에 한 과제 이상 하려고 하면 조작에 심각한 구속을 받는다. 예컨대, 자동차 운전을 하면서 동시에 전화로 이야기하고 뒷좌석에 있는 사람의 대화를 듣는 것도 가능하긴 하지만 이렇게 다중의 과제를 수행하려면 비용을 지불해야 한다: 반응시간이 증가하고 전체적인 능률이 감소하는데 — 고속도로상이라면 이들은 큰 사고로 이어질 수 있다.

좋아하든 그렇지 않든 간에 우리의 뇌는 한 번에 하나의 인지적 조작만을 효과적으로 처리하게 설계되어 있다. 의사결정을 해야 할 때 이것은 특별히 사실이다. 밴더빌트Vanderbilt 대학교의 연구자들에 의하면 쌍으로 되어 있는 기하학적 도형들을 정신적으로 회전시키면서 동시에 문장을 듣고 그것에 대하여 반응하게 하여 fMRI로 측정했을 때 전반적인 뇌활동이 거의 30% 정도 감소한다. 이러한 감소는 능률이 전반적으로 감소하는 것과 관련되어 있다: 각기의 과제를 수행하는 데 시간이 더 걸린다. 특히 두 번째 과제를 첫 번째 것을 완성하기 전에 시작할 때 작업능률은 더 크게 떨어졌다.

그러나 밴더빌트Vanderbilt 대학교의 연구자들은 이러한 지연에 대한 설명을 발견하였다. 이들 신경과학자들에 의하면 전두엽 내에 있는 "신경 네트워크가 다중과제에 대한 능력을 심각하게 제한시키게 하는 정보처리의 중심적인 병목"과 같은 작용을 한다는 것을 발견하였다.

그러나 의사결정을 요구하지 아니하면 병목은 만들어지지 않는다. 예컨대, 많은 외과 의사들은 수술실에 있는 음악을 들으면서 수술하면 수술이 보다 더 매끄럽게 진행된다고 주장한다. 음악은 어떠한 의사결정 같은 것을 요구하는 것이 아니기 때문에(수술하기 전에 음악을 선곡하는 것 말고는), 의사는 수술에 자신의 뇌 자원의 모든 것을 집중할 수 있으며, 그리하여 첫 번째의 부정적인 결과, 다시 말하면 병목을 회피할 수 있다.

다중과제 수행의 두 번째 부정적인 결과를 음미해 보기 위하여 이메일e－mail과 인스턴트 메시지instant messages에 대하여 생각해 보자. 이들은 다중과제 문화에서 가장 크게 관여하는 두 가지의 과제이다. Microsoft 회사 근로자들을 대상으로 한 연구를 보면 근로자들이 자신에게 오는 이메일이나 인스턴트 메시지를 받고 난 다음에 정신적으로 도전적인 작업으로(예컨대, 컴퓨터 코드를 쓰는 것) 다시 되돌아오는 데는 15분이 걸린다. 대부분의 근로자들은 주의가 너무나 산만해져서 자신이 좋아하는 뉴스, 스포츠 및 오락 웹사이트들을 체크하면서 추가시간을 보내고 있었다.

근로자 생산성에 관한 또 다른 연구에서는 사무실 근로자의 하루 시간의 28%는 이처럼 과제를 수행하는 도중에 그것을 방해하는 다른 것들을 다루게 되고, 그러한 결과로 주된 과제로 주의를 다시 되돌리고 회복하는 데 시간을 보내고 있음을 발견하였다. 작업장에서의 컴퓨터 사용을 분석하는 회사인 레스큐 타임Rescue Time에 의하면 전형적인 컴퓨터 기반의 정보 근로자들은 하루에 이메일을 50번 체크하고 그리고 77통의 인스턴트 메시지를 보내고 받는다. 이들 중 많은 것들은 불필요하고, 주의산만케 하고 그리고 지속적인 주의집중을 저해시킨다. 그러한 결과로 발생하게 되는 생산성 손실은 매년 $650조 정도라 추정하였다. 이 문제가 너무나 절박해서 마이크로 소프트Microsoft, 인텔Intel, 구글Google과 IBM은 2008년 여름에 이에 대한 해결책을 찾아내기 위하여 비영리단체인 '정보과부하 연구 그룹'Information Overload Research Group을 만들었다.

세 번째이고 가장 중요한 것은 다중 과제수행은 스트레스stress를 일으킨다는 것이다. 전화로 친구와 이야기를 나누면서 TV에 나오는 농구 경기를 지켜보던 경우를 생각해 보라. 이러한 장면은 스트레스를 많이 주는데, 그것은 두 개의 경쟁적인 과제를 수행하기 위하여 동일한 뇌부위를 함께 사용하기 때문이다. 그러면 당신의 뇌는 스스로 갈등을 겪게 된다: 당신의 뇌는 친구의 이야기를 경청하면서 동시에 게임을 보고 시청하려고 애쓰고 있다. 이러한 장면에 따른 스트레스를 감소시키기 위하여 당신이 할 수 있는 대안에는 몇 가지가 있다. 농구 경기를 녹화했다가 나중에 보거나 친구에게 조금 있다가 전화를 해 주겠다고 말할 수도 있다. 이 보다는 덜 효과적인 대안으로는 친구와 대화를 계속하는 동안 TV의 소리를 끄고 화면만 보는 것이다. 만약 당신이 이렇게 한다면 전화로 이야기하기 위한 언어 중추와 농구 게임을 보기 위한 시각적 처리 부위가 각기 요구하는 뇌자원은 다르기 때문에 주의산만이 다소간 덜해질 것이다.

우리가 나이가 들면, 다중과제 수행을 더 잘못하게 된다. 다중과제 수행과 연령에 대한 Kramer의 연구에서는 젊은 운전자와 늙은 운전자에게 어떤 대화를 나누면서 그와 동시에 시뮬레이션에서 자동차 운전시험을 보게 하여 이들의 수행을 모니터링해 보았다. 그는 참가자 모두가 시뮬레이터에 나타나는 중요하지 아니한 변화는 빠뜨리는 경향을 보였지만, 노년의 운전자는 중요한 변화조차도 주목하여 주의집중하지 못하는 일이 자주 있었는데, 이것은 실제에서는 사고로 이어질 수 있는 것이다.

당신의 나이가 얼마이든 간에 스트레스를 주는 다중과제 수행을 회피하기 위해서는 당신이 하고 있는 것에 주의집중하는 것을 못을 박듯이 단단히 해야 한다. 이것은 작업에서나 여가 활동 모두에서도 진실하다. 유명한 PGA 골프 코치 Jim McLean은 "집중할 수 있을 때까지만 연습하라"고 가르치고 있다. McLean은 지금까지 출판된 골프 교습 서적들 가운데 가장 인기 있는 것들 중 하나인『여덟 스텝의 스윙』The Eight-step Swing의 저자이다. "정신집중이 안 되면 스톱하라. 짧게 집중하여 연습하는 것이 가장 생산적이다." 골프 전설 Ben Hogan도 이와 비슷한 접근법을 주장하고 있다. "티tee를 연습할 때 다른 모든 것을 배제하고 연습에 집중하는 습관을 길러라. 그러면 경기에서 라운딩을 할 때 그와 동일한 습관적인 것들은 자동적으로 따르고 있음을 발견할 것이다."

다중과제 수행은 작업기억과도 공통적인 측면들을 가지고 있음을 알게 되었을 것이다. 그러나 다중과제 수행은 작업기억을 실행하는 것과는 몇 가지 점에서 차이가 있다.

다중과제 수행은 대개 시간상 긴급하게 해야 하는 것이다. 그것은 두 개 또는 그 이상의 몇 가지를 동시직으로 수행함으로써 "시간을 절약하려는" 스트레스 쌓이는 일이다. 그러나 이미 언급한 바와 같이 이것은 실패하게 되어 있다: 또 다른 것을 시작하기 전에 한 가지 활동을 먼저 완성하는 것이 더 낫다. 그러나 작업기억은 시간 절약에 관한 것이 아니라 몇 개의 독립적인 사고의 라인lines of thought을 유지하면서 — 음악가가 대위법의 예술을 연습하듯이 — 수행을 향상시키는 것이다. 소설가들은 대개 대화, 이야기, 인물, 무드mood 및 작문 스타일을 숙련되게 혼합하여 모든 것을 균형되게 함으로써 자신의 작업기억을 수행해 간다. 예컨대 소설가는 어떤 주인공의 행위에 대하여 기술하면서, 동시에 그에 대하여 앞에서 썼던 모든 것들을 작업기억 속에 계속하여 유지해야 한다.

뇌의 시각에서 보면, 다중과제 수행은 아무리 잘해도 비효과적이다. 만약 당신이 다중과제를 수행하고 있다면 실수를 더 많이 하게 될 것이고, 그러한 실수는 비용이 많이 들고 잠재적으로 보아 위험하다. 만약에 당신이 다중과제를 동시적으로 수행하는 습관을 가지면 당신은 적어도 점차 스트레스를 느끼게 되고 곤경에 처하게 될 것이다. 이에 대한 대책으로 속도를 줄이고, 몇 번의 심호흡을 하고, 경쟁적인 과제들 가운데서 가장 중요한 것을 선택하여 그것을 먼저 하고(우선순위 정하기), 그리고 다른 어떤 과제로 넘어가기 전에 그 과제를 완성하라.

연령에 따른 뇌의 변화를 보충하라

콘서트 피아니스트 Arthur Rubinstein은 그의 나이 80세였을 때 텔레비전 인터뷰에서 어떻게 해서 그의 전문가 수준의 연주를 계속하여 유지할 수 있었느냐는 질문을 받았다. 그는 선곡의 수를 적게 하고, 이들을 보다 더 자주 연습하고, 그리고 빠른 부분들을 더 빠르게 보이도록 하기 위하여 더 느린 부분은 보통보다 좀 더 느리게 연주한다고 대답하였다.

소설가 Harriet Doerr는 92세에 작고하기 5년 전에 나하고 했던 인터뷰에서 이와 비슷하게 연령과 더불어 일어나는 제한을 수용하고 그것을 보충하는 것을 기술하였다. Doerr는 그녀가 65세가 될 때까지도 심각한 저술은 시작하지도 않았지만 1984년 그녀의 나이 73세에 소설『이바라를 위한 돌멩이』*Stones for Ibarra* 로 'National Book Award'를 수상하였다. 내가 그녀의 인생 후기에서 발병한 심각한 시각적 핸디캡(황반변성)이 그의 집필 생활에 어떠한 효과를 미쳤는지를 물었더니 그녀는 다음과 같이 반응하였다:

"시력상실에 적응하는 것은 어려운 일이었지만 그러나 나는 몇몇의 이차적인 이득을 즐겼어요. 눈으로 볼 수 없으면 그러면 훨씬 더 많이 생각합니다. 때로는 나의 최고의 상상이 조용한 집에서 조용한 아침에 몇 분 동안 침대에 누워 있으면서 어려운 문장이나 스토리의 엔딩ending 과 같은 것들이 마음 속으로 그냥 떠내려가게 합니다. 또한 나는 나의 시각적 핸디캡을 대신할 수 있는 여러 가지 방법들을 배웠는데, 예컨대 최근에 워드 프로세서로 바꾼 것 같은 것입니다."

연령에 따른 제한을 극복하는 데는 3부로 되어 있는 전략이 필요한데, Rubinstein과 Doerr가 이들 선략의 좋은 보기가 되고 있다. 그런데 사실 이러한 전략은 '베를린 노화 연구'Berlin Aging Study 의 수석 연구자인 고 Paul Baltes가 처음으로 제시한 것인데, 이것은 '보충하여 선택적으로 최적화하기'selective optimization with compensation, SOC 이다.

선택: 약점의 부분을 거부하지 아니하고 인정하는 것(Rubinstein이 선곡 수를 적게 선택하는 것; Doerr가 자신의 시각적인 제한을 수용하는 것).

최적화: 제한을 극복하기 위하여 더 열심히 노력하는 것(Rubinstein이 연습시간을 늘리는 것; Doerr가 이른 아침 자신의 이야기(소설)에 대하여 "훨씬 더 많이" 생각하려고 노력하는 것).

보충: 쇠퇴를 상쇄시킬 수 있는 새로운 방법을 사용하는 것(Rubinstein이 일종의 인상 관리와 같은 것을 사용하는 것인데, 빠른 악절을 느린 악절에 선행시켜 실제보다 더 빠른 것처럼 보이게 하는 것; Doerr가 글을 손으로 쓰는 것에서 컴퓨터를 사용하는 것으로 이동시킨 것).

Bates의 SOC 전략 이론은 45세 이상의 사람이면 누구라도 적용할 수 있지만 55세 이상의 사람들에게 특별히 도움이 된다. 만약에 당신이 55세 또는 그 이상이라면 당신은 정보처리의 속도나 작업기억에서 제한을 경험할 가능성이 크다. 더욱이 이러한 기능들은 당신이 60대 또는 그 이상이 되면 계속하여 쇠퇴해 갈 것이다.

그러나 좋은 뉴스는 이러한 쇠퇴가 모든 사람에게 동일하게 일어나지는 않는다는 것이다 — 이것은 뇌가 노화해 가는 속도는 사람에 따라 다르고, 그리고 일반적인 쇠퇴는 연령에 불가피하게 일어나는 것이 아님을 의미한다. 이러한 이유로 인하여 오래 살면서 연령에 따른 뇌변화가 있음에도 불구하고 사람에 따라서는 계속하여 생활이 긍정적이며 그리고 계속하여 공부하고 일할 수도 있다.

우리가 확실하게 알고 있는 한 가지가 있다: 건강한 뇌는 우리의 중노년기에서 성공하거나, 심지어는 생존해 가는 데 필수적인 조건이다. 그러므로 이들의 뇌가 어린이의 뇌나 중년 성인의 뇌와 어떻게 다른지를 이해하는 것은 매우 중요해 보인다.

장노년 뇌의 강점과 어드밴티지

뇌에 관한 강연을 할 때 나는 IQ는 연령과 더불어 감소하느냐는 질문을 자주 받는다. 이에 대한 대답은 두 가지 종류의 지능 가운데 어느 것을 의미하느냐에 따라 달라진다. 첫째는 '유동성 지능'fluid intelligence인데, 이것은 컴퓨터 용어로 말하면 뇌의 하드웨어hardware이고, 이것이 정보처리의 속도와 정확성을 결정한다: 여기에는 새로운 정보를 등록하고 사용하는 데 관여하고 있는 모든 활동들이 포함된다. 새로운 언어를 배우거나 직장에서 새로운 요구에 적응하려면 유동성 지능을 사용해야 한다. 반응시간, 주의, 집중 및 작업 기능들은 모두가 유동성 지능의 요소들이다 — 그리고 이들은 어느 것이나 우리가 노화하면 능률이 감소한다. 연령에 따라 유동성 지능이 감소하는 것은 피질하 핵subcortical muclei에 있는 뉴런이 — 주스 기계juice machine — 특히 신경전도물질 아세틸콜린acetylcholine을 생산하고 배분하는 거대세포 기저핵nucleus basalis에 있는 뉴런이 손실되어 감소한 결과라 생각된다. 이렇게 되면 아세틸콜린과 기타의 신경전도물질이 감소하고 이에 따라 열정과 일반적인 "일어나 열심히 일하려는" 에너지가 감소하게 된다. 또한 주의산만해지고 하나의 프로젝트나 한 가지의 사고의 방향에 '집착하기가' 어려워진다.

반대로, 결정적 지능結晶的 知能, crystallized intelligence, CI은 노화에 따라 감소하지 아니한다. 이것은 때로는 뇌의 "소프트 웨어"software라 부르기도 하는데, 우리가 PC에 설치하는 컴퓨터 프로그램에 비교해 볼 수 있다. 이들은 생물학적인 요인보다는 문화적인 요인에 따라 변화한다: 성장하였던 곳, 읽고 쓰기하는 능력, 언어, 다녔던 학교, 교육적 성취 및 전문적인 기능들에 따라 달라진다. CI에는 사회적 및 정서적 기능을 마스터하는 것도 포함이 된다. CI의 이러한 모든 요소들은 생활경험에 따라 사람마다 달라질 것이다. 그러나 Arthur Rubinstein의 피아노 기교나 Harriet Doerr의 저술 능력에서 보듯이 CI에 기초한 수행은 대부분의 사람에서 노화에 따라 크게 영향을 받지 아니한다(뇌 질환이 없다면).

요약하면, 중노년이 되면 뇌에 일종의 평형상태가 생기게 된다. 유동성 지능의 손상은 정보를 재빨리 인출해야 하는 검사나 경쟁에서 경쟁하기 어렵게 만든다. 그러나 반응을 재빨리 할 필요가 없을 때는 노인의 뇌는 어떤 영역에서든 젊은이들보다 더 유능하다.

당신이 복잡한 전문적 또는 개인적인 문제로 도움이 필요할 때 보통의 경우 누구를 찾는지를 잠시 생각해 보라. 그것은 대개가 재빨리 분석할 줄 아는 사람이 아닐 것이다(유동성 지능의 산출): 진짜로 도전적인 문제는 대개가 손쉽게 해결이 되지 않는다. 대신에, 당신은 Paul Baltes가 '지혜'라 정의하고 있는 것을 소유하고 있는 누군가를 찾을 것이다: 지혜란 "인간 조건에 관한, 그것이 어떻게 일어나는지에 관한, 어떤 요인들이 어떻게 작용하는지에 관한, 어려운 문제를 어떻게 해결하고 그리고 나이가 들었을 때 그것이 유의미했다고 판단할 수 있는 방식으로 어떻게 자신의 인생을 조직화할 것인지에 관한 지식의 상태이다."

노인은 오랜 세월을 살았기 때문에 이들은 보다 많은 것들을 보고 배울 기회를 가져왔다. 그러한 결과로 이들은 많은 상이한 영역의 지식을 종합하고 그것을 지혜라는 모습으로 남에게 제공해 줄 수 있는 입장에 있다. 과학자들은 아직까지는 지혜를 객관적으로 측정할 수 있는 척도를 가지고 있지 못하다. 여기서는 심리검사도 별로 도움이 되지 못한다. 25세의 사람이라면 기억 검사, 유동성 지능검사 및 일반적인 정신적 수행에서 인상적인 점수를 받을 수 있을 것이다. 그러나 보다 경험이 많은 노인과 비교해 보면 25세의 사람은 판사, 외과 의사 또는 비행기 조종사로는 덜 유능할 것이다 — 이들 세 가지의 전문직은 여러 해 동안 경험을 쌓아야 최고의 성취 수준에 이를 수 있다.

"경험", "성숙" 및 "판단"은 산업, 과학 및 예술에서 중노년기의 사람이 지혜기반적인 수행을 기술할 때 흔히 사용되고 있는 용어들이다. 또 다른 동의어는 "전문 지식"expertise인데, 이것은 어떤 전문영역에서 변함없이 우수한 수행을 보여주는 것을 말한다. 보기로는 전문적인 음악인, 비행기 조종사, 외과 의사, 그리고 판검사 등이 생애에 걸쳐 계속하여 높은 수준의 전문 지식을 보여주고 있는 것과 같다. 그러나 대부분의 경우 이러한 전문 지식은 자신이 숙달하고 있는 선문영역에 제한되어 있다. 예컨대, 나이가 든 콘서트 피아니스트는 같은 연령의 다른 사람들과 마찬가지로 뇌의 처리 속도가 연령과 더불어 떨어진다. 그러나 음악적인 능력만은 '크게' 영향을 받지 않고 유지되고 있다(앞의 문장에서 "크게"란 한정사를 좀 애매하게 사용하였는데, 그것은 이미 앞에서 Arthur Rubinstein이 사용한 방법을 기술한 바 있지만, 노년의 피아니스트는 연령에 따라 뇌기능이 쇠퇴해 가는 것을 다른 음악가나 비평가들만 알아차릴 수 있는 여러 가지 요령의 '트릭'(tricks)을 사용하여 보충하고 있기 때문이다). 사실 우수한 수행을 계속할 수 있고 그리고 뇌가 성공적으로 노화해 가는데는 이러한 '트릭'을 배우고 사용하는 것이 핵심이다.

손으로 써 놓은 원고를 타자하는 타이피스트typist를 생각해 보라. 나이가 든 숙련된 타이피스트도 반응 시간과 손 반응의 속도는 일반적으로 느려지지만, 그럼에도 불구하고 이들은 여전히 20대나 30대의 사람과 비견할 수 있는 수준의 수행을 계속할 수도 있다. 어떻게 해서 그렇게 할 수 있을까?

널리 알려져 있는 심리학자 Timothy Salthouse는 1984년에 수행한 고전적인 연구에서 여러 연령의 타이피스트들의 반응 시간과 타이핑 기능을 검사해 보았다. 이미 예상할 수 있는 바와 같이 그는 나이가 든 타이피스트들의 일반적인 반응시간은 비교 집단의 젊은 사람들과 비교해 보아 일반적으로 더 늦다는 것을 발견하였다. 그러나 이들의 타이핑의 속도는 거의 같았다. 이러한 기대하지 않았던 결과에 놀란 Salthouse는 두 가지의 가능성을 고려해 보았다. 아마도 나이가 든 타이피스트는 젊었을 때는 속도가 더 빨랐는데, 나이가 들어 이제는 좀 느리게 되었을 수도 있다. 또는 나이가 든 타이피스트는 상이한 전략을 사용하고 있을지도 모른다.

이들 두 가지의 설명 가운데 어느 것이 보다 더 그럴 듯한지를 확인해 보기 위하여 Salthouse는 이들 연구 대상자들을 재검사하였다. 그러나 이번에는 타이핑에 관한 기초적인 원리에 바탕하여 타이핑할 때 하나의 결정적인 제한을 가하였다. 전문 타이피스트들이 뛰어난 속도를 보이는 것은 그들이 바로 지금 타이핑하고 있는 단어를 넘어서 얼마나 더 앞으로 멀리까지 텍스트를 볼 수 있느냐와 관련되어 있다. 그들의 기능 수준이 높을수록 전문적인 타이피스트들은 텍스트를 앞서서 스캔하고 그리고 이들이 요구하는 자판의 위치로 손가락을 예고적으로premonitoring 이동시키면서 앞으로 자판치는 것을 예상하여 다음에 올 자판 타이핑을 미리 준비하였다.

타이피스트들이 미리 앞을 보는 것을 제한했을 때는 젊은 타이피스트는 거의 동일한 속도를 유지했지만 그러나 나이가 든 타이피스트의 속도는 극적으로 감소한다는 것을 Salthouse는 발견하였다. 나이 든 피아니트스가 악보를 읽을 때도 텍스트를 미리 앞으로 보는 전략을 비슷하게 사용하고 있다.

기술이 변화하는 결과로, 보다 경험 있는 건축가, 그래픽 디자이너 및 기타 공간 능력을 구사해야 하는 직종의 사람들이 나이가 들었음에도 불구하고 젊은 사람과 대등한 수준으로 수행을 하고 있다. 나이가 든 전문 비행기 조종사는 의사결정을 요구하는 도전에서 젊은 조종사 못지않게 수행하고 있는데, 그것은 그들이 가지고 있는 광범위한 경험과 지식이 문제해결에 필요한 결정적인 정보를 재빨리 불러오게 하기 때문이다. 나이가 든 조종사가 사용할 수 있는 또 다른 보충적인 전략은 더 적은 횟수로, 그러나 보다 장거리 항로를 비행하는 것이다. 이렇게 하면 스트레스와 작업 수행에 작용하는 이륙과 착륙의 횟수를 줄일 수 있을 것이다.

전체적으로 보면, 전문 지식은 연령에 따른 수행의 차이를 상쇄시킨다. 이러한 사실은 실용적으로 크게 적용할 수 있다: 나이가 들어도 결정적 지능을 향상시킴으로써 근로 현장에서 계속하여 활동할 수 있다.

당신이 60대나 70대에 이르면 당신의 성공은 점차로 당신이 무엇을 알고 있으며 그리고 그러한 지식을 얼마나 잘 적용하느냐에 달려 있다. 만약에 당신이 다른 근로자와 구별되는 특별한 기능이나 전문 지식을 가지고 있다면 특히 더 그러하다.

직장에서 뇌건강을 유지하라

최근에 주요한 회사의 리더들은 어떻게 하면 자신이 고용하고 있는 근로자들의 뇌건강을 증진시킬 수 있는지에 관심을 가지게 되었다. 이러한 관심은 노동인구의 노령화에서 오는 도전과도 적지 않게 관련이 있을 것이다.

우리들은 역사상 가장 오래 사는 세대이다. 약 200년 전까지도 인간의 수명은 대개 보아 30년 정도였다. 20세기에는 이 평균수명이 두 배가 되었다. 그러나 더 떨어질 징조는 어디에도 없다. 인간의 평균수명은 지난 100년 동안 10년에 2.2년이라는 경이적인 속도로 증가하고 있다(또는 1일에 5시간). 이러한 수명 연장의 충격은 심각할 수밖에 없다. 2010년이 되면 45세에서 54세의 미국 노동인구의 수는 21%

늘어날 것이고, 55세에서 64세는 52% 그리고 65세 및 그 이상의 노동 인구의 수는 30% 늘어날 것이다.

노동 사용자들은 노화하는 노동인구의 자리를 보다 젊고 의지할 만한 노동인력이 메꾸어 주리라 기대하기는 어렵다. 소위 "세대 간 지식전이"generational knowledge transfer 라 부르는 것에서의 차이 덕분에 일반적으로 젊은 근로자들은 나이가 든 세대만큼 같은 회사에 오래토록 머물러 근무할 가능성이 적다.

그리하여 회사는 이중의 불운을 겪고 있다: 나이가 든 근로자들은 퇴직하고, 젊은 근로자들은 회사에 계속하여 남아 있도록 설득하기가 어렵다. 이러한 경향에 따라 비즈니스 세계에서는 일반적인 퇴직연령 이상으로 계속하여 근무하는 근로자들의 수를 증가시키는 데 관심을 가지게 되었다. 그러나 이렇게 하기 위해서는 먼저 나이가 든 근로자의 뇌는 20대나 30대의 근로자들과 비교해 보아 어떻게 차이가 있는지를 알아야 한다.

다음에 있는 표는 현재 함께 작업하고 있는 네 개 세대들을 서술해 주고 있다. 각기의 세대는 적어도 부분적으로는 자신들의 생애에서 일어났던 결정적인 사건들 때문에 형성된 조작적 스타일을 가지고 있다(Ⅱ차 세계대전, 냉전, 인권운동, 여성운동, 게이 권한gay rights, 그리고 커뮤니케이션 기술의 발달). 중노년/침묵하는 세대의 노동자들이 가지고 있는 두 가지의 특성은 다른 세 개의 세대와 갈등을 일으킬 수 있다는 것을 주목해 보라: 이들 세대는 위계와 권위적인 인물을 존경하고 그리고 구조와 규칙을 더 선호하고 있다.

만약에 당신이 60대 또는 그 이상이라면 당신은 근무처에서 "전통적인" 방식으로 일하기가 어려울 것이다. 대신에 당신은 나이에 따라 전체적으로 보아 매우 상이한 스타일, 태도 및 기능들을 가지고 있는 근로자들과 함께 일해야 할 것이다. 그러므로 만약에 당신이 60세 이상까지 근무할 계획이라면 현재의 근무처를 특징지우고 있는 여러 가지 잡동사니의 작업 스타일에 적응하지 않으면 안 된다.

다행히도 많은 회사에서는 중노년 근로자를 고용하는 것의 가치를 이제는 인식하기 시작하였다. 소위 말하는 "단체 기억"institutional memory의 상실을 회피하기 위하여 — 회사가 작업을 어떻게 하는지에 대한 기억 — 많은 회사들은 가치 있는 노년의 근로자들을 계속하여

세대별 직무수행의 핵심적인 특성	
중노년/침묵하는 세대	**베이비 붐 세대**
• 회사에 오랜 기간 재직 • 위계와 권위적 인물을 존경 • 구조와 규칙을 선호 • 강력한 직업 윤리를 보임 • 작업의 질에 관심 • 기동성이 떨어짐	• 권위적인 인물을 회의적으로 '수용' • 결과 중심적이고 야심적 • 조직에 대하여 장기적인 포부를 가짐 • 학습한 것을 잘 파지함 • 이상주의적이고 경쟁적 • 사람 중심적 • 전반적으로 낙천적
X세대	**Y세대**
• 다양성에 대하여 편안해 함 • 가치 배제적이고 비형식적 • 단기적인 충성심 • 네트워크와 팀에서 일을 잘함 • 기술을 환영 • 근무/생활 간의 균형 추구 • 빠르게 학습 • 전반적으로 회의적	• 다양성에 대하여 편안해 함 • 비형식적인 것을 가치롭게 여김 • 단기적인 충성심 • 빠르게 학습 • 기술을 환영 • 관리 감독이 필요함

사용하기 위한 새로운 정책들을 채택하고 있다. 어느 소매상이 내건 구인 광고는 다음과 같이 되어 있다: "지금 '지혜'를 고용합니다."

단체 기억과 지혜는 결정적 지능의 한 부분들이다 — 결정적 지능은 노화에 따라 영향받지 아니한다. 여기에는 무엇보다도, 전문가 지식에 관여하는 뇌 네트워크가 포함되어 있다. 만약에 당신이 나이가 더 들고 그러면서도 21세기의 노동 시장에서 고용되어 살아남기를 원한다면 젊은 동료 근로자들과는 차별 나는 전문 지식을 쌓아야 한다.

이런 문제에 대한 당신의 소망에도 불구하고, 결국에 당신은 퇴직을 강요받는 연령에 이르게 될 것이다(자영업의 경우가 아니라면). 현재는 거의 대부분의 조직에서는 늦다 하더라도 적어도 70세에는 강제 퇴직을 시키고 있다. 그러면 지금까지 살면서 개발한 뇌향상 활동을 전이시키고 통합시키는 것이 이제부터 당신이 해야 할 도전이 된다.

퇴직: 재정의가 필요한 하나의 개념

뇌건강이라는 견지에서 보면 전통적으로 하고 있는 퇴직retirement은 말이 되지 않고 이치에 맞지 않는다. 퇴직을 고려하는 사람은 누구라도 '레크리에이션'(recreation, 휴양)이 아니라 '리 크리에이션(re-creation, 재창조)하는 것을 추구해야 한다: 자신의 타고난 재능과 기술을 계속하여 적용함으로써 뇌에 도전을 가하는 새롭고 건강한 방법을 찾아내는 것. 그렇게 하지 않을 때 무슨 일이 벌어지는지를 보여주는 하나의 보기로 내가 알고 지내고 있는 최근에 은퇴한 변호사인 Roger의 경험을 주의 깊게 생각해 보라(익명을 위하여 이름을 바꾸었다).

성공적인 변호사 직업을 수행하는 동안 Roger는 법정 안팎에서 법률 사건을 꼼꼼히 연구하고 예리하게 분석하는 데 수백 시간을 보냈다. 그리고 이러한 노력은 매우 보상적이었다: 퇴직할 때는 그의 철저함으로 인하여 자신의 법률회사에서 크게 존경받는 고위 간부였다. 퇴직하고 난 다음 처음 몇 주 동안 그는 할 일이 없었고 자신의 손에 시간이 무한정하게 쥐어져 있음을 발견하고 Roger는 특별한 이유도 없이 자신의 땅과 이웃의 땅을 경계지우는 토지 경계선을 재측량하도록 사건을 의뢰하였다. 그의 가족들조차도 이것은 별난 것이라 생각하였다. 왜냐하면 Roger는 가족들과 함께 그 집에서 살아온 지난 40년 동안 토지 경계선에 대하여서는 어떠한 관심도 표현한 적이 없기 때문이다. 측량기사가 "아마도" 1 내지 2피트 넓이의 땅은 어느 쪽의 소유라고 분명하게 단정하기가 어렵다고 보고하였다. 그러자 Roger는 두 땅덩어리 사이에 "정확한" 경계를 설정할 필요가 있느냐에 대하여 이웃 사람과 까다롭게 의견 차이를 보이기 시작하였다.

이웃 주민과 Roger의 가족들은 경계를 분명히 하기 위하여 무엇인가를 할 수 있을 것이라는 데 동의하고 중간 지점에다 새로운 경계선을 결정하는 것으로 상호 합의하면 되겠다고 하였다. 그러나 이렇게 적당히 처리하는 것으로는 Roger의 결심을 누그러뜨릴 수 없었다. 사실 그의 이러한 비타협적인 태도는 지난 몇십 년 동안 우호적인 관계를 유지해 온 이웃과 대결하게 만드는 것이라 모든 사람들은 당황했고 그리하여 Roger가 갑작스럽게 토지 경계선을 분명하게 설정하는 데 관심을 가지는 이유가 무엇인지를 설명해 보려 하였다.

내가 보기로는 가장 그럴 듯한 설명은 Roger가 조심스럽고, 질서 정연하고, 그리고 소심하게 일에 접근하는 것 때문이다 — 이것은 그의 직업에서는 중요한 자산이었지만 — 퇴직한 다음은 오히려 부담이 되고 있는 것이다. 메꾸어야 할 비구조적인 시간은 너무 많고, 그러나 정확해야 한다는 자신의 편견에 대한 출구가 박탈되어 있음을 발견하고 Roger는 융통성과 재치가 요구되는 문제인데도 거기에다 자신이 가지고 있는 강박적인 성격 특성을 적용하고 있는 것이다. 토지 경계선 문제에 대한 그의 엄격한 접근은 이웃을 멀리하도록 화나게 하였다. 그리고 주로 Roger가 너무 엄격하고 융통성이 없었기 때문에 이웃 사람들은 보통 때보다 훨씬 더 강한 감정으로 반응하게 되었다.

Roger와 마찬가지로 우리들 대부분은 우리의 직업 생활에서는 좋은 것이든 나쁜 것이었든 간에 가지고 있었던 그러한 성격 특성을 퇴직할 때도 같이 가지고 나온다. 이러한 이유 때문에 그러한 성격 특성을 건강한 방법으로 표현할 수 있는 어떤 퇴직 후 활동을 발견하는 것이 중요하다. 예컨대 내가 알고 있는 한 퇴직 외과 의사는 수술에서 자신의 취미생활로 자신의 관심을 이동시켰다: 우표와 미술 수집품을 관리하는 것. 이제 그는 외과 수술할 때 가졌던 꼼꼼한 성격을 지금은 수집하는 일에 적용할 수 있었다.

이전의 습관과 성벽을 사용할 수 있는 긍정적인 방법을 찾지 못하면 퇴직한 사람은 많은 불만과 불행을 경험하게 된다. 물론이지만 그러한 습관을 변화시키는 것이 가능하기는 하지만 대부분의 사람에게는 아마도 비현실적일 것이다: 50년, 60년 동안에 형성된 습관이 퇴직한 다음 날 바로 사라질 가능성은 별로 없어 보인다. 경쟁심이나 강박감과 같이 사회적으로 문제가 있을 수 있는 특성들을 제거하려고 하기보다는 퇴직한 사람들은 그러한 특성을 사회적으로 수용되는 방식으로 표현할 수 있는 새로운 방법을 찾아야 한다. 예컨대, 클럽이나 퇴직자 커뮤니티에서 골프, 테니스, 브리지 카드 놀이 및 기타의 '경쟁적인' 활동에 열정을 가지는 것은 이러한 목적에 부합하는 것이다. 이러한 활동은 평생토록 형성한 경쟁심을 사회적으로 마찰을 일으키지 아니하는 방식으로 채널을 열어주는 기회를 제공해 준다. 그러므로 만약에 당신이 퇴직할 것을 생각한다면 먼저 당신이 하고 있던 일에서 좋아했던 것과 당신의 성공에 중요했던 것이 무엇이었는지를 자세하게 살펴보라. 그런 다음 이러한 특성을 당신의 퇴직 후 생활에 적용하는 방법들을 생각해 보라.

알츠하이머 병에 대하여 균형 있는 시각을 가져라

21세기의 생활을 영위하기 위해서는 일생동안 정신적인 힘, 파워mental powers를 가지고 있을 필요가 있다. 이러한 이유로 인하여 미국과 같은 산업화된 나라에서는 알츠하이머 병Alzheimer's disease이 특별히 주목을 받게 된다. 이러한 산업화된 국가에서는 생각이 분명하고 활력 있는 것을 크게 강조하고 있다.

알츠하이머 병은 우리들에게 두 가지의 커다란 공포심을 일으키게 되는데, 그것은 통제의 상실과 타인에 의존하는 것이다. 당신이 지금까지 보아 왔던 투자회사의 모든 TV 광고들을 생각해 보라. 이들 TV 광고에서는 지나간 중년 시절 미소 짓는 부부가 손을 맞잡고 해변가 별장 앞을 산책하는 모습을 크게 다루고 있다. 이러한 메시지가 진술하거나 함축하고 있는 것은 다음과 같을 것이다: "퇴직 후의 안전, 자립 및 자기 생활에 대한 완전한 통제가 당신의 목표여야 한다 — 만약 당신이 지금 투자하면 거기에 도달할 수 있습니다."

그러나 뇌는 인생의 모든 단계에서 인지적으로 손상을 입힐 수 있는 여러 가지의 질병에 걸리기 쉽기 때문에 당신이 어떠한 조치를 취하더라도 최적의 뇌기능을 '보장' 할 수는 없다. 세인트루이스St. Louis에 있는 워싱턴Washington 대학교의 의과대학에서 수행한 '기억과 노화 프로젝트'Memory and Aging Project의 수석 연구자인 John Morris는 이렇게 말한다: "만약에 뇌기능이 손상된다면 그것은 질병의 결과이지 연령의 결과가 아니다."

Morris의 핵심 포인트는 내가 매일 환자들에게 강조하고 있는 그런 것이다. 알츠하이머 병이나 기타 무서운 치매에 걸리지 않기 위하여 할 수 있는 것에는 여러 가지가 있지만, 그 병에 걸리지 않는다고 보증할 수는 없다. 뇌건강을 유지하는 데 생활 스타일의 변화가 효과가 있을 수 있지만 유전자도 여전히 작용을 한다. 어떤 사람은 치매에 걸릴 위험이 훨씬 더 큰데, 그것은 아마도 현재 신경과학자들이 주목하고 있는 유전적인 결함 때문일 것이다. 그렇다면 이러한 상황 아래에서 우리가 할 수 있는 최선의 태도와 전략은 무엇일까?

만약에 당신이 알츠하이머 병이나 기타 노인이 되어 발생하는 후발성 질환의 발병률이 높은 가족의 출신이 아니라면 긍정적으로 생각하는 것은 불합리하지 아니하다. 알츠하이머 병의 발병률은 65세에서는 약 1%이지만, 그 나이가 지나면 매 5년마다 두 배로 증가하여 미국인의 경우 85세가 되면 16% 내지 25%가 된다. 미국에서는 85세 이상 노인들의 46%가 적어도 초기 알츠하이머 병에 걸려 있는 것으로 믿고 있다. 이러한 수치는 완전히 안심되는 것은 아니지만 그럼에도 불구하고 이러한 상황을 왜 긍정적인 견해에서 보지 않는가? 사실 최고령의 사람들 가운데도(90세 또는 그 이상) 치매로부터 자유로운 사람의 숫자가 치매 때문에 고통받는 사람의 숫자보다 더 많다. 그러므로 당신이 90세 이상을 산다고 하더라도 알츠하이머 병으로부터 자유로울 가능성이 그렇지 아니한 것보다 훨씬 더 높다.

또한 알츠하이머 병은 약하게, 서서히 진행되는 것이 통례이지 그것이 예외가 아니다. 알츠하이머 병을 앓고 있는 많은 사람들은 그렇게 진단을 받은 다음에도 상당시간 동안 덜 요구적인 직무는 계속하여 수행하고 있다. 더욱이 현재 가용한 의약품들은 약한 형태로 이 병을 앓고 있는 유의한 수의 사람들에게 완전한 치료는 아니더라도 어느 정도는 그것을 개선해 주고 있다. 백신 주사와 같은 몇 가지의 매우 유망한 의약품과 기타의 치료법들은 현재 임상실험을 하고 있다.

더욱더 중요한 것은 본서의 전체를 통하여 기술한 바 있듯이 생활 스타일life style을 변화시키면 이러한 위험한 질병에 걸릴 가능성을 줄일 수 있다는 것이다. 이 말은 알츠하이머 병의 심각성을 부정하려는 것이 아니라, 얼마간의 전체적인 전망 — 얼마간의 희망을 제시하기 위한 것이다.

인지적 비축량을 증대시켜라

20년 전 병리학자들은 알츠하이머 병의 증후가 전혀 없이 죽은 사람의 뇌를 검시하면서 뜻밖의 현상을 발견하게 되었다. 이들이 발견한 것을 강조하기 위하여 아래에서는 알츠하이머 병에서 발견하게 되는 전형적인 뇌변화를 한 개의 문단으로 종설해 본다.

알츠하이머 병으로 죽은 환자에서 뜯어 낸 뇌근육을 현미경으로 들여다 보면 두드러진 두 가지의 특징을 발견하게 된다. 첫째, 피질부에 있는 뉴런(대뇌 반구를 덮고 있는 가장자리의 3밀리미터의 근육)의 4분의 1 정도가 조밀하게 서로 엉켜 있는 묶음 같은 것이 되어 있는데, 그것은 심해에 오랫동안 가라앉아 있던 배에 있는 녹슨 전선 같이 보인다. 둘째, 당신은 변질한 신경종말들의 덩어리가 동질의 중핵central core을 둘러싸고 있는 것을 볼 수 있을텐데, 이것을 특수한 화학 물감의 도움을 받아 들여다 보면 잉크무늬와 흡사해 보인다. 독일의 신경학자인 Alois Alzheimer는 이러한 엉킴과 플라크(반, plaques)를 처음으로 관찰한 다음 그는 이러한 현상이 마음을 파괴시키고 있는 뇌질환을 간단명료하게 표지해 주고 있는 것임을 최초로 지적하면서 이 병을 그의 이름에 따라 명명하였다.

그러면 이러한 예기치 못한 발견에 대하여 살펴보자. 검시를 하면서 연구자들은 생애의 마시막 시간까지 완벽하게 정상적으로 기능했던 죽은 노인 환자의 뇌에서도 알츠하이머가 발견한 뇌의 변화를 발견하였다. 이들은 알츠하이머 병의 증상이 전혀 없이 생활했지만 이들의 뇌에는 대개의 경우 이 병과 관련이 있는 엉킴과 플라크가 많이 포함되어 있었다.

플라크-엉킴 치매 결합에 대한 이러한 예외를 연구하면서 하나의 일반적인 특성을 발견하게 되었는데, 그것은 교육수준의 증가이다. 일반적으로 보면, 교육을 많이 받은 사람은 살아 있는 동안 치매란 진단을 받는 경우가 보다 적다. 이들이 어떠한 전공의 교육을 받았느냐는 문제가 되지 않는다. 물리학에서의 학위나 중세 역사 전공의 학위나 이들이 우리를 치매로부터 보호해 주는 것은 마찬가지이다.

이러한 예상하지 못했던 발견을 병리학자들은 교육수준으로 설명하고 있는데, 나는 이러한 추측이 정확하다고 믿고 있다. 다시 말하면 교육은 일반적으로 뇌 네트워크를 보다 효과적으로 사용할 수 있게 하며 그러한 결과로 아직까지는 완전하게 확인되고 있지는 않지만 어떻든 알츠하이머 치매가 뇌에 가하는 손상을 견디어 낼 수 있는 능력이 더 커진다고 보고 있다. 그리하여 병리학자들은 이것에 대하여 인지적 비축cognitive reserve이라는 새로운 용어를 만들게 되었다(이것을 대뇌 비축이라 부르기도 한다, cerebral reserve).

하나의 유용한 유추analogy로 인지적 비축을 금전적인 용어로 생각해 보라. 당신이 돈을 더 많이 가지고 있다면 재정적인 침체가 있더라도 이를 보다 더 쉽게 관리할 수 있다: 부유하지 아니한 이웃 사람과 비교해 보면 당신은 재정적으로 몰락할 때까지 잃을 수 있는 돈을 더 많이 가지고 있다. 이러한 유추는 교육과 알츠하이머 병(또는 이 문제에 관한한 기타의 치매)에 수반하여 관찰하게 되는 것을 설명하는 데 도움이 된다. 교육수준이 높은 사람이 치매에 걸리면 교육수준이 낮은 사람이 일반적으로 보이고 있는 증상보다는 병의 상태가 훨씬 더

진전되어 있다. 더욱이 증상이 일단 나타나고 나면 보다 빨리 죽음에 이른다. 이러한 경우 병을 앓는 환자의 인지적 비축이 처음에는 평균적인 사람들보다 더 높았지만, 고갈된 것이라 생각하고 있다.

뉴욕New York City에 있는 컬럼비아Columbia 대학교의 Taub 연구소 Taub institute의 인지 신경과학부에서 일하고 있는 Yaakov Stern의 연구에 의하면, 인지적 비축이 큰 것과 전두엽에 있는 뇌 네트워크의 활성화가 증강되는 것이 관련되어 있다. 젊은이든 노인이든 간에 IQ 점수가 높을수록 기억 검사의 성적이 더 좋고 그리고 전두엽에 있는 네트워크의 활성화가 더 크다. 그리고 보다 높은 IQ는 일반적으로 교육의 연수가 더 많은 것과 상관되어 있기 때문에 Stern의 연구의 발견은 우리가 학교에 더 오랫동안 머물러 있음으로써 인지적 비축을 증대시켜야 하는 또 다른 이유를 제시해 주고 있는 셈이다.

그러나 인지적 비축을 설명하는 것으로 형식교육을 강조하는 것은 직관적으로 보면 그럴 듯해 보이지만 나는 이것은 너무 단순한 설명이라 생각하고 있다. 만약에 당신이 대뇌 비축 가설에 대하여 조심스럽게 생각해 본다면 인지적 비축이 더 큰 것이 왜 반드시 '형식'교육과 연결되어야 하느냐고 물어볼 수 있을 것이다. 형식교육을 통하여 최대의 능률을 가져올 수 있는 뇌 네트워크는 비형식적 교육을 통해서도 마찬가지로 증대시킬 수 있을 것이다—비형식적 교육은 한때 '고생하는' 사람들의 학교라 부르기도 하였다. 사실 비형식적 교육은 실제 생활에서 유능한 소위 '거리 똘똘이'street smarts들에게 고급 학위를 수여하고 있다고 말할 수 있다.

예컨대, 내게 오는 한 환자는 82세인데, 그는 8학년을 마친 다음

학교를 그만두고 평생 동안 억척 같이 부동산에 투자하여 수백만 달러를 벌어들였다. 또는 작고한 유머 배우 Art Buchwald를 생각해 보라. 그는 내가 알고 있는 사람들 가운데 가장 스마트한 사람들 중에서도 맨 꼭대기 가까이에 있는 사람이다. 그의 형식교육은? 대학교육 2년. 교육－인지적 비축에 대한 이러한 예외는 고등교육이 뇌에 대하여 가지고 있는 장점을 논의하는 저명한 대학교수들의 논문에서는 거의 나타나지 않고 있다. 여기에 무슨 특별한 비밀이 있는 것은 아니다: 연구를 수행하는 교수들은 박사 학위나 기타의 고급의 학위를 소유하고 있어서 지적 능력 그리고 매우 기능적인 뇌를 형식교육과 쉽게 같다고 보고 있다. 그러나 여러 해 동안 형식교육을 적게 받은 사람들과 관계를 하다 보면 자동차 수리공이 대학 교수 자신보다 더 스마트할 수도 있다는 생각이 들 때는 마음이 좀 불편해지기는 한다.

"인지적 비축은 갖고 태어난 어떤 것이 아니다"라고 Yaakov Stern은 말한다. "그것은 변화할 수 있고 그리고 시간이 걸려 증대시킬 수 있는 어떤 것이다. 심지어는 규칙적인 독서 스케줄을 지키는 것과 같은 간단한 것도 인지적 비축을 증대시키고 그리고 알츠하이머병에 걸릴 가능성을 낮출 수 있다."

몇 가지 형태의 인지적 훈련을 규칙적으로 함으로써 인지적 비축을 증대시켜라. '미국 보건 기구'National Institutes of Health의 지원을 받아 인지 훈련이 일상의 기능에 미치는 효과를 분석한 연구의 수석 연구자인 Michael Marsiske에 의하면 추리기능, 기억 및 빠른 정신적 처리를 끌어 올리는 것을 목표하는 정신적 운동을 10회 정도만 해도 중년과 노년의 정신적 쇠퇴를 방지할 수 있다.

인지적 훈련을 논의할 때 젊은 얼굴의 41세의 신경과학자인 Marsiske는 자신이 좋아하는 토픽에 대하여 유창하게 그리고 열성적으로 말을 하였다: 그것은 어떻게 하면 정신적 운동mental exercises을 통하여 중년에서 후기 성년기에 이르는 사람의 정신적 수행을 향상시킬 수 있느냐는 것이었다. 그는 자신이 연구한 것을 바탕하여 개발한 정신적 운동 프로그램을 나에게 설명해 주었다.

기억 훈련memory training을 위하여, 그는 이야기와 같은 언어적 내래티브narrative 및 단어를 재생해 내는 방법으로 시각적 이미지visual images와 정신적 연상mental associations (정신적 결합)을 형성할 것을 제안하고 있다. 이것은 본서의 Ⅲ부에서 기술했던 것과 비슷한 방법이다. '추리 훈련'reasoning training을 개발하기 위해서는 그는 철자나 단어 시리즈에 있는(예컨대, a c e g i …) 어떤 형태를 식별하게 하고 그런 다음 시리즈에 있는 다음의 항목을 확인해 내는 것과 같은 활동을 할 것을 제안하고 있다(k-다른 모든 철자들은 생략). 처리 속도 훈련speed of processing training에서는 시각적 탐색과 주의집중 분할divided attention 활동을 같이 사용한다. 다시 말하면, 노출 시간을 점차 짧게 하여 컴퓨터 스크린에 나타나는 어떤 대상을 확인하면서 동시에 두 개의 독립적인 탐색 과제들 사이로 자신의 주의집중을 분할해야 한다. 예컨대, 대상들의 어느 형태가(두 개의 자동차, 두 개의 트럭, 하나의 자동차와 하나의 트럭) 컴퓨터 스크린의 가운데에 나타나고 있는지를 판단하면서 동시에 스크린의 주변에서 다른 표적이 나타나는 위치를 확인해 내는 것이다.

Marsiske가 자신의 실험 대상자들에게서 얻은 결과는 그 자신이 기대했던 것보다 훨씬 더 인상적이었다. 각기 60분에서 75분이 걸린 10회의 운동/활동만으로도 이러한 운동에 참가하지 아니한 사람과 비교해 볼 때 5년 후에도 나타날 정도의 대단한 향상을 보여주었다. 기억 운동을 한 사람은 기억 검사에서 75%나 더 잘했고, 추리 검사에 참여했던 사람은 추리 검사에서 40% 더 잘했고, 그리고 속도 훈련을 받은 사람은 300% 더 빠르게 반응하였다. 이들을 종합해 보면 세 가지 영역에서 정신 기능을 향상시키기 위하여 시간과 에너지를 짧게라도 투자하는 것만으로도 지속적인 인지적 향상을 가져오고 또한 연령에 따른 정신 기능의 쇠퇴를 방지할 수 있었다.

Marsiske가 발견한 것이 더욱더 인상적인 것은 연구에 참가하고 있는 사람들의 연령이다: 이들의 평균 연령은 73세이고 연령의 범위는 65세에서 90대 초기에 이르렀다. "이러한 발견은 50대나 그 보다 더 젊은 사람들에게도 적용된다"고 그는 말한다. "이러한 종류의 훈련은 연령에 관계없이 효과가 있다. 그리고 우리가 살면서 보다 초기에 습득한 정신적 기능들일수록 효과는 여러 해 동안 지속된다."

인지적 비축을 쌓아가는 것은 일생 동안 해야 할 사업이기 때문에 그것을 일찍 시작하여 축적해 갈수록 더 좋다. 그렇기 때문에 신경과학자들은 언제 알츠하이머 병이 실제로 시작했는지를 확실하게 알지를 못한다. 예컨대, 알츠하이머 병에 걸릴 위험성이 높은 것으로 알려져 있는 유전인자ApoE4를 소유하고 있는 7세에서 10세의 아동은 다른 형태의 유전인자를 갖고 있는 아동과 비교해 보면 인지적 수행이 감소하고 있다는 증후를 보이고 있다.

"이것은 생애의 초기부터 인지적 차이가 있음을 보여주고 있다"라고 이 연구를 수행했던 오레곤Oregon주 포틀랜드Portland의 Jacob Raber는 지적하고 있다. 그러나 내가 질문했을 때, Raber가 쉽게 인정했듯이, ApoE4는 심지어는 성인에 있어서도 알츠하이머 병을 완전히 신뢰롭게 알려주는 표지자가 아니다: 이러한 유전인자를 가지고 있는 노인들 가운데도 생애 동안 또는 시체를 검시했을 때도 알츠하이머 병의 증후를 전혀 보여주지 아니한 사람도 있다. 그러므로 그러한 유전인자를 가지고 있는 아동이라 하여 반드시 운명적으로 알츠하이머 병을 앓게 된다고 예측해서는 안 된다. 그리고 Raber의 발견에는 염려스러운 것이 하나 더 있다.

Ronald Reagan 대통령은 알츠하이머 병의 최초의 시작을 분명하게 말하기 어렵다는 것을 보여주는 가장 유명한 현대적인 보기이다.

Reagan 대통령의 발병은 대통령직을 떠난 다음에 시작한 것일까 아니면 그 이전에 이미 시작된 것일까? 1987년 The Washington Post의 "Outlook"면의 편집인은 나에게 이러한 질문에 대한 글을 써 달라고 요청해 왔다. Reagan 대통령이 두 번째 임기의 끝 무렵부터 워싱턴에서는 Reagan 대통령이 알츠하이머 병을 앓고 있다는 소문이 — 대부분은 기자 회견 동안 그가 보인 많은 반응들이 분명치 않다는 것 때문에 — 급격하게 퍼져가고 있었다.

Reagan이 캘리포니아 주지사 시절부터 시작하여 그의 연설과 기자회견의 원문을 살펴보고 그리고 비디오를 들여나 본 나음 나는 The Washington Post에 보낸 기고문에서 Reagan은 대통령직을 수행하고 있는 동안은 이 질병에 걸렸다는 증거가 없다고 결론을 내렸다. 그러나 의사들이 나중에 Reagan 대통령이 알츠하이머 병을 앓고 있다고 진단 내린 사실을 보면서 나는 나의 결론에 대한 확신이 없어지고 있다. 내가 그 기고문을 쓰고 있을 때 그는 이미 이 질병의 초기 증후를 충분히 보이고 있었을지도 모르겠다. 어떻든 Reagan 대통령이 언제부터 알츠하이머 병의 증후를 보이기 시작했는지를 분명하게 못박는 것은 그가 임기를 마치고 20년이 지난 지금도 조금도 더 쉽지가 않다.

그의 성인기 생활에서도 Reagan은 구체적인 질문을 받았을 때 대답을 하지 못하는 일이 가끔씩 있었다. 예컨대, 1962년 2월 5일, 당시 51세이고 '영화 배우 협회'Screen Actors Guild의 회장이던 Reagan은 그가 속했던 연예인 에이전트인 MCA를 상대로 반독점 혐의를 조사하고 있던 LA 연방 대배심원에 나타났다. 이때 증언하면서 그가 했던 반응은 그가 대통령 임기 말년에 기자회견할 때 했던 것 못지않게 막연하고 애매모호하였다. 그렇다면 Reagan은 51세에 이미 알츠하이머 병의 초기 증후를 앓고 있었던 것일까? 아니면 단지 그의 기억이 신통치 못했던 것뿐일까? 아니면 그는 고의적으로 그랬을까?

Reagan 대통령의 경우처럼 알츠하이머 병의 최초의 증상은 흔히 찾아내기가 어렵고 그리고 이 병이 상당히 진행된 다음에야 비로소 전조들이 나타나기 시작한다. 65세가 지나면 지매의 위험은(대개는 그렇지만 배타적으로 알츠하이머 병 때문에 생기는 것은 아니다) 매 5년마다 두 배로 늘어난다. 이러한 통계 숫자를 볼 때 알츠하이머 병을 줄일 수 있는 것이면 우리는 무엇이라도 해야 할 것이다.

알츠하이머 병의 위험을 줄이기 위한 몇 가지의 제안을 해 보면 다음과 같다:

당신의 모든 재능과 능력을 충분하게 사용하는 도전적인 일을 할 수 있는 대로 오래토록 계속하라. 여가 시간 동안에도 같은 원리를 따르라: 화투, 바둑 또는 마작을 하라. 숙련된 포커꾼들과 같이 어울려라. 혼자 있을 때는 독서를 하거나 십자형의 단어 퍼즐이나 기타의 퍼즐을 풀어 보라.

친구나 지인들과의 네트워크를 만들어 유지하라. 왜냐하면 사회적으로 고립되고 그리고 그에 따라 수반되는 외로움은 건강한 뇌기능에 커다란 장애가 되기 때문이다. 이것이 얼마나 중요한지를 느껴 보기 위하여, 당신 자신이 옆에 이야기할 사람도 그리고 당신의 경험을 공유할 수 있는 방법이 전혀 없는, 사람이 살지 아니하는 외딴 섬에 떨어져 있다고, 정신적으로 상상해 보라. 대부분의 사람에게 이것은 매우 고통스럽고 힘들 것이다. 그것은 우리는 오랜 세월 동안 다른 사람의 존재가 '필요하다'는 것을 배워 온 사회적인 존재이기 때문이다. 이러한 요구를 절실하게 보여주는 것이 형벌제도이다: 독방에 감금하는 것은 최고의 형벌을 받아야 할 사람에게만 집행한다. 건강 관련의 통계도 고립이 미치는 유해한 효과를 확인해 주고 있다. 고독한 사람은 심장마비, 우울증, 자살 그리고 신체적 및 정신적인 질병에 걸릴 가능성이 높다.

"내 주변의 사람이 그립다", "나는 가끔씩 버림받아 완전히 홀로라고 느낀다", 그리고 "정말로 좋은 친구가 그립다" — 이들은 고독을 측정하는 검사에서 외로운 사람이 표현하고 있는 김징들 가운데 몇 가지이다. 이러한 코멘트는 우울증과는 아주 다른 내적 경험들을 기술해 주고 있다. 전형적으로 보아 우울한 사람은 사회적으로 움츠려드는 경향이 있다: 이런 사람은 사회적 거래에서 주고받고 하는 데 필요한 에너지를 사용하지 않는다. 반대로 고독한 사람은 사회적 교류관계를 열망하여 어울릴 수 있는 기회는 어떤 것이라도 환영한다.

최근에 연구자들은 고독한 사람은 우울증과 기타의 다른 질병에 걸릴 위험성이 더 클 뿐 아니라 알츠하이머 병이나 기타의 치매에 걸릴 가능성이 더 큰 것 등의 인지적 문제로 고통받을 가능성이 더 크다는 것을 알게 되었다.

스웨덴 사람 1,200명의 노인들을 대상으로 2002년에 수행한 한 연구에 의하면 치매의 발병률은, 주로 알츠하이머 병이지만, 사회적 접촉이 적은 노인에서 가장 높았다. 일반적으로 보면, 사회적인 접촉이 많을수록(스포츠, 게임, 수업 등과 같은 집단 활동에 자주 참여하는) 훨씬 더 잘하였다. 심지어는 사교생활을 제한적으로 하는 사람도 혼자서 일을 하고 그래서 다른 사람을 회피하는 단독 생활자보다는 더 잘하였다. 이러한 스웨덴에서의 발견은 2007년 시카고 지역의 800명의 노인들을 대상으로 고독을 연구한 보고서에서도 확인되고 있다. 고독한 사람은 고독하지 아니한 사람보다 알츠하이머 병에 걸릴 가능성이 두 배 이상이나 높다. 결혼은 고독으로부터 보호해 주는 역할을 하지만 가까운 친구와 규칙적으로 접촉하는 것도 고독에 대항하여 싸우는데 마찬가지로 효과적이다. 결혼을 했든 싱글single이든 간에 고독을 느끼지 않도록 조치하는 것이 중요하다. 왜냐하면 고독은 우울증 또는 신체적 및 정신적 활동이 떨어지는 것보다 알츠하이머 병의 원인이 되는 더 위험한 요인이기 때문이다.

캘리포니아 마리부Malibu에 있는 페퍼딘Pepperdine 대학교의 심리학 교수이고 『건강하게 늙어가는 뇌』*The healthy aging brain*의 저자인 Louis Cozolino에 따르면 "우리는 아직도 사회의 중요한 멤버이며 그리고 아직도 거기에 적응하는 것이 필요하다는 것을 뇌에 신호해 주는 것은 어떤 것이라도 뇌의 건강과 신경의 가소성을 뒷받침해 줄 것이다."

고독과 관련한 인지적 결손의 위험을 감소시키기 위해서는 다른 사람들이 하고 있는 활동에 매일 참여하는 시간을 늘려라. 특히 만약에 당신이 소심하고 내성적이라면 적어도 이따금은 그렇게 하도록 당신 자신에게 강요해야 한다. 앞에서 언급했던 연구가 시사해 주고 있는 바와 같이 당신은 그렇게 노력해야 하는 정말로 훌륭한 이유를 가지고 있다: 최적의 뇌건강은 규칙적인 사교적 활동을 요구하고 있다.

사고적인 활동이 미치는 구체적인 이득을 제시해 보기 위하여 나는 캘리포니아California의 샌디아고San Diego에 있는 캘리포니아 대학교의 '스타인 노화 연구원'Stein Institute for Research on Aging의 원장인 Dilip Jeste와 이야기를 나누어 보았다. 그는 나에게 이렇게 말하였다: "우리는 사교적 활동이 미치는 몇 가지의 구체적인 이득을 발견했습니다: 일반적인 사망률이 낮아지고, 고혈압과 기타 심장혈관 관련의 질병으로부터 보호해 주고, 우울증이 적고, 인지적 수행이 더 높고, 그리고 가장 중요한 것이지만, 치매의 발병이 지연되는 것입니다."

이것을 다음과 같이 생각해 보라: 우리의 뇌는 신경회로라는 방법으로 함께 연결되어 있는 수백만의 뉴런들이 협동으로 활동해서 움직여 가는 하나의 사회기관이나 — 혼자 있는 고독한 뉴런 같은 것은 없다. 마찬가지로, 우리들 누구도 고립하여 존재할 수는 없다: 그리고 우리가 — 뇌회로들 속에 있는 하나의 뉴런인 것처럼 — 보다 더 넓은 사회적 네트워크의 한 부분이 되지 못하면 인지적 기능을 최적으로 수행할 수가 없다. 만약에 당신이 고독을 경험한다면—당신의 뇌를 위하여—당신 자신을 유의미한 사회적 관계 속으로 끌어들일 수 있는 조치를 취해야 한다. 산악회에 가입하는 것, 요리 강좌에 가는 것, 교회나 불당에서 자원 봉사하는 것, 북 클럽 멤버들과 어울려 보는 것—선택은 당신 자신의 배경과 흥미에 따라 달라질 수 있을 것이다.

정신적 스트레스를 줄일 수 있는 방법을 익혀라. 정신적인 스트레스stress는 당신이 자신의 뇌를 위하여 '창조'할 수 있는 가장 나쁜 상황 장면이다. 나는 의도적으로 '창조'create란 용어를 사용하였는데, 그것은 정신적 스트레스는 신체적인 스트레스와는 매우 중요한 점에서 차이가 있기 때문이다. 예컨대 필요한 외과 수술을 받기 때문에 생기는 신체적인 스트레스에 대하여서는 당신이 할 수 있는 것이 대개는 거의 없다. 그러나 정신적 스트레스의 수준을 결정하는 데는 당신 자신이 중요한 역할을 할 수가 있다.

정신적 스트레스는 뇌에 가장 유해한 영향을 미친다. 해마의 크기가 줄어든다—이러한 이유로 스트레스를 받고 있는 사람은 흔히 기억이 어렵나고 불평을 한다. 더 나아가 성장 호르몬, 에피네프린epinephrine 및 노르에피네프린norepinephrine 등과 같은 스트레스 관련의 호르몬 분비가 올라가게 되면 우리가 조직적인 방식으로 사고하는 능력이 감소한다.

스트레스를 정신적 에너지 연속선의 한쪽 끝이라 생각해 보라. 예컨대, 당신이 최근에 경쟁적인 시험을 치던 시간을 생각해 보라. 최선의 성적을 내기 위해서 당신은 정신적 에너지를 최대한으로 집중시켜야 한다('마음을' 집중한다, psyched). 만약에 그렇게 하지 못하고 시험에 대하여 계속하여 무관심하다면 당신은 시험을 잘 치를 가능성이 별로 없다. 또 다른 극단에서, 만약 당신이 스트레스를 너무 많이 받는다면 또한 최선의 성적을 거두지 못할 것이다 — 스트레스 호르몬이 당신의 뇌에 밀어닥친 결과로 당신의 기억과 일반적인 정신 능력에 유해한 영향을 미치기 때문이다. 너무 많은 각성과 너무 적은 각성 간에 균형을 이루는 것이 '여크스 – 다드슨 법칙'Yerkes – Dodson의 기본이 된다. 이 법칙은 20세기 초기의 심리학자인 Robert Yerkes와 J. D. Dodson의 이름을 따서 붙인 것이다.

여크스 – 다드슨 법칙은 또한 상이한 정신적 활동에 따라 최적의 각성 수준이 다를 수 있음을 말해 주고 있다. 경쟁적인 시험을 칠 때는 적당히 흥분하는 것이 정신적 자원을 동원하는 데 도움이 된다. 그러나 시를 쓰거나, 인물화를 그리거나, 또는 명상을 할 때는 각성 수

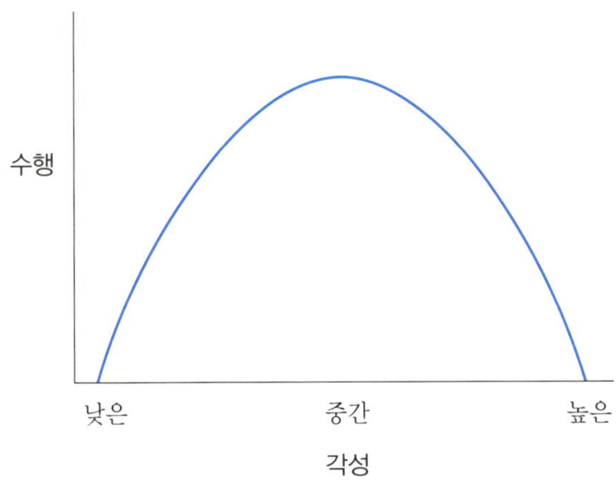

여크스 – 다드슨 법칙의 그래프

준이 훨씬 더 낮은 것이 최선이다.

스트레스를 줄일 수 있는 최선의 방법은 스트레스가 많은 사건이나 장면을 정신적으로 재구조화해 보는 것이다. 성공적인 사람은 항상 그렇게 하고 있다. "어떤 사람에게는 스트레스라도 성공하는 사람에게는 그것이 도전이 된다"라는 말은 스트레스가 미치는 유해한 효과를 차단하기 위하여 성공적인 사람들이 사용하고 있는 핵심적인 진언이다. 실제적인 용어로 말하면 이것은 잠재적으로 보아 스트레스적인 경험을 '기회'로 경험함으로써 스트레스의 유해한 효과를 회피할 수 있다는 의미가 된다. 어떤 사건은 누구에게나 스트레스를 각성시킬 것이다(예컨대, 애기의 죽음, 또는 전시경험들은 외상 후 스트레스 장애이다(Post-traumatic stress disorder). 그러나 가장 스트레스적인 장면도 결국에 가서는 당신 자신이 어떠한 결심을 내리도록 만들게 한다. 이때 당신은 그러한 사건이 당신의 미래 생활에 얼마만큼의 스트레스를 끼치도록 할 것인지를 의사결정해야 한다.

당신 자신에게 이렇게 물어보라: "이 경험이 남은 내 인생의 진로를 제멋대로 결정하도록 내버려 둘 것인가? 아니면 내가 내 자신의 인생을 통제할 것인가? 이 경험에서 나는 무엇을 배울 수 있는가?" 일들을 이런 식으로 재구조화하면 자기 통제의 감각을 증가시킬 수 있고, 그리고 스트레스 때문에 뇌가 손상되는 것을 보호할 수 있다. 이것이 중요하다. 왜냐하면 통제감각을 상실하는 것은 스트레스 반응의 가장 중요한 요인이기 때문이다. 어떤 장면이 아무리 스트레스적이라 하더라도 만약에 당신이 당신의 태도와 반응을 통제할 수 있다면 이것 하나만으로도 당신의 스트레스를 줄일 수 있다 — 당신에게 스트레스를 주고 있는 장면에 당신 자신이 아무런 영향도 미칠 수는 없다고 하더라도 말이다. 기억하라: 지금 당신에게 일어나고 있는 것을 당신이 변화시킬 수가 없는 장면에서도 당신은 그것에 대한 당신 자신의 태도는 여전히 변화시킬 수 있다. 철학자-수필가인 Michel de Montaigne이 기술한 바와 같이 "사건을 지배할 수 없기 때문에 나는 나 자신을 지배한다."

스트레스 감소를 목표하는 실제적인 훈련에는 흔히 '호흡'이 포함되어 있다. 그러나 불행히도 대부분의 사람들은 가슴을 넓히고 복부는 수축하여 호흡한다. 이와 같이 하는 "가슴 호흡"은 덜 효과적이다. 왜냐하면 전신에 충분한 산소를 배달하려면 허파(폐)가 더 열심히 활동해야 하기 때문이다. 이렇게 하면 심장의 박동이 더 빨라지게 된다. '가슴 호흡'에서는 허파의 윗부분과 중간 부분만을 사용하기 때문에 최적의 산소 배달이 일어나지 아니하며 — 그리하여 당신은 긴장과 스트레스를 느끼게 된다.

이러한 부정적인 결과를 회피하기 위해서는 주로 얕게 가슴 호흡하는 대신 더 깊고, 보다 이완적인 복부 호흡으로 바꾸는 것이 필요하다. 그러나 이렇게 하기 위하여 명상에 관한 여러 유파에서 주장하고 있는 어떤 전문적인 호흡 기법을 배워야 할 필요는 없다. 당신은 어떤 교화나 계몽을 추구하는 것이 아니고 단지 스트레스를 감소시키는 것을 목표하고 있기 때문이다.

가슴 호흡에서 복부 호흡으로 이동할 수 있는 아주 쉬운 방법을 소개해 본다. 앉아서 오른 손을 당신의 복부에 그리고 왼손을 가슴에 얹어 보라. 왼손을 가슴에 비교적 가만히 있게 하고, 반면에 오른손은 숨을 쉴 때마다 복부에서 올라오고 내려가는 식으로 깊게 호흡하라. 코로 숨을 들이키고 그리고 코나 입으로 숨을 내 쉬어라. 몇 분 동안 이러한 복부 호흡의 리듬을 확실히 하고 나면, 이제 당신은 자신의 손에 대해서는 잊어버리고 가슴과 복부에서 손을 모두 내릴 수 있다.

두 번째의 스트레스 감소 기법은 Ⅲ부에서 기술한 바 있는 정신적 운동들 가운데 하나를 연습하는 것이다. 반복적으로 스트레스를 유발하는 사고 형태에서 벗어나기 위하여 읽기, 쓰기 또는 일반적인 언어가 포함되지 아니하는 것 하나를 선택해 보라. 예컨대, 숫자들을 무선적으로 시리즈로 빠르게 적어 보고, 그런 다음 이미 앞에서 기술한 바 있는 기억조성기법을 사용하여 이들을 기억해 보라. 이렇게 심상화하는 운동을 하면(다음에서 기술하려고 하는 다른 기법들과 함께) 스트레스 감소와 기억력 향상이라는 두 가지의 이득을 같이 얻을 수 있다.

가장 간단한 심상화 기법imaging technique은 가까이 있는 주변을 둘러보고 그리고 그것에 대하여 정신적인 스냅 사진snapshot을 찍는 것보다 전혀 더 복잡하지 아니하다. 그런 다음 눈을 감고 세부적인 내용들을 할 수 있는 대로 많이 당신의 마음의 눈 속에서 "보라." 마지막으로 이제 눈을 뜨고 당신의 내적인 스냅 사진을 당신 앞에 있는 장면과 비교해 보라. 내적인 스냅 사진에서 기록하고 있지 못한 것에는 무엇이 있는지를 주목해 보라. 다시 눈을 감고 빠뜨렸던 것들을 추가해 보라. 당신의 마음 속의 이미지가 적절한 요소들을 모두 포함할 때까지 이 과정을 반복하라.

이러한 운동을 연습하는 또 다른 방법은 카메라를 사용하는 것인데, 나는 개인적으로 이 방법을 선호한다. 첫째, 나는 나중에 스트레스를 받고 있을 때 들여다 보고 싶을 것 같은 아주 매력적인 배경 장면을 선정한다. 다음으로 내가 항시 가지고 다니는 조그마한 소형 카메라로 이 장면을 사직 찍는다. 다음으로, 내가 스트레스를 느낄 때 마음 속에서 이 장면을 할 수 있는 대로 상세하게 상상하여 그려본다(사진을 보지 아니하고). 그 장면을 정신적으로 재생해 내려고 최선을 다해 본 다음 사진을 들여다 보고 내가 기억했던 것과 비교해 본다.

기타의 스트레스 감소 기법에는 다음의 것들이 포함된다:

- 당신이 통제할 수 있는 것 이상인 것에 정신적 에너지의 낭비를 스톱시키는 것을 배워라. 이 말은 마치 당신이 당신의 생활을 통제할 수 없는 것처럼 사고하고 행동하라는 의미가 아니다. 이미 앞에서 언급해 둔 바와 같이 최악의 스트레스는 우리 자신이 할 것이 별로 없는 상황에서 거기에 무기력하게 의존하고 있다고 느낄 때 생긴다. 그러나 우리들 대부분의 경우 이러한 상황은 일반 법칙이기보다는 예외적인 것이며 우리는 우리 자신의 삶을 통제할 수 있다 — 또는 적어도 우리가 내리는 의사결정은 우리 자신이 통제할 수 있다. 이것은 우리가 하는 일이나 개인 생활에서 우리가 변화를 일으키는 것을 의미한다. 우리를 가장 쇠약하게 만드는 스트레스는 "황금 족쇄"의 장면에서 생긴다 — 당신은 당신의 직무를 증오하지만, 그러나 당신은 거기에서 나오는 고액의 월급 때문에 거기에 매달리고 있다. 당신의 결혼은 비참하지만 당신의 사녀들이 편치 않는 가정에서 자라기를 원치 않기 때문에 결혼생활에서 떠나지 못하고 있다. 만약에 당신이 연령이나 기타의 요인들 때문에 새로운 직장을 찾거나 재혼하는 것이 가능해 보이지 않는다면 이러한 장면들은 훨

씬 더 스트레스적일 것이다. 이러한 고통스러운 딜레마dilemmas를 해결하기 위하여 전문적인 도움을 요구할 수도 있겠지만, 그러나 아마도 당신 자신이 고통스러울 수 있는 결정을 내림으로써 자신의 스트레스를 감소시키는 것 이외의 다른 대안은 없을 것이다. 스트레스는 뇌에 파괴적인 사이클을 가져 온다: 우울증과 불안은 뇌세포의 손실을 유발하고 이것은 다시 사고(생각), 주의집중, 기억, 수면 및 일반적인 복지에 장애를 일으킨다. 전체적으로 보면 이러한 장애 사이클은 다시 더 큰 스트레스를 생성시킨다.

- 스트레스적인 장면을 해결하는 데 당신이 영향을 미칠 수 있을 때는 빠르게 반응하라. 만약에 당신이 어떤 구체적인 장면에 대하여 또는 작업팀 멤버의 행동에 대하여 계속하여 '긴장하고 있다고' 느낀다면 그 사람을 만나서, 당신의 우려를 설명하고 그리고 문제가 해결되도록 노력해 보라. 만약에 이러한 노력이 성공을 거두지 못한다면, 당신의 입장을 다시 생각해 보라. 그래도 당신의 견해와 현상 사이에 있는 갈등 때문에 여전히 스트레스를 경험하고 있다면 팀의 다른 멤버들의 도움을 구해 보라. 만약에 당신이 이렇게 도움을 구한다면 이때 당신은 다른 사람들도 상황을 당신이 보듯이 보지 않을 가능성에 대하여 마음으로 준비하라. 이러한 장면에서 당신은 어떤 의사결정을 해야 한다: 스트레스적인 장면에 계속하여 남아 있거나, 아니면 떠나는 것이 당신에게 최선의 이득이 된다는 것을 인정하는 것이다.
- 신체적인 활동을 증가시켜 스트레스를 제거하라. 이것은 당신 자신의 건강, 흥미 및 외적인 상황에 따라 다를 수 있다. 조깅을 하거

나, 역도를 하거나, 심지어는 걷기하는 것도 좋을 것이다. 당신이 반드시 헬스 클럽health club에 가입할 필요는 없다 — 그러나 헬스 클럽에 가입하면 운동 프로그램을 여러 가지로 바꿀 수 있는 기회가 주어지고 그리고 운동을 규칙적으로 계속하려 할 때 생길 수 있는 장애를 회피할 수는 있다: 그것은 권태이다. 일본의 소설가 Haruki Murakami를 예를 들어 보자. 그는 하루의 길이가 마치 23시간인 것처럼 살았는데, 그리하여 어떤 일이 있더라도 그는 항시 하루에 한 시간을 운동에 바쳤다.

- 중단 없이 긴 시간 동안 작업하는 것을 회피하라. 규칙적인 휴식시간을 가져서 당신의 뇌가 지금까지와는 전혀 다른 활동을 할 수 있게 하라. 나의 친구인 변호사 한 사람은 휴식시간에는 10분 또는 15분 동안 스케치를 그리면서 시간을 보낸다. 이렇게 하면 그의 뇌는 언어적인 것에서 시각적-운동처리로 이동한다.
- 당신의 기분, 팬터지(마음 속 공상, fantasies) 그리고 내적인 자기 이야기self-talk를 점검하라. 만약에 긴장이 된다고 느낀다면 몇 분 동안 스톱하여 어떤 스트레스 요인들이 당신의 내적인 불쾌로 작용하고 있는지를 생각해 보라. 만약에 당신 자신이 화가 나고 그리고 스트레스적인 시나리오 속에 머물고 있음을 발견한다면 당신이 지금 하고 있는 것은 무엇이든지 바꾸어라. 그리고 개인적인 걱정거리를 떠오르게 하지 아니하는 다른 어떤 것으로 주의를 돌려 봄으로써 당신의 뇌활동을 변화시켜라(운동 또는 퍼즐 풀기 등).
- 다른 사람과 연락을 취해 보라. 우리의 뇌가 어떤 기능을 하고 무엇을 구성함으로써 우리는 비로소 사회적 동물이 된다. 이미 앞에서

언급한 바 있지만, 우리의 뇌는 뉴런의 네트워킹에서 시작하여 다른 사람들과의 상호작용에 이르는 모든 수준에서 하나의 사회적 기관으로 기능한다. 그러나 이것은 당신 자신의 성격적인 성향에 따라 개별화되어야 한다. 만약에 당신이 내성적이고 여러 사람이 모이는 모임이 불편하다면 소수의 몇 사람에게 당신 자신을 제한해도 상관이 없다. 그러나 이러한 우정을 수리하면서 잘 굴러 갈 수 있도록 필요한 조치를 취해야 한다. 이렇게 조치하는 최선의 방법은 당신 자신이 주도적으로 먼저 접촉을 가져보는 것이다. 과거의 어떤 사람과 같이 있으니 마음이 편했던 경우를 생각해 보라. 실제로 만나기 전에는 만나고 싶은 생각이 들지 아니했던 사람이라도 괜찮다. 당신의 기분이 개선되는 것은 "당신 자신의 밖으로" 벗어나서 자기 자신이 덜 자기중심적인 세계로 들어갈 때 비로소 가능할 수 있다.

- 앞에서 제시한 것에서 따라오는 것이지만, 다른 사람을 위하여 무엇인가를 행함으로써 스트레스를 일으키는 생각에서 벗어나라. 미디어media를 통하여 부정적인 정보와 이미지에 계속하여 노출되면(전쟁, 테러 공격, 부족 간 대량학살의 갈등), 인간의 정서는 위험해지는데 이것을 구제할 수 있는 것은 감정이입empathy과 동정심sympathy이다. 그러한 부정적인 정보나 이미지가 많으면 많을수록 이러한 것을 경험하고 있는 사람들의 자리에 우리 자신을 가져다 놓거나(감정이입), 또는 그들의 고통을 줄여줄 수 있게 우리가 동정적인 무엇을 한다는 것은(동정) 보다 더 어려워질 수 있다. 당신 자신은 이러한 보다 크고 넓은 관심사에 대하여 할 수 있는 것이 별로 없는 처지에 있을

수도 있겠지만, 그래도 바로 주변에 있는 사람들에게 조그마한 어떤 서비스는 할 수가 있을 것이다. 예컨대 불우이웃을 위한 자선적인 일이나 무료급식을 도와주는 것과 같다. 이러한 활동을 하면 당신의 뇌가 가지고 있는 감정이입적인 기능을 향상시킬 수 있다.

- 당신에게 스트레스를 주고 있는 사건, 장면 또는 사람들을 보다 넓은 시각에서 들여다 봄으로써 이러한 사건/장면/사람들이 가지고 있는 중요성을 축소하려고 노력하라. 만약에 당신이 새로운 직장에 면접받는 일 때문에 스트레스를 받고 있다면, 이번 기회에 실패하면 미래에 다른 기회가 있을 것이란 생각을 가지게 하라. 이 기법은 "재구성 기법"reframing이라 부른다. 이 기법이 수행을 향상시키는 것은 스트레스적인 장면을 옛날 말로 "길게 보면"long view, 공포와 불안이 줄어들기 때문이다. 어떤 일을 긴 시각에서 보면 전두엽 피질부가 활성화되며, 이것은 다시 편도선의 스트레스 유발 활동을 제지시키며, 그리하여 당신을 정신적인 평형 상태로 돌려 놓게 한다.
- 스트레스란 당신이 관리할 수 없는 장면에서는 자연적으로 따라오는 반응이며 당신이 그것을 관리할 수 없다는 것을 스스로 다짐하라. 스트레스를 느끼면 정신적으로 한 발짝 물러나서 다음과 같이 당신 자신에게 물어 보라: "나는 여기서 실패하려고 스스로 작심하고 있는 것은 아닌가? 왜 나는 할 수 있는 최선을 다해 보고 그리고 나서 어떻게 되는지를 살펴보지 못하는가?"
- 마지막으로, 스트레스란 모두가 나쁘기만 한 것이 아님을 기억하라. 당신이 스트레스를 느낀다는 것은 당신의 뇌가 당신에게 스트레스 주는 어떤 것을 발견하고 그것의 원인을 다루어 보라고 말해 주는

것이다. 이렇게 하지 못하면 위궤양, 고혈압 및 심장 발작과 같은 스트레스와 관련된 신체적인 고통으로 이어지게 된다. 당신은 이러한 스트레스적인 장면을 회피하기 위하여 즉시적으로 행동하고 그리고 적극적인 조치를 취함으로써 이러한 고통들을 회피할 수 있다.

에필로그: 이십일 세기의 뇌

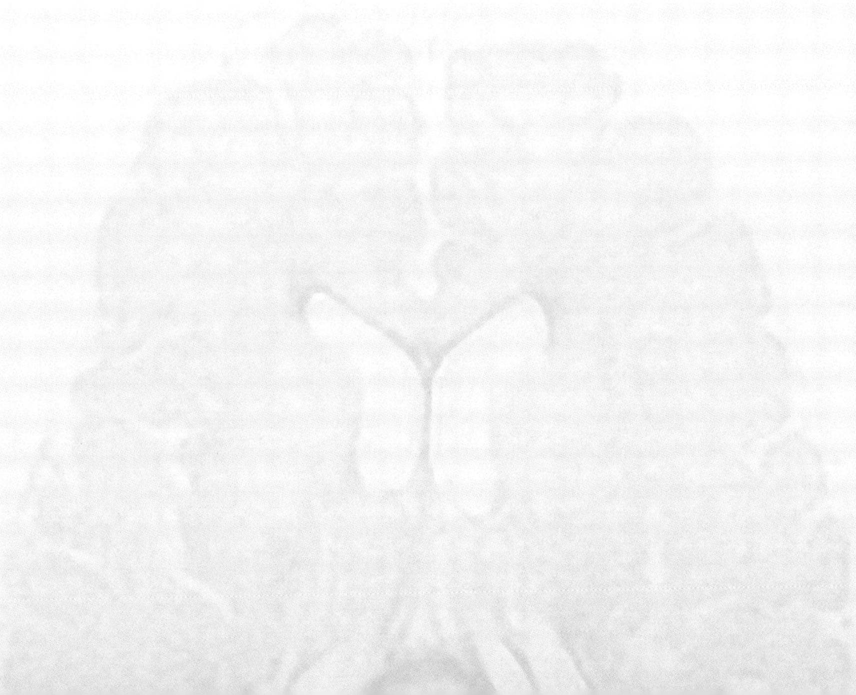

뇌가 건강하게 기능하려면 좋은 다이어트, 운동 그리고,

무엇보다도, 정신적인 자극/운동이 필요하다. …

너무 늦어서 뇌기능을 향상시킬 수 없는 일은 없다.

본서의 전체를 통하여 강조한 바와 같이 뇌가 건강하게 기능하려면 좋은 다이어트, 운동, 그리고 무엇보다도 정신적인 자극이 필요하다. 당신의 생활에 이러한 요소들을 통합하는 프로그램을 보다 일찍 시작할수록 당신의 대뇌의 예비 비축은 더 커질 것이다—이것은 뇌가 노화해 갈 때 일어나는 여러 현상들을 상쇄시킬 수 있는 최선의 전략일 것이다.

세계적으로 유명한 신경과학자들과 나누었던 논의와 나 자신이 관찰했던 바를 기초하여 나는 아래와 같이 제안한다. 나는 이들은 네 가지 영역으로 나누어 보았다.

첫째, 영양:

- 다이어트, 또는 필요하면, 스태틴statin이나 콜레스테롤 수치를 내리는 여타의 약물을 복용하여 콜레스테롤 수치를 낮추어라. 콜레스테롤 수치를 내리는 것의 가치는 정신적으로 건강한 노인들을 대상으로 한 영상연구PET에서 확인해 볼 수 있다. 콜레스테롤 수치가 높은 사람들은 정상적인 노화에 따라 손상되는 부위뿐 아니라 알츠하이머 병에 걸릴 위험성이 높다고 알려져 있는 그러한 뇌부위에 있는 뇌세포들의 활동을 감소시킨다. 이 말은 뇌가 알츠하이머 병 형태로 뇌세포를 상실해 가게 하는데, 높은 콜레스테롤이 초기적인 역할을 한다는 것을 의미한다. 피닉스Phoenix에 있는 '배너 알츠하이머 연구소'Banner Alzheimer Institute에 있는 신경과학자 Eric Reiman은 50대와 60

대의 건강한 117명을 대상으로 영상기법을 활용한 연구를 수행하였는데 거기에서 그는 이렇게 말한다: "높은 콜레스테롤 수준은 다른 위험요인들과 함께 작용하여 알츠하이머 병을 일으킨다." Reiman이 발견한 것은 콜레스테롤 수치를 낮추는 치료를 하면 알츠하이머 병의 위험성을 감소시킬 수 있음을 시사해 주고 있다.

- 당신의 일상의 다이어트에 호두와 블루베리를 포함시키려 노력하라.

호두와 블루베리 blueberries 가 뇌에 미치는 이득에 관한 대부분의 연구들은 사람이 아니라 동물을 대상으로 한 것이지만, 나는 거기서 얻은 결론은 인간에게도 마찬가지로 적용된다고 믿고 있다. 그래서 아마도 당신은 이들 두 가지를 매일 하는 다이어트에 반드시 포함시켜야 한다고 생각한다. 호두에는 필수 오메가-3 지방산뿐 아니라 염증과 뇌세포 손상을 가져오는 활성 산화물질(자유 라디칼, free radicals)의 작용을 차단하는 강력한 노화 방지제로 작용하는 기타의 수많은 화학 성분들을 포함하고 있다. 또한 호두는 효소 아세틸콜린스테라제 enzyme acetylcholinesterase 의 작용도 억제시키는데, 이 물질은 우리의 뇌가 학습하거나 기억 처리할 때 핵심적인 역할을 하는 신경전도물질인 아세틸콜린 acetylcholine 을 파괴시킨다. 보스톤 Boston 에 있는 텁스 Tufts 대학교의 미국 농림부 산하의 '인간 영양연구 센터' Human Nutrition Research Center 에 있는 과학자들에 의하면, 호두가 가지고 있는 이러한 이득을 얻기 위해서는 매일 1온스(약 29그램) 내지 1.5온스 정도 먹으면 충분하다. 뇌회로를 향상시키는 데는 매일 블루베리 2% 추출액 1포 또는 반 컵 정도를 마시면 충분하다. 만약에 당신이 블루베리를 좋아하지 않는다면 딸기도 마찬가지로 효과가 있다. 딸기는 연령과 더불어 운동과 인지적 행동이 결손되는 것을 뒤집는데, 적어도 동물 연구에서 보면 효과가 있다. 당신이 어떠한 과일을 선택하든 간에 그렇게 하는 목적은 자연에서 얻을 수 있는 (그리고 상업적으로 가용한) 화합물을 섭취하여 연령과 관련하여 일어나는 뇌변화를 중지시키거나 뒤집는 데 있다.

- 매일 섭취하는 카페인의 양을 증가시키는 것을 '검토해' 보라. 모든 사람이 카페인caffeine을 섭취할 수 있는 것은 아니기 때문에 나는 '검토해' 보라고 말하였다. 사람에 따라서는 카페인은 불규칙적인 심장 박동arrhythmias 그리고/또는 소위 '카페인 신경'caffeine nerve이라 부르는 신경과민 현상을 일으킬 수도 있다(나는 하루에 차를 네 컵이나 다섯 컵 이상을 마시지 못하는데, 그 이상 마시면 기분이 안절부절해진다). 카페인 섭취량을 증가시키기 전에 카페인을 마셨던 당신 자신의 과거 경험을 생각해 보고 의사와 상의하는 것이 좋다. 카페인에 따라 인지적 수행이 향상되는 것을 측정해 본 최근의 임상연구에 의하면, 쥐에게 인간 기준으로 보면 매일 커피 5컵에 해당되는 분량을 먹였을 때 — 약 500밀리그램 — 기억 손상이 늦어지거나 심지어는 역진하여 이전 수준으로 회복되었다. 물론이지만 카페인은 커피에 한정되지 아니하며, 차, 소다 또는 초콜릿을 먹어 섭취할 수도 있다. 그러나 모든 사람이 카페인을 섭취할 수 있는 것은 아니기 때문에 현재로서는 이 접근법은 다소간 조심스럽게 생각해야 한다. 그럼에도 불구하고 우리는 앞으로 몇 년 내에 카페인에 대하여 그리고 이것이 뇌기능에 미치는 긍정적인 효과에 대한 이야기를 보다 더 많이 들을 수 있을 것으로 기대할 수 있다.

둘째, 인지적 수행의 향상:

인지적 수행을 향상시키기 위하여, 나는 당신이 다음과 같은 것들을 시도해 볼 것을 제안한다.

- 뇌의 정보처리 능력의 쇠퇴와 관련 있는 주요 요인들을 회피하라(인지적 쇠퇴): 불충분한 신체적 및 정신적 활동, 사귀는 친구 숫자의 감소, 비어 있는 여가 시간이 너무 많은 것, 자주 대화할 기회가 없는 것, 그리고 과도한 알코올 섭취
- 지속적으로 '주목'하고 집중하는 능력을 증가시켜라. 이렇게 하기 위해서는 동시에 다중의 과제를 수행하는 압력에서 벗어나야 한다. 대부분의 경우 동시에 다중과제를 수행하는 것은 우선순위를 정하지 아니하고 여러 일들을 함께 수행하는 것이다. 더욱 나쁜 것은 그렇게 하면 당신이 정신적으로 집중하는 능력을 상실하게 된다는 것이다. 그리고 만약에 당신이 어떤 것에 우선적으로 집중할 수 없으면, 당신의 뇌는 성장을 방해받고 그리하여 진정한 잠재력을 성취할 수 없게 된다.
- 당신의 기억을 강대화시키는 노력을 하라. 인류 역사에서 기술적으로 가장 발달된 사회에 살고 있는 덕분으로 우리는 어떤 정보를 PDA나 PC에 집어넣기 위한 잠깐의 시간 이상으로 기억할 필요가 있는 것이 별로 없다. 나는 언세나 정보를 디지털 레고더digital recorder에 집어넣기 때문에(그냥 떠오르는 생각이나 또는 재미있는 어떤 것을 이야기할 것 같은 사람과 현장에서 인터뷰할 때) 이러한 전자기구들을 사용하기보다 나 자신의 기억력을 자주 사용해 보는 것이 아주 중

요하다고 생각하고 있다. 예컨대, 식료품 상점에서 쇼핑을 할 때 나는 쇼핑 리스트를 들여다 보지 아니하고 리스트에 적어 놓았던 것들을 기억하면서 쇼핑하려고 나 자신에게 도전한다. 계산대 앞에 이르렀을 때 비로소 나는 쇼핑 리스트를 들여다 보고 빠뜨린 것이 없는지를 체크한다.

기억 운동하는 것을 배워서 그것을 규칙적으로 연습하라. 감각기억, 일반기억 및 작업기억 등에 대한 구체적인 제안들은 본서의 Ⅲ부에서 찾아볼 수 있다. 기억은 우리에게 무엇보다도 절대적인 정신 기능이다. 이것은 또한 알츠하이머 병에 걸리게 되는 첫 번째 기능이기도 하다. 기억력을 강대화시키는 것은 이 무서운 질병이 발병하는 것을 줄일 수 있는 하나의 중요한 단계이다. 신경학자로서 나는 알츠하이머 병의 초기 단계에 있던 나의 환자들 가운데 자신의 기억을 향상시키기 위하여 적극적인 조치를 취했던 사람은 증세가 크게 개선되는 것을 관찰해 오고 있다.

- 당신의 손과 손가락의 민첩성을 증가시켜라. 손과 손가락의 민첩성을 증가시키면 정신적 민첩성mental agility과 수명도 증가한다. 이러한 활동을 하는 네 새미있게 사용할 수 있는 도구로 나는 젠가Jenga 게임을 제안한다(역자 주: 이 게임도 인터넷에서 검색하여 사용할 수 있다): 이 게임은 손의 민첩성과 정신적 기능을 같이 조합하고 있다. 이 게임은 54개의 목재 블록을 배열하여 18층의 탑을 만드는 것이다. 각 경기자는 교대로 꼭대기 층 이외의 어떤 층에서든 관계없이 한 번에 한 개의 블록을 움직인다. 그리고 움직인 블록은 탑의 꼭대기에다 올려놓는다. 그런 다음 17층 이하의 어떤 층에서든지 한 번

에 하나씩 블록들을 추가로 이동시켜 가장 높은 층에 놓는다. 이 게임의 아이디어는 탑이 불안정해져 넘어지지 않도록 블록을 선택하여 이동시키고 배치하는 것이다. 이 게임은 혼자서 할 수도 있고 다른 사람과 같이 할 수도 있다.

추가적인 이득을 얻기 위하여 젠가 게임과 같은 손가락-손의 민첩성 운동을 공이나 접시 따위로 요술 부리는 저글링 운동juggling도 같이 해 보라. 요술 부리듯이 하는 저글링 운동은 움직이는 대상에 대한 지각知覺과 공간적인 예측능력을 증진시킨다. 그리하여 이들 운동은 복합적인 시각 운동을 처리하는 광범위한 부위의 뇌근육을 자극하게 된다. 더욱이 런던 대학교University College London의 '기능적 영상 도서관'Functional Imaging Library에 있는 신경 과학자 Bogdan Draganski의 연구에 의하면, 당신이 보다 더 숙련될수록 그에 따라 뇌성장은 더욱더 커지게 된다. 특히 중요한 것은 이러한 이득을 얻기 위하여 당신이 서커스 단원이 하고 있는 기능 수준 정도로 할 수 있어야 하는 것은 아니다. 고전적이고 누구나 쉽게 배울 수 있는 두 손으로 세 개의 공을 차례로 던지고 이어 받는 공 돌리기 정도면 충분하다는 것을 Draganski는 발견하였다. 그러나 일단 요술 부리듯이 하는 저글링 운동을 배우고 나면 새롭게 발견한 기능을 무시하지 말아야 한다. 매일 몇 분씩 계속 연습하여 이러한 뇌향상의 이득이 유지되게 하라. Draganski 연구에서 보면 저글링 운동을 배우기로 자원했던 사람의 뇌는 하루에 몇 분씩 하는 운동을 3개월 동안 계속하였더니 뇌기능은 저글링 운동을 배우기 이전의 형태로 되돌아갔다—뇌의 가소성은 긍정적 또는 부정적인 두 방향 어느 쪽으로도 작용할 수 있다는 하나의 극적인 보기이다. 뇌의 가소성은 긍정적인 방향의 것일 수도, 부정적인 방향의 것일 수도 있다. 그러나 뇌의 구조나 기능에 유익한 변화를 가져다 주는 운동은 그것이 어떠한 것이라도 거기에 따른 유효한 변화를 유지하려면 계속해서 연습해야 한다.

- 당신의 감각적 민감성과 빠른 반응능력을 향상시키기 위한 방법으로 '비디오 액션 게임'을 해 보라.
- GPS를 구입하여 사용하라 — 특히 당신이 55세 이상이라면. 중년기에서 시작하여 우리의 뇌는 지상의 표지판을 보고 거기에 따라 정확한 방위와 방향을 연관지어 읽어 내기가 어려워진다. 적절한 표지판을 알아보았을 때도, 예컨대 55세 이상의 사람은 흔히 좌회전해야 할 때 우회전해 버린다. 이러한 오류를 범하는 경향이 있기 때문에 55세 이상의 사람들 가운데는 낯선 환경에서 장시간 운전하는 것을 회피하는 사람도 더러 있다. 이렇게 방향 감각이 쇠퇴되는 것은 노화해 가면 우리의 해마가 — 우리의 내비게이션navigation, 즉 이동 경로를 관리하는 뇌부위 — 방향에 대하여 의사결정해야 하는 장면에서 보다 덜 효과적으로 활성화되기 때문이다. 숙련도가 떨어지는 것은 방향감각에만 국한된 것이 아니나: 나이가 들면 우리의 일반적인 공간 감각은 언어능력보다 더 많이 떨어진다. GPS를 사용하면 이러한 약점을 보완할 수 있다. 그러나 수혜를 최대화하기 위해서는 GPS에 수동적으로 반응하기보다는 적극적으로 미리 예상하라: 지금 어디에 있으며 그리고 어디로 가려고 하는지를 연결하는 지도를 정신적으로 만들어라. 낯익은 곳에서도 그렇게 하라(당신은 가정에서 직장까지 운전해 갈 때 규칙적으로 만나게 되는 거리와 도로 이

름들의 모두를 기억할 수 있는가?). GPS를 사용하는 목적은 떨어진 방향 감각을 대치하는 것이 아니라 그것을 강대화하는 수단으로 사용하는 것이다.

- TV 보는 시간을 줄여라. 『신경학』*Neurology* 잡지의 2006년 3월호에 있는 한 연구에는 55세와 그 이상 연령인 5,000여 명의 사람들에게 인지 손상의 비율을 비교해 보았다. 연구자들은 TV를 시청하는 시간이 많을수록 인지 손상의 위험이 20% 더 증가한다는 것을 발견하였다. 이 잡지의 한 편집자는 다음과 같이 충고한다: "흥미롭게도, 노인뿐 아니라 모든 연령의 사람들에게 TV 끄기를 격려하는 것이 그럴듯 해 보인다." 그러나 TV를 시청하면 정신 능력이 약화되기 때문에 시청자들은 TV 세트를 끄라고 충고하고 있는 이 연구 결과가 출판되고도 상당한 시간이 지났음에도 이러한 연구 결과를 보도한 TV 뉴스가 없다는 것은 흥미로운 일이다. 그러나 이것은 평균의 학교 아동이 매주 27시간을 TV를 시청하면서 보내는 우리와 같은 사회에서는 보도할 필요성이 매우 큰 뉴스일 것이다. 이들 아동이 70세가 되는 시점이 되면 이들은 TV를 보면서 자기 인생의 10년을 보내게 될 것이다. 그리고 70세가 되면 이런 식으로 평생토록 TV 시청을 하면 이미 인지 손상의 위험에 처해 있는 뇌를 더욱 악화시킬 것이다.

TV를 시청하면 인시 수행에 왜 이와 같은 파괴적인 영향을 미치는 것일까? 이것은 단순한 사회적 고립의 문제도 아니고, 텔레비전의 비상호작용적인 성질 때문만인 것도 아니고, 또는 반복적인 상업 광고가 미치는 '주의집중 방해 효과'만도 아니다 — 물론 이들 각기가 부분적인 역할을 하고 있겠지만. TV는 뇌활동에 변화를 일으켜서 언어와 논리를 처리하는(조직화, 판단, 그리고 정보의 분석) 좌반구에서 인상주의적인 지각을 선호하는 우반구로 균형이 약간 이동되게 만든다. 그리하여 어떤 토픽에 대한 텔레비전 토론을 시청하고 있으면 신문이나 잡지에서 동일한 토픽에 대하여 읽을 때와 비교해 보면 분석적인 해석보다는 정서적인 해석이 더 크게 작용하게 된다. 더욱이, 텔레비전은 알파 뇌활동alpha brain activity을 증가시켜 우리를 수동적이게 만든다. 알파파는 전형적으로 초점이 없는 수동적인 의식 상태와 관련되어 있는 리듬이다. 우리는 누구나 이러한 수동적인 의식 상태를 경험하고 있다. 우리들은 TV 시청하느라 피곤하고 권태로움을 느끼면서도 여전히 그것을 꺼버릴 수 있는 정신적 에너지를 불러내지 못할 때가 많이 있다. 그리고 무엇보다도 가장 놀라운 것은, 예컨대 컴퓨터와는 달리, TV에서는 지적인 활동이 별로 일어나지 않는다는 것이다. Steve Jobs는 이렇게 말한다: "당신의 뇌를 꺼버리고 싶으면 텔레비전을 시청하라. 그리고 당신의 뇌가 켜져 작동케 하려면 컴퓨터에서 작업하라."

- 미술 감상 능력을 길러라. 최근에 신경과학자들은 인상주의와 초현실주의에서처럼 그림을 그려놓은 회화의 스타일이 다르면 활성화되는 뇌부위가 다르다는 것을 발견하였다. 사실로 여러 가지 스타일에 따른 뇌의 반응은 대단히 독특하다. 그래서 어떤 관람자가 Dalí가 그린 그림을 보는지, 아니면 Picasso가 그린 것을 보고 있는지를 뇌 영상기법으로 살펴보면 구분하는 것이 가능하다. 이것은 우리가 상이한 여러 미술학파에 대한 친근도를 증가시키면 상이한

뇌회로를 사용하고 그리하여 일반적인 뇌활동을 증진시킬 수 있음을 의미한다.

- 회상(기억)하는 운동을 하라. 예컨대, 1994년 또는 당신이 선택한 어느 해에 일어났던 일들을 당신은 얼마나 기억할 수 있는가? 나는 뇌를 자극하는 이러한 운동을 규칙적으로 수행한다. 나는 어느 해에 일어났던 세계적인 주요 사건들을 떠올려 보기 위하여 나의 기억을 되살린다: 정치적 지도자는 누구이며, 오스카Oscar 수상자, 월드 시리즈 야구나 슈퍼 보울Super Bowl 미식 야구에서 승리한 팀은? 이러한 세부내용과 함께 그 시간에 내가 놓여 있었던 구체적인 상황을 기억해 보려고 애를 쓴다. 이러한 운동/활동을 할 때마다 나는 더 많은 세부내용들을 떠 올리는 나 자신을 발견하게 된다. MIT에 있는 '피코워 학습과 기억 연구소'Picower Institute for Learning and Memory의 L-H Tsai가 수행한 최근의 연구가 시사해 주고 있는 바와 같이, 이것은 기억 손상은 실제의 손상이 아니라 뇌의 신경회로가 기억을 적절하게 처리하는 데 실패하기 때문임을 의미할 것이다. 자신의 연구에 바탕하여, Tsai는 잃어버린 기억을 소생시키기 위하여 새로운 신경세포 네트워크가 활성화될 수 있다는 결론을 내리고 있다. 따라서 기억은 영원히 상실되는 것이 아니라 적어도 잠재적으로 보면 회복이 가능하다. "뇌에서 상당한 수의 뉴런이 상실되고 난 다음에도 과거의 기억은 회복될 수 있다"라고 Tsai는 말한다. 이것은 기억 상실에 대한 전통적인 생각을 혁명적으로 그리고 희망적으로 수정하고 있다.
- 당당한 강박관념을 개발하라. 나는 성공하는 사람들은 강박증적인

성격특징을 가지고 있지만 이들을 긍정적으로 사용하고 있음을 관찰하고 있다. 이것은 좋은 뉴스이다. 나쁜 뉴스는 이러한 동일한 특성이 부정적인 강박증도 일으킬 수 있다는 것이다: 생각을 반추하는 경향, 걱정, 초조, 그리고 자기 자신의 통제 아래 있지 아니한 것에 대하여 계속하여 불평하기. 이에 대한 한 가지의 해독제는 내가 '당당한 강박관념'magnificent obsession이라 부를 수 있는 것을 개발하는 것이다: 당신에게 흥미로운 것이지만 당신의 배경, 교육 및 생활 경험과는 멀리 거리가 있는 어떤 것을 착수하는 것, 그런 다음 이 토픽에 대하여 할 수 있는 모든 것을 배우기 시작하라. 스트레스가 쌓이거나 마음이 부정적인 방향으로 흘러가면(걱정, 기분이 처짐, 강박증), 현재에 몰두하고 있는 것에서 마음의 기어를 이동시켜 얼마의 시간 동안 당신의 '당당한 강박관념'에 몰두해 보라.

예컨대, 만약에 당신이 2차 세계 대전의 역사에 관심이 있다면, 이 토픽에 대하여 당신이 할 수 있는 모든 책을 읽고 그리고 읽은 것을 기초로 노트하고, 이 전쟁에 관한 영화나 비디오를 보고, 당신의 지역 사회에 살고 있는 퇴역 군인들을 찾아 인터뷰해 본다. 마지막으로 이 모든 정보들을 하나의 문서로 합쳐 정리한다(나는 Microsoft OneNote라는 프로그램을 사용하고 있다). 이렇게 하면 당신이 축적한 모든 것들을 하나의 소스에서 접근할 수가 있다. 이것을 확대해 가면서 이 문서를 규칙적으로 독서하라. 마지막으로, 당신 자신에게 도전을 주기 위하여 당신이 수집한 정보들을 새롭고 창의적으로 재배열할 수 있는 프로그램을 찾아보라(이렇게 하는데 현재 가용한 하나의 프로그램은 Mindjet MindManager이다). 어떤 지점에 이르면 당신은 이 분야의 전문가와 접촉할 수 있는 준비가 될 수 있을 것이다. 전문가들 가운데 어떤 사람은 “아마추어를” 환영하지 않을 수도 있지만, 그래도 많은 전문가들은, 나의 경험에 의하면, 자신의 분야에서 전문가에 가까운 지식이나 수행을 성취하고 있는 비전문가에도 관심을 가지고 있다. 나아가, 적절한 전문 학회에 가입하여 이들이 개최하는 학술대회에 참석해 보라. 이러한 각 단계들은 당신의 장기기억 저장고를 증가시켜 줄 것이다. 이들은 또한 대뇌의 인지적인 예비적 비축을 쌓아가는 데도 도움이 될 것이다.

이러한 이득은 당신의 ‘당당한 강박관념’의 토픽으로 무엇을 선택했느냐에 달린 것이 아니다. 당당한 강박관념은 반드시 학문적인 것을 추구하는 것일 필요는 없다. 정보 전문가인 나의 한 친구는 몇 년 전에 목수 일에 흥미를 가지게 되어 가구를 만들거나 가옥 보수하는 등과 같은 작업을 하는 데 매일 얼마의 시간을 보내고 있다. 자신의 현재의 능력을 넘어서는 복잡한 프로젝트를 위해서는 그는 전문 목수를 고용하여 자신이 규칙적으로 하던 일은 내려놓고 전문가를 관찰하면서 그에게서 지식을 습득한다.

당신이 선택한 강박관념이 어떠한 것이든 간에 선택이 다르면 관여하게 되는 뇌의 네트워크가 다르다는 것을 유념해야 한다. 예컨대, 르네상스Renaissance와 같은 어떤 역사 시기에 대하여 공부한다면 좌반구가 관여할 것이다. 좌반구는 주로 기억, 독서, 경칭, 심상, 및 유쾌한 정서와 관계가 있는데, 이들은 새로운 사실을 학습할 때 관여하는 것이다. 나의 아마추어 목수 친구는 보고, 느끼고 그리고 실제적으로 사용할 수 있는 어떤 것을 만들 때 따라오는 정서적 만족과 함께 형태, 척도, 눈-손 협응 및 손 민첩성에 관여하는 뇌회로를 개발하고 있는 셈이다.

하나의 유의사항: 당신의 관심은 경쟁적인 전문가가 수행하는 수준을 성취하기보다는 뇌기능을 향상시키는 데 있다. 그러므로 당신이 흥미를 가지고 있는 것에 매일 너무 많은 시간을 투자하면 당신의 직무와 당신의 인간관계가 방해받을 수도 있다. 당신이 수행하는 프로젝트에서 얻을 수 있는 대부분의 이득은 매일 한 시간 또는 한 시간 반 이상이 아닌 시간을 투자하여 규칙적으로, 일관성 있게 노력하면 성취할 수 있다.

- 당신이 현재 관심 갖고 있는 활동이 지니고 있는 어떤 특정의 측면을 연습하여 이를 향상시키는 데 매일 한 시간을 지불하라. 예컨대, 만약 당신이 골프에 관심이 있다면 골프장에 가서 생각 없이 몇 바스켓의 골프공을 그냥 스윙하고 싶은 충동 같은 것을 억제하라. 대신에 당신의 가장 큰 약점을 향상시키는 데 그 시간을 사용하라 — 그것이 퍼팅이든, 칩샷이든, 또는 기타의 어떠한 것이든 간에. 20세기 최고의 골퍼로 널리 인정받고 있는 Sam Snead는 이렇게 말한다: "자신이 언제나 잘할 수 있는 것을 연습하는 것이 인간의 본성이다. 왜냐하면 잘할 줄 아는 것을 하면 힘이 적게 들고 재미도 훨씬 더 있기 때문이다. 그러나 말하긴 그렇지만 그렇게 해서는 당신의 핸디캡을 낮추는 데 별 도움이 되지 않는다." 그러나 연습은 신체 운동에 한정되지 아니한다. 취미나 기타의 특별한 관심사도 마찬가지이다. 예컨대, 댄싱을 생각해 보자. 댄싱을 일 주일에 한 번 또는 그 이상을 규칙적으로 하면 당신의 반응 시간, 섬세한 운동 수

행, 자세와 균형, 주의집중 및 비언어적 지능이 향상되는 것을 기대할 수 있다. 이렇게 향상되는 것은 운동을 거의 하지 아니하는 사람보다 훨씬 더 클 뿐 아니라 수영이나 운동기구를 사용하여 규칙적으로 운동하는 생활에서 발견할 수 있는 이득을 넘어서고 있다. 댄싱은 신체적인 운동을 제공해 줄 뿐 아니라 우리들 자신의 밖으로 벗어날 수 있게도 해 준다: 여러 가지의 댄스나 동작을 배우면서 다른 사람과 협동하여 활동하게 되고, 리듬 감각과 시간 감각을 향상시켜 주며, 균형과 협응을 향상시키며, 마지막으로 혼자 있다는 고립감을 없애 준다.

셋째, '무드'에 대하여:

- 당신 자신 안에 긍정적인 '무드'가 생겨나게 노력하라. 장수와 일반적인 복지는 긍정적인 무드(기분, mood)에 따라 크게 영향을 받는다는 것은 이미 오래 전부터 알려져 있다. '스타인 노화 연구소'Stein Institute for Research on Aging의 Dilip Jeste에 의하면, 만약에 당신이 60세 또는 그 이상이라면 긍정적인 무드와 태도를 유지하는 것이 특별히 중요하다. 그는 나이가 들어도 계속해서 명랑하고 긍정적인 노인은 수명이 7년 반 정도 늘어날 뿐 아니라 스트레스에 따른 심장혈관 반응이 감소한다는 것을 발견하였다.
- 당신의 무드를 북돋우기 위하여 음악을 사용하라. 지난 몇 년 동안에 수행한 연구들은 음악이 정서, 보상, 동기부여 및 각성을 처리

하는 뇌부위에서 강한 반응을 인출해 낸다는 것을 보여주고 있다. 이들은 음식과 섹스sex에 적극적으로 반응하는 바로 그 뇌구조들이다.

쥬리히Zurich 대학교에 있는 신경과학자들에 의하면, 실험자들이 소위 "행복" 사진이라 부르고 있는 것을(웃고 있는 애기를 껴안고 있는 한 남자 또는 해변에서 놀이하면서 웃고 있는 아이) 보면서 음악을 70초 정도 듣는 것만으로도 우리들 자신의 무드를 끌어올릴 수 있다.

예컨대, 쥬리히 대학교의 신경과학자들이 개발한 '정서유도 기법' Emotional Induction Method에서는 교향곡 6번 3악장을 "행복" 그림과 같이 조합하여 사용하고 있는데, 이 기법을 사용하면 사람들의 무드는 확실히 향상되고 있다. 이들 각기의 경우에서 피험자에게는 그림을 보고, 음악을 듣고, 그리고 정신적으로 자신을 그러한 동일한 무드에 놓아 보라고만 말한다. 어느 경우에서든 무드의 변화는 70초 이내에 빠르게 일어났다. 더욱더 중요한 것은 음악만을 듣거나 또는 그림만을 보는 것보다는 그림과 음악을 같이 사용했을 때 정서적 경험의 반응이 가장 강력하다는 것이다. 음악과 그림을 같이 조합하여 사용하면 뇌의 전두엽, 측두엽 및 후두엽의 부분들뿐 아니라 널리 퍼져 있는 정서적 네트워크에서도 아주 강력한 활성화를 유발시킨다. 당신이 이러한 운동을 할 때는 먼저 당신에게 정서적으로 매력이 있는 그림을 선정하고 그리고 음악을 선곡하라. 그림과 음악을 충분한 시간 동안 조합하고 나면 아마도 당신은 그림은 더 이상 필요하지 아니하고, 당신의 상상 속에서 그림을 정신적으로 재생해 보는 것만으로도 당신의 무드에 마찬가지의 긍정적인 효과를 볼 수 있을 것이다.

펜실베니아Pennsylvania 대학교에서는 음악이 무드에 미치는 또 다른 연구를 수행하였는데, 연구에 자원했던 사람들은 빠른 속도로 편곡한 음악을 들은 다음에(예컨대, Bach의 Brandenburg Concerts Number 3을 다채롭게 편곡한 것) 더 큰 행복감을 느꼈다고 보고하였다. 이처럼 고조된 무드 상태에 있는 피험자들은 무드를 끌어올리기 위한 음악을 경청하지 아니하고 실험에 참가한 피험자보다 기억 검사에서의 수행이 훨씬 더 좋았다. 이처럼 기억이 향상되는 것은 긍정적인 무드가 주의집중을 증가시키는 결과라 생각된다. 그러나 이러한 결과에 대한 설명을 어떻게 하든 간에, 이들 결과는 당신의 무드를 증가시키고, 그리고 동시에, 당신의 기억을 증가시키기 위하여 음악을 사용할 수 있다는 것을 보여주고 있다.

자명한 일이지만, 음악의 선곡은 사람에 따라 다를 수 있을 것이다.

상이한 상황에서 긍정적인 정서를 각성시키는 그러한 특별한 곡을 발견하라. iPod에 있는 음악 도서관을 완전히 다른 방식으로 생각해 보라. 왜 나는 저녁에 집에 혼자 있을 때는 바흐Bach 음악을 즐겨 듣는데 자동차를 몰고 직장에 갈 때는 밴 모리슨Van Morrison의 음악을 더 좋아하는 것일까? 이와 같은 질문을 탐색해 보면 당신은 특정한 상황에서 긍정적인 정서를 각성시키는 그러한 특별한 음악 곡목을 발견할 수 있을 것이다.

- 만약에 당신이 고독을 느낀다면, 당신이 갖고 있는 주소 리스트나 기억에서 몇 사람을 훑어보고 이들 가운데 한 사람을 골라 고독과 싸

워 보라. 그런 다음 그 사람과의 관계를 마음 속에서 관련시켜 보고(좋은 친구, 아는 사람, 비즈니스 동료), 그 사람에게 전화하여 점심 또는 저녁 식사를 하고 맥주나 한잔 하자고 말해 보라. 지난 몇 년 동안 나는 작가, 의사, 그리고 변호사들에게 전화를 걸어 한번 만나자고 하였다. 그 사람을 바로 만날 수는 없다 하더라도, 가까운 장래에 같이 모임을 가지기로 정하고 나면 나는 외로움을 덜 느끼게 되었다.

- 근무할 때는 정규적으로 겉잠 자는 스케줄을 세워 보라. 겉잠(낮잠)은 당신의 무드를 향상시킬 뿐 아니라 집중력과 초점을 회복시키고 창의력도 증대시킨다. 나는 매일 오후 20분 정도 겉잠을 잔다.

넷째, 스마트한 프로그램:

당신이 현재 내가 앞에서 제시한 어느 제안이라도 따르고 있든 또는 따르고 있지 않든 간에, 연령 범위가 35세에서 69세이고, 평균연령이 53세인 피험자들을 대상으로 한 UCLA의 한 연구에 의하면 '너무 늦어서 뇌기능을 향상시킬 수 없는 일은 없다.' 이 연구에 참여한 연구 대상자들은 다음과 같은 것들로 구성되어 있는 프로그램을 따라 하였다.

- 오메가-3 지방이 풍부한 다이어트-올리브 기름이나 어류, 그리고 노화 방지 성분이 풍부한 과일과 야채(이들은 기본적으로 보면 앞에서 알아본 바 있듯이 지중해 연안 사람들이 하고 있는 다이어트이다)

- 신체적인 운동 – 심장혈관 상태를 강조해서 고려해야 하며, 예컨대 매일 기운차게 걷기하는 것
- 정신적인 운동 – 기억과 기타의 인지기능들을 강대화시키기 위한 목적으로, 예컨대 피험자들은 기억을 향상시키는 방법으로, 가족 성원들의 의복과 악세서리에 관한 세부내용에 집중함으로써 — 나중에 재생해 내기 위하여 — 자신의 주의를 집중시키는 것을 배운다. 다음으로 시각화 기능과 Ⅲ부에서 기술한 바 있는 기억조성 기법들 가운데 하나를 사용하는 연습을 한다.
- 스트레스를 감소시키기 위한 여러 가지의 이완 기법들을 연습한다.

이러한 프로그램을 14일 동안 연습했을 뿐인데도 참가자들은 언어 유창성, 작업기억 및 불안과 관련 있는 좌반구의 전전두엽 등의 부위의 활동이 감소하면서 단어 유창성이 크게 증가하였다. UCLA 팀에서는 이처럼 이완기법과 함께 같이 조합하여 실시한 기억 운동 및 기타의 정신적 운동은 포도당과 기타의 자원에 대한 요구가 감소되면서 뇌가 보다 더 효과적으로 기능토록 하기 때문이라 설명한다. 그러나 핵심적인 발견은 그러한 변화가 일어난 시간의 기간이 짧다는 것이다. 단지 14일 동안 건강한 다이어트, 신체적 및 정신적인 운동 그리고 스트레스 감소 훈련을 하고서도 기억과 언어 유창성에 관여하고 있는 뇌부위에서의 인지 효율성이 극적으로 향상된다는 것이다.

비록 UCLA의 이 연구는 단지 17명만 참가한 조그마한 것이지만, 그럼에도 불구하고 이 연구가 뇌향상에 대하여 가지고 있는 함의는

매우 크다. 사실 어떠한 연구자들도 상상하지 못했을 정도로, 우리의 뇌는 보다 더 가소성이 있고 순응적이다. 뇌기능을 향상시키는 데는 몇 달이고 몇 년이 요구되지 아니하며 2주라는 짧은 시간 속에서도 뇌에는 가치 있는 변화를 가져올 수 있다. 예컨대 저글링 연구에서 일어났던 것처럼. 또한 뇌기능을 향상시키는 데는 값이 비싸거나 불편한 도구를 사용하지 않아도 된다: 온천장이나 헬스 클럽에 갈 필요도 없고 또는 특별한 패키지의 식사를 하지 않아도 된다.

가장 중요한 것은, '국립보건기구'National Institutes of Health에서 수행한 ACTIVE 연구에서Advanced Cognitive Training for Independent and Vital Elderly 볼 수 있는 바와 같이, 뇌향상 프로그램에서 얻는 이득은 5년 후의 검사에서도 나타난다는 것이다. 이 연구도 한 시간 조금 넘는 시간으로 10회라는 짧은 시간구도 속에서 이루어진 것이다. NIH의 연구에서는 기억, 정신적 처리 속도 및 추리력 등을 향상시키는 것을 강조하고 있다.

이 모든 것들을 살펴볼 때, 우리는 뇌에 대하여 어떻게 생각해야 할까? 어떠한 비유가 가장 적합할까? 역사적으로 보면 여러 가지의 비유가 있다. 가장 최근에 하고 있는 한 가지의 비유는 뇌와 컴퓨터 간의 유사성을 강조하는 것이다. 뇌기능 가운데 어떤 것은 컴퓨터의 조작과 비슷한 것은 사실이지만 이 비유는 물리적 구조와 자연의 생활 사이클life cycles을 생각해 보면 전혀 맞지 않다. 컴퓨터는 물리적인 성분에 따라 변화하는 것이 아니다. 컴퓨터는 미래의 어떤 예측 불가능한 시간에 — 그리고 경고도 없이, 그리고 가장 불편한 상황에서 — 갑자기 기능을 정지할 때까지 최대의 용량으로 계속하여 작동한다.

이와는 달리, 뇌는 나이가 들어가면서 크기와 기능이 변화한다. 뇌는 나이가 20세 내지 30세 사이의 어디에서 최대 크기에 이르렀다가(무게로 측정한), 다음의 생애 동안은 점차 감소한다. 기능도 연령에 따라 변화해 간다: 노화해 가면, 우리는 여러 기능들 가운데 특히 반응시간, 공간 처리 및 작업기억이 감소하는 것을 경험한다. 그러나 이러한 변화는 뇌세포가 상실되기 때문이기보다는 — 이전에는 그렇게 믿었지만 — 뉴런들을 서로 연결시키고 있는 신경회로를 유지하지 못하기 때문이다. 이러한 견해를 뒷받침하는 것으로 신경과학자들은 대뇌 피질부에 있는 뉴런의 숫자 자체는 크게 변화하지 않는다는 것을 발견하였다.

뇌에 관한 이러한 사실들로 볼 때, 뇌-컴퓨터 유추는 유용성이 매우 제한적이다. 그렇다면 본서에서 제시하고 있는 뇌향상과 이의 개선을 위한 여러 방법들을 아주 그럴 듯하게 실천에 옮기게 할 수 있는 비유는 무엇일까?

내가 보기로 가장 도움이 되며 최선의 것이라 생각되는 비유는 캐나다Canada, Nova Scotia, Halifax에 있는 댈 하우시Dalhousie 대학교의 신경과학자 Kenneth Rockwood가 제시하고 있는 것이다. 그는 이렇게 말한다: "아마도 우리는 일련의 마라톤이라는 비유를 생각해 보아야 할 것 같다. 뇌가 노화해 가면 우리는 뇌가 상치 입지 않도록 준비를 해야 한다 — 훌륭한 교육으로 장비를 갖추게 하고, 도전적인 섭생으로 이들을 사려 깊게 훈련시키고, 풍부한 환경으로 뒷받침하고, 그리고 가끔씩 가다가 원기를 회복시키도록 준비하는 것이다."

Rockwood의 비유는 뇌의 성장, 발달 및 노화에 수반하는 구조적 및 기능적인 변화를 설명할 수 있을 뿐 아니라 우리의 뇌가 우리가 인생을 살아가면서 최적의 수행을 성취할 수 있게 도와줄 수 있는 그러한 적극적인 접근을 허용해 주고 있다. 이 비유는 또한 신체적인 조건에 따라 뇌의 수행이 다양해질 수 있는 것도 설명해 줄 수 있다. 그리고 신체적인 조건은 노력과 훈련을 추가적으로 하면 언제든지 향상시킬 수 있다.

Rockwood는 이렇게 결론 내리고 있다: "우리는 마라톤을 할 때 그 때마다 수행이 아주 다를 수 있음을 인식해야 한다. 아마도 이러한 비유가 가지고 있는 중요한 결론은 다음과 같은 세 가지란 생각을 가진다: 인지적인 노화는 우리가 미리 준비해야 하는 하나의 도전으로 보려고 노력해야 한다는 것, 노화에 따라 기능이 떨어지는 것은 직업선수도 경험하게 되는 것으로 우리가 그것을 마음 속으로 받아들일 수 있는 충분한 평정심을 가져야 한다는 것, 그리고 우리가 살아오면서 성취했던 것들을 반성해 보아야 한다는 것이다."

참고문헌 리스트

I부 뇌를 발견하라

Gazzaniga, Michael S., editor in chief. *The New Cognitive Neurosciences*. Bradford Books, The MIT Press, 2004.

Gluck, Mark, Eduardo Marcado, and Catherine Myers. *Learning and Memory: From Brain to Behavior*. Worth, 2007.

Purves, Dale, et al. *Neuroscience*. 4th ed. Sinauer, 2008.

Purves, Dale, et al. *Principles of Cognitive Neuroscience*. Sinauer, 2008.

Zigmond, Bloom, Landis, Roberts, and Squire. *Fundamental Neuroscience*, 2nd ed. Academic Press, 2002.

II부 뇌의 보호와 영양: 기본적인 원리

Barberger-Gateau, P., et al., "Dietary Patterns and Risk of Dementia." *Neurology*, November 13, 2007.

Carroll, Linda. "To Sleep, Perchance to Cure." *Neurology Today*, July-August 2006.

Colcombe, Stanley J., et al. "Aerobic Exercise Training Increases Brain Volume in Aging Humans." *Journal of Gerontology: Medical Sciences*, November 2006.

Korman, M. "Behavioral Interference Selectively Blocks the Evolution of Delayed Gains, but Can Be Countered by Daytime Sleep." *Society for Neuroscience*, 2006, program 366.21.

Kramer, Arthur. "Exercise, Cognition, and the Aging Brain." *Journal of Applied Physiology*, June 15, 2006.

Miller, Greg. "Hunting for Meaning After Midnight." *Science* 315 (March 9, 2007).

Morris, M. C. "Associations of Vegetable and Fruit Consumption with Age-Related Cognitive Change." *Neurology*, October 2, 2006.

Nishida, M. "Daytime Naps, Sleep Spindles, and Motor Memory Consolidation." *Society for Neuroscience*, 2006, program 506.7.

Phillips, Lisa. "A Mediterranean Diet Is Associated with Living Longer with Alzheimer Disease." *Neurology Today*, September 18, 2007.

Rubin, Jay. *Haruki Murakami and the Music of Words*. Vintage, 2003.

Scarmeas, N. "Mediterrancean Diet and Risk for Alzheimer's Disease." *Annals of Neurology*, June 2006.

Sheth, B. R. "Practice Makes Imperfect: Restorative Effects of Sleep on Motor Leanring." *Society for Neuroscience*, 2006, program 14-14.

Walker, Mattew P. "Sleep to Remember." *American Scientist* 94 (July-August 2006).

Walker, Matthew P., and Robert Stickgold. "Sleep, Memory, and Plasticity." *Annual Review of Psychology*, 2006.

Ⅲ부 뇌기능을 향상시키기 위한 구체적인 방법

Baldo, Juliana V., et al. "Verbal and Design Fluency in Patients with Frontal Lobe Lesions." *Journal of the International Neuropsychological Society* 7 (2001).

Butterworth, Brian. "What Makes a Prodigy?" *Nature Neuroscience* 4 (2001).

"Chess for Drudges?" *Science Journal* 137 (September 21, 2007).

Ericsson, K. Anders. "Attaining Excellence Through Deliberate Practice: Insights from the Study of Expert Performance." In M. Ferrari, ed., *The Pursuit of Excellence in Education*. Erlbaum, 2002.

Ericsson, K. Anders. "Deliberate Practice and the Modifiability of Body and Mind: Toward a Science of the Structure and Acquisition of Expert and Elite Performance." *International Journal of Sports Psychology*, 2007.

Ericsson, K. Anders. "Exceptional Memorizers: Made, Not Born." *Trends in Cognitive Sciences* 7, no. 6 (June, 2003).

Ericsson, K. Anders. "The Path to Expert Golf Performance: Insights from the Masters on How to Improve Performance by Deliberate Practice." In P. R. Thomas, ed., *Optimizing Performance in Golf*. Academic Press, 2002.

Ericsson, K. Anders. "Protocol Analysis and Expert Thought: Concurrent Verbalizations of Thinking During Experts' Performance on Representative Tasks." In *The Cambridge Handbook of Expertise and Expert Performance*. Cambridge University Press, 2006.

Flynn, James R. *What Is Intelligence*? Cambridge University Press, 2007.

Hilts, Philip J. *Memory's Ghost: The Nature of Memory and the Strange Tale of Mr. M.* Simon & Schuster, 1985.

Kaul, P. "Psychomotor Vigilance Changes Following Meditation, Nap, Cafeine, or Exercise." *Society for Neuroscience*, 2006, program 361.2.

Kerr, C. E., et al. "Tactile Acuity in Tai Chi Practitioners." *Society for*

Neuroscience, 2007. presentation 74.1.

Salthouse, T. A. "Effects of Age and Skill in Typing." *Journal of Experimental Psychology* 13 (1984).

Shur, Norman W. *2000 Most Challenging and Obscure Words*. Galahad, 1994.

Tammer, Daniel. *Born on a Blue Day: Inside the Extraordinary Mind of an Autistic Savant*. Free Press, 2006.

Walker, Matthew P. "The Role of Sleep in Human Memory Consolidation and Reconsolidation." In the mini-symposium "The Dynamic Nature of Memory." *Society for Neuroscience*, 2006.

Walker, Matthew P., and Robert Stickgold. "Sleep, Memory, and Plasticity." *Annual Review of Psychology*, 2006.

Ⅳ부　보다 강력한 뇌 만들기 위한 테크놀로지 활용하기

Donath, Judity. "Virtually Trustworthy." *Science* 137 (July 6, 2007).

Granek, J. A., et al. "The Effects of Video Game Experience on the Cortical Networks for Increasingly Complex Visuomotor Tasks." *Society for Neuroscience*, 2007, program 8.24.

Graziano, Michael S. A. "Where Is My Arm? The Relative Role of Vision and Proprioception in the Neuronal Representation of Limb Position." *Proceedings of the National Academy of Sciences*, August 1999.

Green, C. Shawn, and Daphne Bavelier. "The Cognitive Neuroscience of Video Games." In P. Messaris and L. Humphries, eds., *Digital Media: Transformations in Human Communication*. Peter Lang, 2006.

Larson, Christine. "Calistenics for the Older Mind on the Home

Computer." *The New York Times*, August 26, 2007.

Schiesel., Seth. "Another World Conquered by Video Games: Retirees." *The New York Times*, March 30, 2007.

Stein, Rob. "Real Hope in a Virtual World: Online Identities Leave Limitations Behind." *The Washington Post*, Ocotber 6, 2007.

V부 창의적인 뇌 만들기

Balzac, Fred. "Exploring the Brain's Role in Creativity." *Neuropsychiatry Review* 7, no. 5 (May 2006).

Bell, Madison Smartt. *Narrative Design: Working with Imagination, Craft, and Form*. W. W. Norton, 1997.

Book, David L. *Problems for Puzzle Busters*. Enigmatic Pres, 1992.

Bottini, G., et al. "The Role of the Right Hemisphere in the Interpretation of Figurative Aspects of Language: A Positron Emission Tomography Activation Study." *Brain* 117 (1994).

Bowden, E. M., et al. "Aha! Insight Experience Correlates with Solution Activation in the Right Hemisphere." *Psychonomic Bulletin and Review* 10 (2003).

Bowden, E. M., et al. "New Approaches to Demystifying Insight." *Trends in Cognitive Science* 9 (2005).

Duch, W. "Brain-Inspired Conscious Computing Architecture." *Journal of Mind and Behavior* 26 (2003).

Eich, T. S. "fMRI Investigation of the Neural Bases of Deliberative Versus Intuitive Decisions." *Scociety for Neruoscience*, 2006, presentation 664.6.

Geake, J. G. "Functional Neural Correlates of Creative Intelligence as Determined by Fluid Analogizing." *Soceity for Neuroscience*,

2006, presentaiton 664.1.
Jung-Beeman, Mark, et al. "Neural Activity When People Solve Verbal Problems with Insight." *PLoS Biloogy* 2, no. 4 (April 2004).
Mosley, Walter. *This Year You Wrote Your Novel*. Little, Brown, 2007.
Restak, Richard. "The Creativity of the Unconscious." In *The Brain Has a Mind of Its Own*. Harmony Books, 1991.
Sternberg, R. J, ed. *Handbook of Human Creativity*. Cambridge University Press, 1998.

VI부 최적의 뇌기능에 장애되는 것, 그리고 이들을 어떻게 보충할 수 있는가?

"Aging Population Is a Critical Business Issue." *Managing the Mature Work Force*. The Conference Board, 2005.
Draganski, Bogdan, et al. "Changes in Gray Matter Induced by Training: Newly Honed Juggling Skills Show Up as a Transient Feature on a Brain Imaging Scan." *Nature* 427 (January 22, 2004).
Ericsson, K. Anders. "Attaining Excellence Through Deliberate Practice: Insights from the Study of Expert Performance." In M. Ferrari, ed., *The Pursuit of Excellence in Education*. Erlbaum, 2002.
"Exercising to Keep Aging at Bay." *Nature Neuroscience* 10 (2007).
Jobe, Jared B., et al. "ACTIVE: A Cognitive Intervention Trial to Promote Independence in Older Adults." *Controlled Clinical Trials* 22 (2001).
Lohr, Steve. "Slow Down, Brave Multitasker, and Don't Read This

in Traffic." *The New York Times*, March 25, 2007.

Melton, Lisa. "Use It, Don't Lose It." *New Scientist*, December 17, 2005.

Raber, Jacob. "ApoE4 Affects Spatial Learning and Memory in Children." *Society for Neurosicence*, 2007, program 422.6.

Reiman, Eric. "Higher Midlife Cholesterol Levels Are Associated with Hypometabolism in Brain Regions Affected by Alzheimer's and Normal Aging." *Society for Neuroscience*, 2007.

Restak, Richard. *Older & Wiser: How to Maintain Peak Mental Ability for As Long As You Live*. Simon & Schuster, 1997.

Richtel, Matt. "Lost in E-Mail, Tech Firms Face Self-Made Beast." *The New York Times*, June 14, 2008.

Small, Gary W., et al. "Effects of a 14-Day Healthy Longevity Lifestyle Program on Cognition and Brain Funcion." *The American Journal of Geriatric Psychiatry*, June 2006.

Stern, Yaakov, et al. "Brain Networks Associated with Cognitive Reserve in Healthy Young and Old Adults." *Cerebral Cortex* 15 (April 2005).

Stone, Kathlyn. "Physical Fitness, Childhood IQ After Cognitive Reserve." *Neurology Review*, November 2006.

Valeo, Tom. "Neural Network Identified for Cognitive Reserve." *Neurology Today*, September 18, 2007.

Vedantam, Shankar. "Short Mental Workouts May Slow Decline of Aging Minds, Study Finds." *The Washington Post*, December 20, 2006.

Willis, Sherry L. "Longterm Effects of Cognitive Training on Everyday Functional Outcomes in Older Adults." *Journal of the American Medical Association*, December 21, 2006.

Wilson, R. S. "Relation of Cognitive Activity to Risk of Developing Alzheimer Disease." *Neurology*, November 2007.

Yamamura, H., et al. "Differences of Brain Activity Elicited by Different Styles of Art." *Society for Neuroscience*, 2006, paper 73.7.

Yamamura, H., et al. "Neural Decoding of Artworks: Can Brain Activity Tell Who Painted the Picture, Dalf or Picasso?" *Society for Neuroscience*, 2007, presentation 737.14.

에필로그: 이십일 세기의 뇌

Rockwood, Kenneth. "What Metaphor for the Aging Brain?" *Neurology*, November 13, 2007.

역자 후기

'뇌 수행을 향상시키기 위한 신경과학자의 처방'— 이것은 본서의 부제이고 또한 담고 있는 내용이다. 저자는 먼저 뇌의 성장과 발달, 그리고 뇌의 기능과 나이에 따른 변화를 알기 쉬운 용어로 분석하고 있다. 그리고 이에 바탕하여, 뇌를 건강하게 하고 강화함으로써 뇌의 인지적 수행을 향상시키고 최대화할 수 있는 다양한 처방을 하나의 프로그램으로 제시하고 있다. 세계최고의 정신과학자이고 동시에 '뇌'와 '마음'에 관한 최고의 저술가인 저자는 다양한 자료를 활용하여 이들을 이 분야의 전문가나 일반인 모두에게 적절하고 지적으로 흥미로운 언어로 제시하고 있다. 참고로 장별의 내용을 요약해 본다.

(1) I 부는 스마트한 뇌의 성장, 발달과 기능에 대한 기본적인 원리를 다룬다.

- 뇌의 구조와 기능은 사고하는 생활경험에 따라 개인마다 독특한 형태로 발달하며, 또한 긍정적 또는 부정적인 방향으로 끊임없이 변화해 갈 수 있다. 스마트한 사고는 타고난 뇌의 잠재력을 최대화하는 데 목적이 있다.
- 신경회로가 생성되고 강화될수록 뇌의 기능은 더욱 스마트하게 발달해 간다. 이러한 뇌의 발달과 성공을 결정하는 일차적 변수는 경험할 수 있는 '기회'와 끈질긴 '노력'이지 유전인자가 아니다.
- 연령에 따라 뇌기능은 일반적으로 쇠퇴해 간다. 그러나 뇌의

변화를 보충하고 강화한다면 비록 나이가 들어도 대부분의 사람은 여전히 긍정적인 생활을 하고 그리고 적극적으로 일하고 공부할 수 있다.

(2) Ⅱ부는 뇌의 보호와 영양을 다루고 있는데, 거기에는 좋은 다이어트와 보조 식품 사용, 적절한 운동, 수면 및 곁잠(낮잠) 등에 대한 처방이 포함되어 있다.

(3) Ⅲ부에서는 뇌기능을 개발하고 유지하기 위한 구체적인 요령을 처방하고 있다. 이들은 모두가 뇌기능을 개발하고 유지하기 위한 것이며, 통칭하여 '뇌운동' 또는 '인지운동'이라 부를 수 있다.

- '기억'의 기능을 연습하는 것을 가장 강조하고 있다. 여기에는 감각기억 운동, 작업기억 운동, 장기기억 운동 및 일반적인 기억을 증대시키는 것
- 주의집중, 시각적 사고, 기억법의 활용 및 다양한 감각기능을 사용하는 것
- 숙고적인 연습을 습관화하여 하던 일을 하던 대로 단순히 반복하는 것이 아니라 이전보다 더 잘하기 위하여 고독하게 생각하고 치열하게 노력한다.

(4) Ⅳ부에서는 보다 강력한 뇌를 만들기 위하여 액션 비디오 게임, 뇌향상 훈련 도구 및 각종 인지기능 운동을 위한 프로그램의 활용 등을 다루고 있다. 그러나 비디오 게임(특히 액션 비디오 게임)은 습관 형성적이고, 심지어는 몰입의 위험이 있고 주관적 초조감과 함께 '끊임없이' 게임을 하려는 중독성이 있기 때문에 시간을 제한하는 것이 중요하다. 한 번에 한 시간 정도, 일 주일에 두

세 시간 이상은 하지 않는 것이 바람직하다.

(5) Ⅴ부에서는 '창의적인' 뇌 만들기 위한 요령을 처방하고 있다. 거기에는 수면, 각성이완 기법을 통한 통찰, 시각적 사고의 활용, 그리고 창의력 증진을 위한 단계들을 제시하고 있다.

(6) Ⅵ부에서는 최적의 뇌기능에 장애되는 것과 이들을 보충할 수 있는 요령을 제시하고 있다.

- 할 수 있는 대로 하나 이상의 여러 과제를 동시적으로 수행하지 아니하는 것
- 연령에 따른 뇌변화를 보완하기 위하여 적절한 과제를 선택하고, 더욱 노력하여 최적화하고, 그리고 필요한 부분을 보충하는 것
- 나이가 들어서도 전문지식을 더욱 개발한다면, 다음의 세대에 더 많은 지식을 전이해 줄 수 있고, 그리고 젊은 세대보다 더 '지혜로워'질 수 있는 것
- 계속적인 평생 학습/교육과 기억훈련, 대인 간의 친교관계의 유지, 그리고 스트레스 관리를 위하여 노력한다. 이들은 특히, 노화해 가면서 걸리기 쉬운 여러 질환 — 정보처리 능력의 둔화, 기억상실, 우울증 및 알츠하이머 병 등의 치매에 대하여 대비, 지연 또는 역전시키는 데 효과적이다.

(7) Ⅶ부인 '에필로그'에서는 스마트한 인지수행을 위하여 좋은 다이어트, 신체적 및 인지적 운동(뇌운동)과 함께 자신에 대하여 긍정적인 '무드'를 가지는 것과 스트레스 관리를 위한 적극적인 노력을 다시 강조하고 있다. 그리고 이들을 통합하는 프로그램을 할

수 있는 대로 일찍 시작할 것을 격려하고 있다. 일찍 시작할수록 뇌의 인지적 비축량은 늘어나고 노화에 따라 일어날 수 있는 인지적 쇠퇴를 크게 상쇄시킬 수 있다.

(8) 본서는 뇌의 성장, 발달과 노화에 따른 뇌의 구조적 및 기능적인 변화를 '마라톤'에 비유하면서 마무리하고 있다. '스마트한' 사고는 '스마트한' 마라톤 선수와 같다. 성공적인 마라토너는 첫째, 출발 전에 미리 예상하고, 준비하고 그리고 계획하며, 둘째, 도중에 피로하거나 힘들어 할 수 있는 자신의 수행을 체크하고, 평정심을 갖고 이를 수용하고, 보충하며, 그리고 마지막으로, 하나의 마라톤이 끝나면 지금까지의 성취를 반성해 보고 또 다른 마라톤을 준비할 것이다. 뇌는 수없이 마라톤하면서 발달하고 노화해 갈 것이다. 삶이란 작은 마라톤들로 이루어진 하나의 긴 마라톤이라 볼 수도 있겠다.

본서는 뇌기능에 대한 지식/정보에 보다 쉽게 접근해 보고 싶어하거나, 자신의 인지적 수행을 최대화하거나 또는 '알츠하이머 병' 등 노화에 따른 뇌의 변화와 이에 대한 대응적인 조치에 관심 있는 사람이면 누구에게나 도움이 될 것이다. '생각하며' 읽는 사람, 특히 대학생과 장년·노년의 독자들에게 일독을 권하고 싶다. 감사합니다.

색 인

ㄹ

ㅁ

ㅂ

ㅅ

【역자소개】

김영채(金濴埰)

경주 초·중·고등학교를 졸업하고 경북대에서 학사와 석사, Univ. of New Hampshire에서 석사, 그리고 Michigan State Univ.에서 철학박사 학위를 받았다. 또한 Univ. of Missouri와 Univ. of Michigan의 박사추수과정에서 연구하였다. 그리고 계명대 심리학과 교수, 교육개혁심의회 전문위원, 대학평가위원장, 그리고 대한사고개발학회장 등을 역임하였다.

주요 저술로는 인각학습 및 기억(중앙적성출판사), 사고와 문제해결 심리학(박영사), 창의력의 이론과 개발(교육과학사), 학습 심리학(박영사), 생각하는 독서(박영사), 독서이해와 글쓰기(교육과학사) 및 사고력 교육 등 다수의 저술, 역서 및 논문들이 있다. 현재 'Gifted Child Quarterly'(미국 영재 아동학회, NAGC)와 '사고개발'(대한사고개발학회) 등 국내외 4개 학술지의 편집위원이고, '창의력 한국 FPSP'의 대표이며, 그리고 계명대학교 심리학과 명예교수이다.

www.fpsp.or.kr; ijcps@hotmail.com

스마트하게 사고하라

2013년 6월 20일 초판인쇄
2013년 6월 30일 초판1쇄발행

역 자 김 영 채
발행인 이 구 만
발행처 유원북스 도서출판

121-130 서울특별시 마포구 토정로 198, 204호
전화 (02)593-1800 FAX (02)593-1801
등록 2011. 9. 6. 제25100-2012-3호
www.uwonbooks.com uwbooks@daum.net

정 가 15,000원 ISBN 978-89-97926-13-8

이 도서의 국립중앙도서관 출판시도서목록(CIP)은 서지정보유통지원시스템 홈페이지(http://seoji.nl.go.kr)와 국가자료공동목록시스템(http://www.nl.go.kr/kolisnet)에서 이용하실 수 있습니다.(CIP제어번호: CIP2013008126)